Metatemas 52

א*

Metatemas
Libros para pensar la ciencia
Colección dirigida por Jorge Wagensberg

Al cuidado del equipo científico del Museu de la Ciència
de la Fundació "la Caixa"

* Alef, símbolo de los números transfinitos de Cantor

Jordi Agustí, Pere Alberch, Brian Goodwin,
David Hull, Ramón Margalef,
Michael McKinney, Michael Ruse y
Jorge Wagensberg

Tusquets Editores

EL PROGRESO

¿Un concepto acabado o emergente?

Edición de Jordi Agustí y Jorge Wagensberg

Títulos originales: Michael Ruse, *Evolution and Progress: A Tale of Two Concepts*; David L. Hull, *Panglossian Progress*; Brian Goodwin, *Form and Transformation: The Logic of Evolutionary Change*; Michael McKinney, *Evolution's Statiscal Staiscase: How Development Evolves Complexity*

1.ª edición: marzo 1998

© de la traducción de los artículos de Michael Ruse, David L. Hull, Brian Goodwin y Michael McKinney: Ambrosio García Leal, 1998.
Diseño de la colección: Clotet-Tusquets
Reservados todos los derechos de esta edición para
Tusquets Editores, S.A. - Cesare Cantù, 8 - 08023 Barcelona
ISBN: 84-8310-569-1
Depósito legal: B. 6.025-1998
Fotocomposición: Edition Book - Aragón, 414, entlo. 2.ª - 08013 Barcelona
Impreso sobre papel Offset-F Crudo de Leizarán, S.A. - Guipúzcoa
Liberdúplex, S.L. - Constitución, 19 - 08014 Barcelona
Impreso en España

Índice

P.   9   *Prólogo para eufóricos*
     11   *Prólogo para escépticos*

     15   El progreso: ¿un concepto acabado o emergente?
          Jorge Wagensberg

     67   Evolución y progreso: crónica de dos conceptos
          Michael Ruse

    107   Progreso panglossiano
          David L. Hull

    137   Forma y transformación: la lógica del cambio
          evolutivo
          Brian Goodwin

    169   Progreso: una valoración subjetiva entusiasta de
          casi la mitad de los cambios en los sistemas vivos
          Ramón Margalef

    193   El concepto de progreso y la búsqueda de teorías
          generales en la evolución
          Pere Alberch

    233   La paradoja del progreso evolutivo
          Jordi Agustí

P. 267 La escalera estadística de la evolución: el desarro-
        llo embrionario como generador de complejidad
        Michael L. McKinney

   307 Debate general
        coordinado por Jesús Mosterín

   335 Índice onomástico

Este libro surge de las jornadas sobre *Evolución y progreso* que tuvieron
lugar el 20 y 21 de octubre de 1995, coorganizadas por el
Instituto de Paleontología M. Crusafont de
la Diputación de Barcelona y el
Museo de la Ciencia
de la Fundació
«la Caixa».

Prólogo para eufóricos

Una tarde de una fecha no muy lejana, me dirigía en estado semieufórico hacia un enorme cine del sur de la ciudad. La expectación creada por la conferencia de Stephen Jay Gould era grande y los organizadores se habían curado en salud. Tema: el concepto de progreso en la evolución. Hacía tiempo que sentía que discrepaba con casi todos los biólogos sobre esta cuestión. Y no hacía mucho que había descubierto por qué: ¡Gould!. La idea de oírle primero y de cenar luego con él me llenaba de contento e ilusión. Tenía dos oportunidades por delante, dos. Como era de esperar, Gould galvanizó a una audiencia manifiestamente devoradora de sus excelentes escritos. La primera oportunidad se desvaneció enseguida. Aquel no era el mejor lugar para polemizar. Y la segunda se esfumó poco después en el restaurante. Gould estaba hambriento y agotado como si él solo hubiera acabado de interpretar todas las voces del Mesías de Haendel. *A la hora de los postres, intenté una escaramuza de debate informal. Pero me respondió con una mirada que imploraba caridad para con el guerrero. Quizás otro día. Mi frustación fue tal que, durante los meses siguientes, aprovechaba cualquier ocasión para colocar mi opinión sobre el* progreso en la materia viva *en todas las conferencias y a todo incauto que no se excusara a tiempo. Ilya Prigogine, Isabelle Stengers, Lynn Margulis, Philip Tobías, Pere Alberch, Jordi Sabater Pi, Ramón Margalef, Ambrosio García Leal, Jordi Agustí y Michael Ruse, por ejemplo, me han padecido con resignación y paciencia. Y fue justamente con los*

9

dos últimos, en una ocasión muy similar a la de la famosa cena con Gould, cuando ocurrió todo. Aprovechando la mágica atmósfera que ciertas noches se crea en la sobremesa del restaurante La Balsa, logré que el paleontólogo Agustí y el filósofo Ruse picaran. *Sí, ambos me ayudarían a hacer una gran convocatoria en el Museo para debatir la cuestión a placer. Con científicos de todos los colores, con pensadores de todas las razas, con Gould. Así se hizo. Gould volvió a fallar, pero prometo arreglármelas para que lea este libro: las actas de cómo se desarrolló el encuentro.*

Jorge Wagensberg
Lago de Graugés, diciembre 1997

Prólogo para escépticos

La idea de organizar un coloquio sobre la noción de progreso se gestó entre Jorge Wagensberg, Michael Ruse y quien esto les cuenta a partir del hecho, constatado por Michael, de que, aunque negado formalmente, son muchos los biólogos que admiten la existencia de cierto progreso biológico, definido de manera más o menos difusa en términos de incremento de complejidad. Esta contradicción nace de la propia ambivalencia del término, que aúna a la vez un contenido cultural discutible —la evolución va «a mejor»— con un sustrato real constatable a nivel biológico —la direccionalidad de numerosos procesos evolutivos—. Para abordar el tema de la existencia de direcciones preferentes en la evolución, se decidió invitar a una variada gama de especialistas a fin de que pudiesen exponer su punto de vista sobre el problema. Así, desde el campo de la biología del desarrollo se contó con la participación de Brian Goodwin y Pere Alberch; desde el campo de la ecología, con Ramón Margalef; desde el campo de la termodinámica fue el propio Jorge Wagensberg el encargado de lanzar una idea sorprendente y provocativa; tampoco podía faltar en este debate el punto de vista del filósofo e historiador de la biología, representado en este caso por dos de sus máximos exponentes, el propio Michael Ruse (que precisamente en ese momento acababa de culminar una copiosa obra sobre el tema) y David Hull (autor, entre otras obras que augardan infructuosamente su traducción a alguna de las lengua íberas, de The Metaphysics of Evolution). *Finalmente, la paleontología se vio repre-*

11

sentada por Michael McKinney, quien desgraciadamente no pudo desplazarse a Barcelona en las fechas previstas. Quien esto les cuenta intentó suplir sin demasiado éxito esta importante ausencia mediante una comunicación que aborda el tema desde una perspectiva diferente, la de los grandes (y no tan grandes) episodios de extinción. Afortunadamente, Michael McKinney tenía prácticamente ultimada su comunicación para las fechas del coloquio, por lo que una versión muy parecida a la que se incluye en este libro estuvo disponible para el público durante las discusiones.

En lo que hace al coloquio, un primer nivel de discusión giró en torno a la definición misma de progreso y a las connotaciones culturales que este término lleva consigo y que hacen poco recomendable su uso en ciencia. En su posición más extrema, representada por Michael Ruse, la idea de progreso aparece como una creencia cuasi religiosa que se encuentra de manera consciente o inconsciente en la obra de numerosos evolucionistas y que constituye algo así como una tentación constante para el biólogo evolutivo. Todos los filósofos e historiadores que intervienieron en el coloquio se alinearon con esta tesis, empezando por Michael Ruse, David Hull y Jesús Mosterín; desde el campo biológico, esta posición encontró el apoyo sin fisuras de Pere Alberch.

Un segundo nivel de discusión, sin embargo, fue más allá de la mera discusión sobre «progreso, sí; progreso, no» y se centró en los posibles mecanismos que pudiesen justificar la existencia de escalas de complejidad creciente. En efecto, el único mecanismo aceptable que puede impartir direccionalidad al proceso evolutivo es la selección natural. Sin embargo ¿como explicar la existencia de procesos evolutivos direccionales («progresivos») a lo largo de millones de años, cuando la selección natural direccional sólo puede dar cuenta de procesos que se desarrollan, como mucho, a lo largo de miles de años? A partir de aquí, definiciones como la de Jorge Wagensberg o el llamado «cuarto principio de la termodinámica» mencionado por Brian Goodwin contribuyeron a elevar considerablemente la temperatura del debate. La idea de que los procesos de cambio en la velocidad de la ontogenia (o heterocronías en el desarrollo) pueden generar tendencias se encuentra implícitamente en la comunicación de M. McKinney, firme partidario de la rehabilitación de la idea de progreso en la biología evolutiva; curiosamente, esta posición contrasta con la mantenida por el propio Pere Alberch, uno de los «descubridores» del papel evolutivo de las heterocronías en el desarrollo. Sin embargo, Alberch admite que buena parte de los problemas asociados al tema del progreso biológico son una consecuencia de la incapacidad de la selección natural para explicar determinados aspectos del proceso evolutivo. Por su parte, Ramón Margalef y quien esto les cuenta abordaron el tema desde una perspectiva más global, ecológica en el primer caso, y paleobiológica en el segundo. En ambos casos se puso de manifiesto el papel que las perturbaciones más o menos periódicas en la Biosfera pudieron desempeñar en el pasado.

Una vez más, pues, se demuestra que en el caso de los temas fronterizos la ciencia sigue un movimiento pendular, lo que en La evolución y sus metáforas *denominé «superación de la sombra» (parafraseando el título de una de las primeras obras de Eugenio Trías). Toda nueva formulación teórica de un problema es, las más de las veces, una formulación* contra *otra formulación anterior (a la que podemos llamar «sombra»). Pero es posible que en el fragor de la batalla, algunos aspectos «positivos» del viejo paradigma queden minusvalorados o despreciados y sean olvidados durante décadas por su asociación con unas viejas ideas ya desechadas. Este fue el caso, por ejemplo, de los estudios ontogenéticos en la evolución, rescatados por Gould y que habían sido enviados al baúl de las reliquias históricas por los autores de la Síntesis neodarwinista. Durante los años setenta y ochenta, Gould, Eldredge, Stanley y otros protagonistas de la resurrección de la perspectiva macroevolucionista en biología evolutiva revalorizaron éste y muchos otros temas relegados por la síntesis neodarwinista y, a su vez, contribuyeron a envíar al baúl de los anatemas algunas ideas que habían gozado de un cierto predicamento entre los biólogos evolutivos anteriores, como es el caso de la evolución gradual y el cambio progresivo. Transcurridos algunos años, y aun reconociendo que muchas de aquellas ideas conllevaban una considerable carga ideológica, no podemos tampoco caer en el prejuicio de no responder a algunas de las preguntas que la realidad nos plantea. La actual Biosfera no es sólo un prolífico caldo inundado de laboriosas bacterias, por muy importantes que estas sean. Ha habido y hay otras cosas. Como dice Jorge Wagensberg, entre una bacteria y William Shakespeare algo ha pasado. ¿Qué es lo que ha pasado?*

Jordi Agustí

El progreso, ¿un concepto acabado o emergente?
Jorge Wagensberg

Sr. Jorge Wagensberg

Jorge Wagensberg *(Barcelona, 1948) es doctor en física por la Universidad de Barcelona, donde es profesor de teoría de los procesos irreversibles. Autor de múltiples trabajos científicos aparecidos en publicaciones especializadas internacionales, ha publicado* Nosotros y la ciencia *(Bosch Editor, 1980),* Ideas sobre la complejidad del mundo *(Tusquets Editores, Metatemas 9),* Amazonia, ilusiones ilustradas *(Àmbit, 1996),* Introducció a la Teoria de la Probabilitat i la Informació *(con S. Masoliver, 1996) y tiene en prensa* La percepción de lo improbable *(1998). En 1983 crea la colección de pensamiento científico Metatemas y desde 1991 es director del Museo de la Ciencia de la Fundación «la Caixa».*

1. Progreso: un concepto en apuros

El lenguaje es la primera forma de conocimiento, la manera más inmediata de representar el mundo. Nombrar un objeto es empezar a conocerlo. Pero el diccionario no basta, hay más conceptos que palabras y más matices posibles en un sólo concepto de los que puede expresar una sola palabra. Por eso, a veces, se hace necesario componer un texto. Por eso existen también, el arte, la religión y la ciencia, otras formas de conocimiento. Si no hay precedentes y no queda otro remedio, se inventan neologismos (*gen, fractal, quark...*), pero si en algún sentido la intuición ya se ha iniciado en la vida cotidiana, entonces no es extraño que grandes ideas de la ciencia empiecen su prestigiosa carrera como simples vocablos del idioma. La palabra *fuerza* es anterior a Newton, la palabra *probabilidad* anterior a Kolmogorov y la palabra *evolución* anterior a Darwin. También hay palabras que parecían tenerlo todo para un brillante futuro en la ciencia y sin embargo sólo han generado confusión y desorientación. Cuando eso ocurre, cuando un científico no consigue dotar de rango científico a una palabra, entonces la rechaza calificándola de vacía o trivial. Es lo que ha ocurrido con la palabra *progreso*. Justo después de Darwin prometía mucho. La emoción de constatar que en algunos miles de millones de años se puede pasar de una bacteria a Shakespeare alentó muchas esperanzas bienintencionadas. El progreso parecía significar mucho en biología, en paleontología, en antropología, en historia, en civilización... Y sin embargo, y para citar sólo al influyente Stephen Jay Gould:

«... se trata de un concepto dañino, culturalmente empachado, incontrastable, nada operativo, una idea intratable que debe ser reemplazada si queremos de verdad llegar a entender algo de nuestra historia».

¿Cómo se le puede coger tanta inquina a una pobre palabra? Quizá sea por la confusión y la polémica presuntamente estéril que ha generado hasta ahora (aunque creo más bien que por algunas tonterías antropocéntricas y antropomorfas que Gould habrá tenido que lidiar con creciente fastidio).

Sin embargo, la esterilidad de un debate, si es que tal cosa existe de verdad en ciencia, sólo se constata cuando éste concluye y me temo que el arraigo cultural del concepto *progreso* y las ideas que orbitan en torno de la teoría de la evolución de las especies van a seguir atrayéndose entre sí como imanes, lo queramos o no. El debate no ha terminado. Aún quedan pensadores que siguen probando fortuna con nuevas definiciones de *progreso,* definiciones con pretensiones de rango científico, es decir, definiciones mínimamente objetivas, inteligibles y dialécticas, definiciones que no deban echar mano de juicios (por no decir prejuicios) de valor, definiciones que tengan que ver con lo observable y definiciones en fin, que al final sirvan para algo, es decir, para avanzar en alguna dirección. Cada nueva propuesta de definición aspira, como mínimo, a un aplazamiento de la defenestración definitiva del concepto progreso. A eso he venido, porque la verdad es que hoy, y sin duda gracias a pensadores como Stephen Jay Gould, pocos son los biólogos que se atreven a pronunciar la palabra *progreso* sin sonrojarse o sin pedir disculpas («es una forma de hablar, para entendernos, ya sabes...»).

2. Una intuición para una definición

Toda buena definición arranca de una buena intuición. J.M. Thoday (1970),[1] por ejemplo, tuvo la suya:

«... progreso es el aumento de la capacidad de adaptación para sobrevivir».

Su intento de formalizar la definición fue, además, ingenioso. Si la unidad de evolución es un grupo de individuos capaces de tener descendientes comunes, entonces se puede definir un parámetro que ordene los estados según su grado de progreso como:

«la probabilidad de que la unidad sobreviva un tiempo T» (por ejemplo, mil millones de años).

Una mala interpretación del concepto de probabilidad «a priori» nos arrastra hasta una divertida falsa refutación de esta definición. Según ésta, una especie sólo puede regresar, ya que, cuanto más antigua, más probabilidad tendrá de alcanzar el lapso prefijado. Pero hay otra refutación más seria. Lamentablemente, la definición no es operativa. ¿Cómo calcular las probabilidades?

Otra buena intuición es la de Motoo Kimura (1961):[2]

«progreso es el aumento de la cantidad de información genética almacenada en el organismo»,

... medido por ejemplo por el número de bits del DNA nuclear. Es una buena idea, pero cuyo resultado no soporta un test de consistencia. Debido a la información redundante y otras cuestiones, una salamandra es más progresiva que un ser humano y un murciélago más que una ballena.

Antes (1953) Julian Huxley, más pragmático, había propuesto medir el progreso «a posteriori» siguiendo líneas de especies de «inferior a superior».[3] Imposible sin eludir, claro, un juicio de valores y caminos circulares que nos empujan de la idea de *superior* a la de *progreso* y viceversa.

Otros autores, como Stephen Jay Gould, también han tenido fuertes e interesantes intuiciones sobre el progreso, aunque sea para ir en su contra. En efecto, en el caso de Gould, la intuición sirve para ensayar la demolición de las versiones vagas, pre o protocientíficas de este concepto. Gould dedica a ello todo un libro: *La grandeza de la vida*.[4] En lo obvio, estamos de acuerdo:

1. el progreso existe (es un hecho observable) en la historia de la materia viva,

2. el progreso no es una fuerza motriz o una tendencia que empuje la evolución biológica en su conjunto, sino un efecto que se presenta en determinada franja de la materia viva.

Sin embargo, discrepamos en todo lo demás. Por ejemplo, creo que:

3. el progreso es una noción trascendente para la comprensión del concepto de cambio en la historia de la materia. He aquí el punto de la discordia.

Pero no se puede convencer sobre esta afirmación, ¡ni sobre la contraria!, sin una definición concreta. Lo que nadie puede dudar, se diría que incluso antes de definir el progreso, es que el progreso existe. Debo aceptar de antemano, y lo hago sin rubor, que la intuición que busco quizá se inspire en el concepto humano de progreso, y deja fuera algunos matices que quizás alguien vaya a echar de menos. En otras palabras: no descarto una intuición antropocéntrica y reduccionista, justamente los dos dardos más frecuentemente enviados contra las pretensiones científicas de la idea de progreso. Pero quiero adelantar también que no se puede hacer ciencia sin cierta dosis mínima de ambas cosas. Un concepto científico, al menos en origen, procede siempre de una intuición y de una experiencia del mundo que se nutren con los mecanismos humanos de observación. El sujeto de conocimiento es, por muy injusto que ello pueda parecer a cualquier otra criatura terrestre, un ser humano. Hay, pues, una dosis de antropocentrismo necesaria, inevitable. Digamos que se trata de antropocentrismo del bueno. Por otro lado, al conocimiento científico se le exige, para que sea tal, inteligibilidad, donde la inteligibilidad requiere que dos cosas aparentemente diferentes tengan una esencia común. Es reduccionismo, sí, pero un reduccionismo genuinamente científico, reduccionismo por oficio. Digamos también que se trata de reduccionismo del bueno.

¿Dónde buscar la buena intuición que nos oriente sobre la idea de progreso? Buscarla en la historia de la civilización sería un exceso, de acuerdo. Ensanchemos nuestra profundidad de campo y enfoquemos la totalidad de la materia viva. ¿Cuál es la esencia de la materia viva? Sea un ser vivo y el resto del universo, el biota y su entorno. Una de las características propias de un ser vivo es su tendencia a mantenerse igual a sí mismo a pesar de las eventuales variaciones ambientales. Un ser vivo es un rincón del universo empeñado en distinguirse de sus alrededores. Estar muerto significa seguir mansamente los azares del entorno inmediato: calentarse cuando se calienta, secarse si se seca, agitarse cuando se agita, desgastarse si se desgasta, fluctuar cuando fluctúa... Estar vivo es evitar que el resto del mundo devore las diferencias, es eludir el tedioso equilibrio final. Y mantener una tensión crítica con el entorno significa mantenerse independiente de sus caprichos. Pero ser independiente de algo requiere cambiar información con ese algo. Para vivir hay que percibir. La percepción empieza en el mundo *exterior* de la luz y las partículas, entra por el mundo *fronterizo* de las membranas, pieles, mucosas y órganos diversos y se procesa en un mundo *interior* donde acaso llegue a elaborarse incluso una respuesta.

La clave está en la palabra *independencia:* independencia respecto del *tiempo* transcurrido (mantener una estructura) e independencia respecto del *espacio* circundante (mantenerla a pesar de los caprichos de éste). La termodinámica del no equilibrio se ocupa de ambas cuestiones. Se ha dicho, y es bien cierto, que un ser vivo se ajusta a la idea de un sistema termodinámico que intercambia materia y energía con el resto del universo para aferrarse al así llamado estado estacionario de no equilibrio.[5, 6] La clase de estado estacionario dependerá de las ligaduras termodinámicas impuestas en la frontera del sistema, lo que, a su vez, depende tanto del entorno como de las condiciones de frontera del sistema. Si el entorno fluctúa poco, no hay demasiado problema para que el sistema se conserve igual a sí mismo. Pero cuando el entorno es incierto, hay que manejar las ligaduras impuestas para que cambios en el entorno no se traduzcan en azarosos cambios en el sistema. Ningún pedazo de naturaleza inerte (inanimada) es capaz de algo así. Ésa es la diferencia. Parece claro, pues, que para estar vivo no basta intercambiar materia y energía, que para describir la vida no basta la termodinámica. Manejar las ligaduras supone dos cosas: capacidad para detectar las variaciones exteriores y capacidad para actuar en consecuencia: cambiar para que nada cambie. En este punto, justamente, entra el nuevo concepto, una tercera magnitud fundamental: la *información*.

La física lo tiene todo previsto respecto de la materia y la energía. En efecto, la *TNE* (la termodinámica del no equilibrio) armada con la llamada *hipótesis del equilibrio local* y la *ecuación de Gibbs* es capaz de describir eficazmente las evoluciones de un sistema abierto a su entorno. Pero, a pesar de que existe un rudimento de la *teoría matemática de la información (TMI),* no disponemos, por ahora, de una formulación integrada de las tres magnitudes. Creo que muchos de los procesos vitales, que la física todavía no consigue explicar, podrían resolverse con una extensión teórica de este talante. Una idea para iniciar tal empresa acaso sea muy parecida a la que acabamos de sugerir, esto es, conectar la TNE y la TMI entre sí, justamente a través de las condiciones de contorno y de las ligaduras termodinámicas. Algunos de nuestros trabajos[7] vagan por esos territorios resbaladizos y fronterizos y en ellos nos disponemos a chapotear para ensayar una nueva definición de progreso. Pero calentemos un poco más aún la intuición que vamos a utilizar: la idea de independencia.

Una individualidad de materia inerte, como una partícula fundamental, un átomo (de partículas), una molécula (de átomos) o un cristal (de moléculas) presentan diferentes grados de estabilidad y resistencia frente a las influencias de su entorno. Sin embargo, no existe en ellos ningún proceso que tienda a compensar tales influencias. De hecho, la estructura de tales entidades fluctúa con las condiciones exteriores hasta que éstas se hacen críticas. Se puede hablar de intercambio de materia y energía, pero no de intercambio de información. La única verdadera independencia posible es la independencia trivial, esto es, cuando el pedazo de materia en cuestión se puede considerar totalmente aislado del exterior: sólo hay un estado de independencia posible: aquel en el que nada en absoluto puede intercambiarse con el exterior. Si se trata de un sistema macroscópico, la estabilidad de tal estado, el de equilibrio termodinámico, viene garantizada por el segundo principio de la termodinámica.

Sin embargo, la entidad viva más simple, una célula, ya muestra evidentes síntomas de independencia. En las formas de vida más simples asoma ya la tendencia a conservar ciertos parámetros mínimos de la estructura y del intercambio de información. Una bacteria procariota ya es capaz de detectar gradientes y de desplazarse a favor o en contra de ellos. Percibe y actúa en consecuencia. Y lo hace con (no, no diré finalidad) un resultado notorio: seguir viva. Una de las primeras innovaciones bacterianas fue sin duda la que permitió a las bacterias la utilización de los azúcares. Son palabras de Lynn Margulis:[8]

«Riesgos habituales del medio ambiente, como variaciones de temperatura, calidad y cantidad de luz solar, concentración de sales en el agua, causan variabilidad en las poblaciones de bacterias en distintos lugares. Y en cuanto el alimento empieza a escasear en la pátina del planeta se empieza a acumular una variedad de bacterias prósperas con nuevos semes: unas vías metabólicas que permiten la obtención de alimento y energía a partir de las materias primas».

La conversión de azúcares en moneda ATP es una forma clara de independizarse de la contingencia ambiental. Pero las poblaciones de fermentadores seguían dependiendo de los compuestos producidos en el entorno. Algunos tipos consiguieron entonces transformar la energía de la luz solar en ATP. dosificándola luego para el movimiento y para la biosíntesis. Es la capacidad de usar el dióxido de carbono para producir sus propios compuestos de carbono nutritivos y replicativos para la autoconservación y el crecimiento. Es la fotosíntesis. El proceso consume dos cosas inagotables en el entorno: luz y aire, por lo que supuso la total *liberación* de algunos tipos bacterianos, el fin de su dependencia de compuestos orgánicos disponibles en el paisaje.

Pero siempre hay manera de aumentar la independencia respecto del medio. Desplazarse mejor significa capacidad para optimizar la exposición a la luz. En aquellos tiempos remotos, se desarrolló una combinación de movimiento y sencillos sistemas de sensibilidad química para detectar alimentos y evitar venenos (mayor intercambio de información). Y aparece otra innovación: el *flagelo*, un látigo adherido a un disco que no es sino un auténtico motor de electrones. La independencia de las bacterias con motor se puede comparar a la del ser humano que consigue un automóvil. Mayor acceso a más lugares, más oportunidades, más capacidad de independencia. No es difícil imaginar ulteriores saltos progresivos. Por ejemplo, si además de adquirir un motor resulta que éste funciona con luz y aire...

En general, se puede asegurar que cualquier innovación a favor del movimiento supone en el fondo una ganancia de independencia con respecto al entorno. Progresiva es por lo tanto una cadera que permite mover las extremidades independientemente del cuerpo (como ocurre con los dinosaurios respecto de los cocodrilos), progresiva es el ala que permite volar e independizarse del desplazamiento sobre la superficie...

Pero un progreso tiende a preparar futuros regresos. De ahí que el progreso que no progresa acabe regresando. De hecho, la independencia lograda por un sistema vivo determinado acaba con frecuencia comprometiéndose por las variaciones ambientales que esas mismas ventajas provocan a la larga. La innovación de la fotosíntesis acabó provocando, hace 2000 millones de años, la primera y todavía no superada contaminación global del planeta. El oxígeno pasó de constituir el 0,0001% ¡al 21%! Oxígeno y luz juntos eran un entorno hiperhostil para los microorganismos de la época. El holocausto bacteriano fue colosal. La antigua independencia ha dejado de serlo. Protegidas bajo las grandes capas de cadáveres, aparecieron unas bacterias resistentes, pero no se podía continuar sin otra gran innovación: *las cianobacterias,* bacterias de respiración aeróbica, bacterias especialistas en respirar veneno y aprovechar, justamente, su virulencia reactiva. La estabilización de la concentración de oxígeno del aire en el 21% había creado un nuevo entorno, respecto del cual, nuevamente, había que ganar independencia. Pero todo estaba preparado para tal empresa porque, para entonces, la siguiente gran revolución de la historia de la vida ya se había producido: *la célula con núcleo,* la idea base de los animales, las plantas, los hongos y los protistas.

La simbiosis que presuntamente culminó con la aparición de la célula eucariota se puede interpretar igualmente como una ganancia de independencia: el resultado de la simbiosis es una entidad más independiente que los simbiontes por separado. La simbiosis es en efecto un truco para dar un salto en el grado de progreso. Se aumenta la dependencia de las partes para obtener una ganancia en la independencia del todo. La anémona y el pez payaso se resuelven mutuamente problemas ambientales (el pez limpia la anémona y la anémona protege al pez), de manera que la pareja es más independiente de la suciedad y de los posibles depredadores. Lo mismo se puede decir de la anémona y del cangrejo ermitaño. La anémona en este caso gana movimiento (equivalente a controlar el medio: es lo mismo cambiar el medio que cambiar de medio) y el cangrejo gana protección.

Mantener constante la temperatura del cuerpo, con independencia de las fluctuaciones térmicas ambientales, mediante la homeotermia (o, en una fase muy posterior, mediante un sistema de aire acondicionado) permitió a los mamíferos una actividad cerebral que, a la postre, sería el motor de una independencia aún mayor. Todo lance que contribuya a dificultar el ser comido por el prójimo y facilitar el alimento propio supone también una ganancia de independencia del medio. Es el caso, por ejemplo, de cualquier idea que se traduzca en un incremento de la capacidad de movimiento.

Aceleremos este rosario de ilustraciones sobre las bondades de la independencia para llegar al hombre. Dado el antropocentrismo de la idea, tal ejercicio no tendrá mayor mérito, pero conviene, como mínimo a modo de test de consistencia. El bipedismo ayudó a universalizar el movimiento y liberó dos manos que habrían de colaborar en nuevos logros de independencia... como la industria lítica. El fuego permitió la independencia de casi todos los depredadores y multiplicó la dieta posible por un número considerable. La agricultura y la ganadería liberó al hombre de las desventuras típicas del recolector y del cazador. El dinero fue una liberación de las desventuras locales propias de una economía de trueque. La tarjeta de crédito es una liberación de las fluctuaciones de la cuenta bancaria. Y ahí está el crédito bancario cuando las fluctuaciones son demasiado grandes para la tarjeta de crédito...

Independencia es la palabra, independencia es el concepto, independencia es la intuición para ensayar una definición.

3. Una definición para un concepto

De las tres magnitudes fundamentales que un sistema intercambia con su entorno, hay una especialmente relevante para asegurar una cierta independencia. Provocar los cambios necesarios para que nada cambie requiere intercambiar información. Necesitamos, pues, dos cosas: *a)* una definición, por preliminar que sea, de *información,* y *b)* una ecuación de balance entre el sistema y su entorno que dé cuenta de cómo se realiza el intercambio de esa información. No debe ser difícil entonces introducir el concepto de *independencia* y analizar las primeras consecuencias. En la teoría matemática de la información todo está preparado desde hace tiempo. Revisemos las nociones básicas.

La idea de *fuente de información* surge como una generalización natural de lo tratado en la teoría clásica de la información debida a Shannon (1948).[9] En general, al estudiar la naturaleza no nos encontramos con sucesos aislados, sino con conjuntos de sucesos cuya información también interesa evaluar. Un dado es, por ejemplo, un generador de seis sucesos independientes; una ruleta, uno de treinta y seis; un idioma se puede considerar como un generador de pocas letras, muchas palabras o muchísimos fonemas; un ecosistema, uno de individuos, especies, géneros o familias; una sinfonía, uno de sonidos de distinta frecuencia, intensidad...; una pintura, uno de colores y formas; un electrodoméstico, uno de piezas de distintas funciones... Está claro que, en todos estos casos, interesa conservar una relación entre el suceso global y los sucesos elementales, entre el Todo y sus Partes. Urge, de nuevo, una definición matemática rigurosa que responda a esta fuerte intuición.[10]

Definición de fuente de información. Una fuente de información X es todo conjunto de n sucesos x_i $(i = 1, 2, ..., n)$ independientes con sus respectivas probabilidades $P\{X = x_i\} = p_i$ bien definidas según Kolmogorov:

$$X = \begin{pmatrix} x_1 & x_2 & \cdots & x_n \\ p_1 & p_2 & \cdots & p_n \end{pmatrix}$$

con $0 \leq p_i \leq 1$ y $\sum_{i=1}^{n} p_i = 1$ para $i = 1, 2, ..., n$

Cualquier emisor de símbolos puede ser una fuente de información en el sentido que acabamos de definir. Cada idioma, por ejemplo, tiene, respecto de las letras con las que éste se escribe, una particular estructura de probabilidades. La letra W es muy frecuente en alemán o en inglés y lo es muy poco en castellano o catalán; la $\tilde{N}$ quizá no sea muy frecuente en castellano, pero es imposible en alemán, inglés o francés... Una forma experimental para determinar la expresión correspondiente al abecedario de un idioma, consiste en partir de un texto (cualquiera, pero escrito en el idioma en cuestión y lo bastante largo para garantizar la representatividad estadística) y contar el número de veces que en él aparece cada una de las letras del abecedario. Pero, por extensión, cualquier buena partición de un Todo (en el sentido de cumplir las condiciones exigidas), puede considerarse como una fuente de información cuyas Partes son los sucesos de la fuente. En esta manera de ver las cosas, la distribución de probabilidades es una expresión de la *estructura* del Todo y las propias probabilidades pueden llamarse *probabilidades estructurales*.[10] En efecto, en la visión estructural de una fuente de información parece perderse en principio la idea original de probabilidad asociada a un suceso que todavía no ha ocurrido. Sin embargo, no es difícil recuperarla mentalmente imaginando el suceso de extraer aleatoriamente un elemento del Todo y calcular la probabilidad de que pertenezca a una de las Partes.

Un paisaje puede ser considerado como una estructura de manchas de color. Un paisaje es pues, respecto del color, una fuente de información. La probabilidad estructural de cada color es, sencillamente, la superficie de dicho color dividido por la superficie total del paisaje, y su dimensión n, el número de colores que seamos capaces de distinguir. La probabilidad estructural coincide coherentemente con la de cierto suceso, la de lanzar un dardo aleatoriamente al paisaje y que quede clavado en el color preelegido. El ártico es un paisaje cuya fuente emite un sólo simbolo de probabilidad 1 (el blanco). Un arrecife de coral submarino tiene una estructura mucho más rica. Está claro que la información media de tales fuentes debe dar cuenta de la complejidad cromática de tales paisajes.

Definición de la información media de una fuente: entropía de Shannon. La idea de *información media* ya ha sido sugerida en los ejemplos. Sólo resta consagrarla matemáticamente. La información media de una fuente es el valor medio de las informaciones de los sucesos que emite. Sea una fuente

$$X = \begin{pmatrix} x_1 & x_2 & \cdots & x_n \\ p_1 & p_2 & \cdots & p_n \end{pmatrix}$$

La información proporcionada por la ocurrencia del suceso x_i es, según la idea original de Shannon, $I_i = I(p_i) = -\log_2 p_i$ bits. Llamaremos *información media (por suceso) de la fuente I* o *Entropía de Shannon H(X)* al valor medio de los sucesos de la fuente:

$$H(X) = I = I_1 p_1 + I_2 p_2 + \ldots + I_n p_n = \sum_{i=1}^{n} I_i p_i$$

es decir,

$$H(X) = -\sum_{i=1}^{n} p_i \log_2 p_i$$

Esta celebérrima expresión que mide el valor medio de la información de una fuente es, además, una primera propuesta para medir el grado de complejidad de un sistema en relación a la variabilidad de sus partes y tiene interesantes propiedades. La que más nos interesa aquí es que la información media de la fuente está acotada entre dos valores, esto es,

$$0 \leq H(X) \leq \log_2 n,$$

donde $H(X) = 0$ si y solo si existe un i tal que $p_i = 1$ y donde $H(X) = \log_2 n$ si y solo si $p_i = 1/n$ para todo $i = 1, 2, ..., n$. En otras palabras, la entropía alcanza su valor mínimo nulo en el caso trivial de una fuente que sólo puede emitir un único símbolo (o de un Todo que coincide con su única Parte) y alcanza su valor máximo en el caso de una fuente cuyos símbolos se emiten equiprobablemente (o en el de un Todo equipartido). Los casos de interés real están, como siempre, entre ambos límites.

Una fuente de información de n símbolos (o un sistema que ha sufrido una partición de n partes) contiene una información media máxima igual a $\log_2 n$, situación que corresponde a la distribución equiprobable de los sucesos (o la distribución homogénea de las partes). Esto confiere un particular significado al concepto de entropía: *se trata de una magnitud que mide el grado de ordenación de un sistema,* o bien, *la distancia que separa el sistema de su estado homogéneo de máxima entropía.*

Está claro que es posible asociar una información media a cualquier sistema en el que se observen ciertos parámetros relevantes que permitan, a su vez, la definición de un conjunto de probabilidades estructurales. Nos acercamos al esquema conceptual que buscamos. Sólo falta describir cómo se comunican entre sí dos fuentes de información. También está previsto.

Comunicación entre fuentes. Sean dos fuentes de información X e Y bien definidas, esto es,

$$X \begin{pmatrix} x_1 & x_2 & \cdots & x_n \\ p(x_1) & p(x_2) & \ldots & p(x_n) \end{pmatrix} \quad Y \begin{pmatrix} y_1 & y_2 & \cdots & y_m \\ p(y_1) & p(y_2) & \ldots & p(y_m) \end{pmatrix}$$

donde el suceso x_i de la fuente X ocurre con probabilidad $P\{X = x_i\} = p(x_i)$ para $i = 1, 2, ..., n$ y donde el suceso $P\{Y = y_j\} = p(y_j)$ para $j = 1, 2, ..., m$. Por definición de fuente de información, los sucesos de una misma fuente son independientes entre sí. Sin embargo, en general, la ocurrencia de un suceso en una de las fuentes puede influir en los sucesos de la otra. Cuando eso ocurre, diremos que las fuentes se influyen mutuamente o, dicho de otra manera, que circula información entre ellas. Las respectivas entropías de Shannon expresan el contenido de información medio, por suceso, de cada una de ellas:

$$H(X) = -\sum_{i=1}^{n} p(x_i) \log_2 p(x_i)$$

$$H(Y) = -\sum_{j=1}^{m} p(y_j) \log_2 p(y_j)$$

En general, estarán también bien definidas las probabilidades de los sucesos conjuntos y condicionados. Esto es, la probabilidad de que habiendo sucedido ya x_i en X, ocurra y_j en Y, se escribe,

$$p(y_j \mid x_i)$$

con $i = 1, 2, ..., n$ y $j = 1, 2, ..., m$. En otras palabras, este número puede leerse como la probabilidad de que habiéndose emitido el símbolo x_i de la fuente X, se reciba el símbolo y_j en la fuente Y. Estos n(m números definen una matriz y dan cuenta de la interacción posible entre las dos fuentes. Llamémosla, por lo tanto, *matriz de interacción*. Hay dos casos extremos dignos de comentario. Cuando $p(y_j \mid x_i) = \delta_{ij}$ con δ_{ij} la delta de Kronecker ($\delta_{ij} = 0$ si $i \neq j$ y $\delta_{ij} = 1$ si $i = j$), entonces estamos ante el caso de la perfecta permeabilidad de la información entre ambas fuentes. Si lo que ocurre es $p(y_j \mid x_i) = p(y_j)$ para todo $i = 1, 2, ..., n$ y $j = 1, 2, ..., m$ (es decir, los sucesos de ambas fuentes son independientes), entonces estamos ante el caso de la perfecta impermeabilidad de la información entre X e Y. En una fuente no se puede tener noticia de lo que ocurre en la otra. Cualquier caso intermedio pertenece a la vida misma. Una cuestión se impone espontáneamente en este punto: la expresión de la cantidad de información que puede fluir de una fuente a otra en cualquier caso real. Como seguiremos comprobando, la teoría matemática de la probabilidad nos allana el camino para continuar construyendo una teoría matemática de la información.

Además de las probabilidades condicionadas, también están definidas las probabilidades de los sucesos conjuntos, esto es, la probabilidad de que x_i ocurra en X y y_j en Y simultáneamente, $P\{X = x_i, Y = y_j\} = p(x_i, y_j)$. Las probabilidades conjuntas cumplen, lógicamente, una importante regla de simetría, $p(x_i, y_j) = p(x_i)\, p(y_j \mid x_i) = p(y_j)\, p(x_i \mid y_j) = p(y_j, x_i)$

La comunicación entre dos fuentes de información involucra, pues, varias distribuciones de probabilidad K:[10]

n	probabilidades K:	$p(x_i)$	
m	probabilidades K:	$p(y_j)$	
n	probabilidades K:	$p(x_i \mid y_j)$	para cada j
m	probabilidades K:	$p(y_j \mid x_i)$	para cada i
$n \cdot m$	probabilidades K:	$p(x_i, y_j)$	

Todo lo que hace falta para definir una entropía de Shannon es, justamente, un conjunto de probabilidades K. Como vamos a comprobar, cada una de estas informaciones medias tiene un muy útil significado. Las dos primeras están bien claras y ya han sido definidas y comentadas.

La equivocación en la transmisión de información. La entropía asociada al conjunto de probilidades K: condicionales, es decir, la entropía de la fuente X condicionada por el hecho de que en Y ha ocurrido el suceso x_i (o de que en Y se ha recibido el símbolo y_j) es según

$$H(X \mid Y = y_j) = -\sum_{i=1}^{n} p(x_i \mid y_j) \, log_2 \, p(x_i \mid y_j)$$

para todo $j = 1, 2, ..., m$. Es, como todas nuestras entropías, una cantidad medida en bits/símbolo. Ahora bien, existe una de estas cantidades en X para cada uno de los sucesos condicionados en Y, sucesos que, antes de ocurrir, tenían asociada una probabilidad $p(y_j)$. Podemos entonces promediar la entropía de la fuente X para todos los sucesos de Y y obtener así nada menos que el contenido de información media $H(X \mid Y)$ de la fuente X condicionada por la fuente Y:

$$H(X \mid Y) = \sum_{j=1}^{m} p(y_j) \, H(X \mid Y = y_j) =$$

$$= -\sum_{j=1}^{m} \sum_{i=1}^{n} p(x_i \mid y_j) \, p(y_j) \, log_2 \, p(x_i \mid y_j)$$

Simétricamente se puede escribir

$$H(Y \mid X) = \sum_{i=1}^{n} p(x_i) \, H(Y \mid X = x_i) =$$

$$= -\sum_{i=1}^{n} \sum_{j=1}^{m} p(y_j \mid x_i) p(x_i) \, log_2 \, p(y_j \mid x_i)$$

que es el contenido de información media $H(Y \mid X)$ de la fuente Y condicionada por la fuente X (la condición ahora no es un símbolo recibido por Y, sino un símbolo emitido por X). Obsérvese, como test de consistencia, lo que ocurre con las entropías condicionadas en los casos extremos de máxima transparencia y de máxima opacidad. En el primer caso, la matriz de interacción es una matriz de ceros, excepto en la diagonal principal, donde todo son unos. Una emisión tiene un sólo destino, un destino procede de una única emisión. No hay equivocaciones ni ambigüedades y las entropías condicionadas son trivialmente nulas. En el segundo caso todo es equivocación y

$$H(Y \mid X) = \sum_{i=1}^{n} \sum_{j=1}^{m} p(y_j \mid x_i) p(x_i) \log_2 p(y_j \mid x_i) =$$

$$= -\sum_{j=1}^{m} p(x_i) \left[\sum_{i=1}^{n} p(y_j) \log_2 p(y_j) \right] =$$

$$= H(Y) \sum_{j=1}^{m} p(x_i) = H(Y)$$

Simétricamente,

$$H(X \mid Y) = H(X)$$

En este caso pues, la información asociada a la equivocación coincide con la información asociada a la fuente. Tratemos de generalizar estos comentarios para cualquier caso real intermedio. Supongamos que la fuente X emite sucesos o símbolos y que la fuente Y los recibe (como veremos enseguida emitir y recibir son, a efectos entrópicos, dos aspectos indistinguibles de la operación de transmitir). El contenido medio de información de un símbolo emitido por la fuente X es $H(X)$. Sin embargo, una vez ha sido revelado el símbolo que llega a la fuente Y, resulta que, en promedio, el contenido medio de información de un símbolo de la fuente X es $H(X \mid Y)$. En otras palabras, se puede decir que la fuente de destino Y recibe o traduce, siempre en promedio, una cantidad de información $H(X)$ ($H(X \mid Y)$ bits respecto de la fuente emisora X. En otras palabras, $H(X \mid Y)$ bits es aquella parte de la información original [$H(X)$ bits] que no llega a ser revelada por Y

o, si se quiere, hay una cantidad $H(X \mid Y)$ bits que no se transmite por el canal de información que une las dos fuentes.

El flujo de información entre dos fuentes. Diremos entonces que la cantidad

$$I(X,Y) = H(X) - H(X \mid Y)$$

es la cantidad de información transmitida o *flujo de información* entre las fuentes X e Y. Naturalmente, la información transmitida es nula en el caso de un canal totalmente opaco (entre sistemas aislados respecto de la información) y es igual a la entropía de la fuente en el caso de un canal sin ruido. En un caso intermedio real, el canal tiene cierto ruido, por lo que se producen errores que significan a la postre, una cierta pérdida de información. Simétricamente, se define el *flujo de información* entre las fuentes Y y X como,[10]

$$I(Y, X) = H(Y) - H(Y \mid X)$$

La simetría del fenómeno de comunicación entre dos fuentes hace sospechar la existencia de una identidad fundamental. Para convencerse de ello basta atender otras dos entropías esenciales, las que corresponden a los dos últimos conjuntos de probabilidades K, es decir, las entropías conjuntas de las dos fuentes:

$$H(X, Y) = - \sum_{i=1}^{n} \sum_{j=1}^{m} p(x_i, y_j) \log_2 p(x_i, y_j) =$$

$$= - \sum_{j=1}^{m} \sum_{i=1}^{n} p(y_j, x_i) \log_2 p(y_j, x_i) = H(Y, X)$$

donde hemos hecho uso de la propiedad de simetría. Un estudio más detallado de esta identidad aclarará la siguiente propiedad de la información mutua.

La identidad fundamental. La información que fluye entre dos fuentes es la misma en los dos sentidos, esto es:

$$I(X, Y)=I(Y, X)$$

y de aquí,

$$I(X,Y)= H(X) - H(X \mid Y) = H(Y) - H(Y \mid X) = I(Y, X)$$

Si esto es una identidad también lo es, trivialmente, la que sigue

$$H(X)+ H(Y \mid X) = H(Y) + H(X \mid Y).$$

Un valor que ya no corresponde al flujo de información, pero que, con las mismas manipulaciones matemáticas, es fácil de reconocer. Se trata, justamente de la entropía global conjunta

$$H(X, Y) = H(X)+ H(Y \mid X) = H(Y) + H(X \mid Y) = H(Y, X)$$

Obsérvese que la entropía global sólo es la suma simple de entropías en el caso trivial de independencia (interacción nula). Como era de esperar, los términos *equivocación* dan cuenta de la interacción entre las fuentes. La identidad fundamental, escrita por ejemplo en la forma,

$$\boxed{H(X) - H(X \mid Y) = H(Y) - H(Y \mid X)}$$

tiene, como en los ejemplos que siguen, una interesante lectura.

La interacción sistema-entorno. Muchos problemas científicos de nuestra vida cotidiana pueden enfocarse como una interacción que se establece entre un sistema y su entorno. En el primer ejemplo del apartado anterior, se proponía el concepto de información para describir un ecosistema y su entropía como una medida de la complejidad respecto de cierta partición preasignada. Estamos a punto de dar un paso de gigante: ¡sea el entorno (el resto del universo) otra fuente de información en interacción, justamente, con la fuente que representa el sistema. Todo lo expuesto en este apartado es una propuesta para completar un viejo problema de la biología teórica. Un ser vivo es un sistema termodinámico que intercambia materia y energía con su entorno y la física puede, efectivamente, dar cuenta de tales intercambios. Pero no es sólo eso. Un ser vivo también intercambia información, y de ello no puede dar cuenta la física, pero sí la teoría matemática de la información. En efecto, supongamos que X es un sistema vivo y que Y es su entorno ($X \cup Y =$ todo el universo) y que se considera en ambos una partición relevante respecto de cierto fenómeno objeto de estudio. Una de las cuestiones importantes para un ecólogo es disponer de un soporte matemático para describir, justamente, la relación entre un ecosistema y su entorno, cómo se adaptan y se afectan mutuamente. Veamos lo que da de sí una primera lectura informal de la identidad fundamental:

$H(X)$ mide la variabilidad de estados accesibles del ser vivo, su complejidad. Llamémosle así *complejidad del sistema vivo.* Si hablamos de colores será muy pequeña para un oso polar, algo mayor para una cebra y mucho mayor para un vistoso pez de un arrecife de coral.

$H(Y)$ mide la variabilidad de estados accesibles del entorno, su complejidad. Aunque sea un poco biocéntrico, llamemos a esta cantidad *incertidumbre del entorno.* Si hablamos de colores será muy pequeña para un paisaje ártico y muy grande para un jardín botánico en flor. Si hablamos de meteoros atmosféricos, será mayor la de una selva tropical que la de un gran desierto.

$-H(X \mid Y)$ mide la variabilidad de estados accesibles o la complejidad de un ser vivo, fijado (conocido) un comportamiento del entorno. Llamemos a esta cantidad, aunque parezca un abuso de lenguaje, *sensibilidad o capacidad de anti-*

cipación de un ser vivo con respecto de su entorno. La de una lombriz, capaz de detectar sólo groseros cambios de humedad o luz ambiental, será muy pequeña. La de una torre de control de un aeropuerto será, por el contrario, muy elevada.

$-H(Y \mid X)$ mide la variabilidad de estados accesibles o incertidumbre de un entorno, fijado un comportamiento del ser vivo. Llamemos a esta cantidad *impacto ambiental o polución* de dicho entorno respecto del ser vivo. La de un inmenso desierto respecto de un solitario beduino será menor que la de una pequeña playa de la Costa Brava respecto del aluvión veraniego de turistas.

La identidad fundamental es inviolable e imburlable:

La complejidad de un sistema más su sensibilidad respecto del entorno es igual a la incertidumbre del entorno más la polución que sufre éste del primero.

Si un sistema aumenta su complejidad, deberá ser a costa, por ejemplo, de aumentar su sensibilidad o de disminuir su polución.

Comer y no ser comido; seducir o ser seducido. Una aplicación del ejemplo anterior es, sin duda, el mimetismo de un ser vivo en un entorno determinado. Los sucesos posibles del entorno son los colores del paisaje, los del sistema, los colores de la piel del individuo. Si se trata de un animal ciego y que no tiene manera de cambiar de color ni de desplazarse a otro paisaje, entonces estamos ante un caso de impermeabilidad o aislamiento de la información respecto del color. No es extraño que estos casos se den sólo en ambientes adonde la luz no puede llegar. En la mayor parte de los casos, sin embargo, interesa un equilibrio entre dos clases de funciones (nunca mejor dicho) vitales: *la alimentación*, es decir, el comer y no ser comido, para lo cual interesa sobre todo pasar desapercibido, esto es, confundirse con el paisaje (es el *comportamiento críptico*); y la *reproducción,* lo que en general supone lo contrario, ser visible a una posible pareja, destacar en el paisaje para seducir o ser seducido (es el llamado *comportamiento aposemático*). La información mutua permite describir las distintas estrategias y predecir, por ejemplo, las posibilidades cromáticas de adaptación de un individuo en un paisaje según sean las prestaciones de aquel y las características de éste. Un individuo es críptico en un paisaje (desaparece en él) si su estructura de probabilidades se parece a la de su entorno (es el caqui del soldado moderno). Por el contrario, un individuo es aposemático en un paisaje si su estructura de probabilidades se distancia de la de su entorno (es la táctica de los taxis de Barcelona, de los jugadores de fútbol o de los soldados de Napoleón).

El principio del MaxEnt. En el aspecto de las aplicaciones, la más trascendente afecta sin duda al estudio de la adaptación y autoorganización de sistemas complejos. Existe una generalización del segundo principio de la termodinámica llamado *principio de máxima entropía,* brevemente *MaxEnt,*[11] que consiste en aceptar que, en ausencia de ulterior conocimiento sobre un sistema, el estado más probable de dicho sistema es el que maximiza su entropía global de Shannon de manera compatible con las ligaduras impuestas al mismo (las triviales más todas las que se conozcan). La idea consiste, pues, en extender un reputado principio de la física sustituyendo la entropía de Boltzmann de un sistema termodinámico por la entropía de Shannon de un sistema más general. Los principios no se demuestran sino que se aceptan, y su viabilidad y vigencia viene avalada por la bondad de los resultados obtenidos. En el caso que nos ocupa hay que decir que la aplicación del MaxEnt ha triunfado en un sinfín de dominios distintos, desde el tratamiento de imágenes (separar lo que es ruido de lo que es señal en una imagen) hasta el estudio de las intrincadas redes de energía[12] que se establecen entre los distintos niveles tróficos de un lago o la creación de complejos agregados fractales.[13, 14]

Pero volvamos a la identidad fundamental que da cuenta del intercambio de información entre un sistema y su entorno.

$$H(X) - H(X \mid Y) = H(Y) - H(Y \mid X)$$

La identidad fundamental de la información, reforzada con el principio del MaxEnt, se ha usado con éxito en muchos casos concretos notables como, por ejemplo, las redes tróficas en un ecosistema complejo o el comportamiento críptico-aposemático de peces.[12, 15] Sin embargo, también proporciona un esquema conceptual potente, aunque de momento sea sólo simbólico, para pensar, en general, las venturas y desventuras del conjunto sistema-entorno. Es justo lo que estábamos buscando.

Ahora bien, ¿cómo introducir aquí la idea de que el sistema se conserve lo más parecido a sí mismo con la mayor independencia posible respecto de las fluctuaciones caprichosas de su entorno?

Reunamos todas las fuerzas disponibles, es decir, conceptos, intuiciones, magnitudes y ecuaciones para recorrer la recta final. Consideremos la identidad fundamental del intercambio de información entre un sistema X y su entorno Y:

$$I(X, Y) = H(X) - H(X \mid Y) = H(Y) - H(Y \mid X) = I(Y, X)$$

Otra manera de escribir la misma identidad arroja nueva luz sobre ella:

$$H(X, Y) = H(X) + H(Y \mid X) = H(Y) + H(X \mid Y) = H(Y, X)$$

Los caprichos del entorno se traducen en esta ecuación por las variaciones del término $H(Y)$. Un entorno muy incierto tiene un valor alto de $H(Y)$; un entorno que además de incierto sea fluctuante, tiene un $H(Y)$ grande y variable. El sistema tiene una estructura cuya complejidad mide $H(X)$. Por lo tanto, un sistema vivo aspira a dos cosas: mantener un valor determinado de su $H(X)$ y que las fluctuaciones en torno a tal valor sean mínimas. La identidad fundamental tiene cuatro términos, uno que se refiere sólo al entorno $H(Y)$

y que sufre los azares del resto del mundo; otro que se refiere sólo al sistema *H(X)* y que debe mantener su calidad de *vivo;* y dos que se refieren a la interacción mutua *H(X | Y)* y *H(Y | X)* y que pueden regularse mediante la percepción del entorno y la habilidad para manipularlo o para elegirlo. Es el momento de precisar qué entendemos por la independencia del sistema respecto del medio y es el momento también de asociar tal idea a un nuevo concepto de progreso. La cosa parece clara.

Un sistema X1 será más progresivo que un sistema X2 (o el cambio de un sistema X del estado 1 al 2 será progresivo) si, y sólo si, en la situación 2 el sistema es más independiente de su entorno que en la situación 1.

¿De qué manera se consigue tal cosa? Basta un vistazo a la identidad fundamental para concluir que hay dos soluciones posibles. La primera solución es trivial pero, como vamos a ver enseguida, no por ello carente de significado y coherencia. La máxima independencia es cuando el sistema es impermeable al entorno. En nuestro lenguaje, cuando no circula información entre el sistema y su entorno, cuando el biota se aisla del resto del mundo, cuando las probabilidades condicionadas no se distinguen de las probabilidades estructurales, cuando $H(X) = H(X | Y)$ y $H(Y) = H(Y | X)$, cuando $I(X, Y) = I(Y, X) = 0$. Ni el exterior influye en el interior del sistema, ni viceversa. La percepción es ciega y la protección mutua blindada. Se trata, sin embargo, de una solución con tremendas limitaciones para el sistema. En efecto, el sistema se independiza del entorno pero a un alto precio. Para empezar tal independencia corresponde a un único valor posible de $H(X)$ que es, además, el máximo compatible con las condiciones de aislamiento fijadas. En otras palabras, mediante la solución fácil del aislamiento el sistema logra independizarse, sí, pero no para cualquier estructura sino sólo para una única que además es la más azarosa posible. Ello se debe a

41

que, una vez aislado el sistema, éste queda preso por las garras del principio de máxima entropía extendido (el llamado MaxEnt) que lo arrastra sin remedio al único estado final. El aislamiento de información supone además la práctica suspensión de todo intercambio de materia y energía. En resumen, en este caso se cambia independencia por un estado poco interesante caracterizado por una actividad nula. ¿Para qué sirve una independencia de esta clase? Pues lo cierto es que se trata de una clase de independencia muy útil para muchos seres vivos en ciertas ocasiones especiales. Define incluso grandes estrategias bien asentadas en ciertos reinos como los animales y las plantas. Mantener una mínima estructura aun a costa de abandonar toda actividad puede tener su interés si se trata de esperar tiempos mejores, esto es, si se trata de superar condiciones especialmente adversas. Es cuando ciertos animales se aletargan (la hibernación de muchos mamíferos: conservarse a base de no gastar nada del exterior pero al precio de casi desaparecer, aunque sea temporalmente) o el fundamento mismo del concepto semilla.

La segunda solución para independizarse del medio es la no trivial. Volvamos a la identidad fundamental. ¿De qué otra manera se puede mantener constante el término $H(X)$ con independencia de que crezca la incertidumbre del entorno $H(Y)$? Atendiendo sin pereza a los términos restantes de la identidad. Por ejemplo, sumando las dos versiones de la identidad fundamental que hemos visto antes tenemos:

$$H(X) + H(Y) = I + H$$

Entonces: si H representa la estabilidad del universo (del conjunto sistema más entorno), resulta que un aumento de la incertidumbre del entorno $H(Y)$ sólo se puede contrarrestar con un *¡aumento del intercambio I de información entre el ser vivo y su ambiente!* O bien, directamente de la primera identidad fundamental:

con un aumento de la capacidad de anticipación del sistema respecto del entorno (menor H(X | Y)) y/o un aumento de la capacidad de movimiento o, en general, de elección del entorno (mayor H(Y | X)).

Esta es la independencia no trivial que permite mantener una estructura no trivial y una actividad no despreciable:

el sistema progresa si mejora su percepción y conocimiento del medio y su capacidad de obrar en consecuencia.

Se trata, en fin, de un potencial de cambio para que nada cambie. Todo está ya listo para definir un parámetro que, aunque sea de manera preliminar, mida el grado de progreso. En efecto, la noción de progreso es, matemáticamente, una noción de orden. Una buena idea de progreso debe ser cuantificable en el sentido de que permita comparar dos estados de una entidad viva y, con ello, concluir que uno de tales estados es más, menos o igual de progresivo que el otro. Quizá no sea éste el lugar idóneo para exponer los desarrollos matemáticos necesarios para ello. Pero la idea está clara. Basta diferenciar la identidad fundamental para obtener la identidad entre las variaciones. Lo que buscamos no es otra cosa que una razón entre $dH(X)$ respecto de $dH(Y)$. Cuanto menores sean las variaciones del sistema respecto de las variaciones del entorno, mayor será la independencia activa (no trivial) y mayor será el grado de progreso alcanzado. Es una definición.

4. Un concepto para un debate

Lo que queda es materia de reflexión. A la luz de la nueva definición se pueden hacer varias cosas. Por ejemplo: *(a)* reactualizar las críticas generales al concepto de progreso para estudiar su vigencia, *(b)* revisar la nueva coherencia con los ejemplos emblemáticos y *(c)* estudiar el potencial de nueva inteligibilidad si es que lo hay. Esta es la propuesta ofrecida aquí para el debate. Ahí van los primeros comentarios.

La bacteria es el paradigma del ser vivo sencillo generalmente contrapuesto a la idea de progreso. Si existe una forma viva común a todo el universo casi seguro que es la bacteria. En nuestro planeta son tan viejas como la vida misma, tienen una superioridad numérica abrumadora, una diversidad inabarcable, son (como concepto) poco menos que indestructibles (siempre se salvan las suficientes de cualquier agresión catastrófica), omnipresentes en las condiciones más adversas (donde parece que ya no vive nada todavía es posible encontrar alguna bacteria) y han protagonizado efemérides trascendentes en la evolución del medio ambiente planetario. Las bacterias han dominado y dominan a lo largo y ancho del tiempo y del espacio, y ocupan el rango más bajo de la complejidad de la materia viva. Vale. También es cierto que, por todo lo apuntado, parecen muy progresivas. Pero lo parecen respecto de, aquí sí, vagos y antropocéntricos conceptos de progreso. El test de consistencia, sin embargo, funciona bien con nuestra propuesta. Un individuo bacteriano intercambia poca información con su entorno, exhibe una pobrísima independencia del mismo y, desde luego, no escribe poemas.

Un individuo hormiga, una obrera por ejemplo, es menos progresiva que un hormiguero. Aunque suene en este caso como una máxima fascistoide (*la vida sólo vale la pena si es al servicio de una causa grande*), la dependencia de la hormiga está al servicio de una mayor independencia del hormiguero. Así se escalan los niveles jerárquicos de la materia. El progreso, en este sentido de independencia, no puede ser un concepto intrascendente. Al contrario. Estoy convencido de que es una idea esencial para comprender todos aquellos mecanismos no azarosos (haberlos... ¡algunos hay!) que colaboran a que una porción, tan pequeña como se quiera, de la materia progrese.

Por cierto, tarde o temprano teníamos que toparnos con la cuestión. Hablemos de la insignificancia de la materia que manifiestamente (incluso para los más recalcitrantes) resulta que progresa. Gould suele tachar de provincianos y miopes a todos aquellos que se dejan seducir por la materia progresiva sin cesar de golpearse el pecho por lo improbable de tales situaciones. Dice, por ejemplo, este autor en su libro *contra* el concepto de progreso *La grandeza de la vida*:[4]

«La negación del fenómeno de complejidad creciente en la historia de la vida no constituye el mensaje fundamental de este libro. Sin embargo, sí subordino la aceptación de este fenómeno a dos condiciones limitantes que socavan su tradicional hegemonía en tanto que rasgo central y definitorio de la evolución. En primer lugar, dicho fenómeno existe sólo en el restringido, casi patético sentido de unas pocas especies que dilatan la pequeña cola derecha de una curva definida, siempre y en todo momento, por la moda del nivel bacteriano de complejidad y no como un atributo general y omnipresente en la historia de la mayoría de los linajes. En segundo lugar, su aparición es una consecuencia accidental —un "efecto", según la terminología de Williams (1966) y Vrba (1980), en lugar de un producto deliberado— de una serie de causas entre cuyas manifestaciones principales no figura mecanismo alguno que favorezca el progreso o el incremento de la complejidad. A lo sumo podría suscribir la afirmación de Thomas (1993), que postula que la "aparición progresiva y a largo plazo de un nivel de complejidad creciente constituye un efecto básico de la evolución y debe, como tal suscitar nuestro interés". Pero afirma no obstante que el progreso, como efecto básico de entre todas las consecuencias accidentales que ha engendrado la evolución, es digno de atención. Ahora bien, ¿en qué posible criterio se basa tal afirmación, al margen del subjetivo y provinciano deseo de calificar de primordial un efecto que sólo hizo posible la vida humana, sino que nos llevó a la cumbre de una pirámide definida por nosotros mismos? Sospecho que cualquier bacteria, verdadero domeñador de la vida, contemplaría con sorna esta exaltada apoteosis de una cola tan raquítica y alejada del centro modal, allí donde habita el grueso de la masa y de la continuidad de la vida».

El primer contracomentario es respecto a la intrascendencia de la idea de complejidad creciente, dado que sólo afecta a una pequeña parte de los sistemas que han accedido a la existencia en el transcurso de la evolución. Esa parte es pequeña, incluso mínima. Sí. ¿Y qué? ¿Es por eso intrascendente? ¿No es el conjunto de la materia viva una parte también ínfima y recién llegada de la materia inerte? La metáfora de una bacteria riéndose de las patéticas pretensiones progresistas o progresivas de la especie humana vale perfectamente para un átomo de hidrógeno (auténtico campeón en solera y omnipresencia cósmica) respecto de una bacteria. ¿Se ríe un átomo de hidrógeno de una bacteria? ¿Es menos interesante la evolución biológica por ser altamente improbable respecto de la materia inerte? ¿Por qué extraña razón antiprovinciana el presunto interés de algo debe decidirse de acuerdo con un extraño valor medio de un conjunto que lo abarca todo? ¿Qué nos impide convertir una cola vergonzante en noble y nueva globalidad? La materia inteligente es una ínfima parte de la materia viva y la materia civilizada una parte ridículamente pequeña de la inteligente. ¿Y bien? ¿No puede haber efectos básicos dignos de estudio que arrojen nueva luz, aunque aquellos no se proyecten sobre la globalidad de la materia? Ya sabemos, todos sabemos, que el progreso no es una propiedad de toda la materia viva, que no es una fuerza motriz universal de la evolución. ¿Y bien? ¿Significa eso que el concepto de progreso no puede representar un factor básico relacionado con mecanismos relevantes de la evolución? ¿Por qué tienen que ser únicos tales mecanismos? La idea de progreso que hemos propuesto merece replantear el problema. Para empezar, esta idea no se refiere directamente a un aumento de la complejidad (aunque en cambio sí podría ser uno de sus efectos más verosímiles) sino a un concepto de independencia claramente formulable vía intercambio de información entre el individuo y su entorno. Tengo la fuerte sospecha de que la selección natural puede actuar vigorosamente filtrando mejoras en la percepción del paisaje exterior y en los mecanismos para procesar tales datos. ¿Por qué? Pues porque tales innovaciones, al permitir la independencia del sistema en un ambiente incierto, aumentarían también la probabilidad de supervivencia del individuo. Esta relación selección natural frente a independencia conferiría al progreso una categoría altamente relevante para comprender ciertas líneas progresivas de la evolución. Hay unas pocas líneas progresivas, muchas líneas regresivas y muchísimas líneas que cambian poco. Para Gould, el progreso que todos podemos admitir que se observa, es un efecto de ese detalle trivial que el mismo Gould se empeña en nombrar como el *efecto del muro derecho*, y que no es otra cosa que aquello de: *cuando se está muy mal, y resulta que se cambia, entonces sólo se puede mejorar*. Dicho de otro modo, la fluctuación simétrica deja de serlo si el punto en torno al cual se fluctúa linda con una barrera infranqueable. Si ello fuera siempre así y el progreso fuera un objeto a evaluar a ojo de buen sujeto, entonces Gould tendría razón: el concepto de progreso no puede aportar nada a la comprensión de la evolución. Pero las *pocas* líneas progresivas merecen, aunque sean pocas, mucha atención. Basta atender a la evolución del sistema nervioso y de la fisiología de la percepción para constatar que la independencia respecto del medio podría ser materia trascendente de selección. En ese caso nuestra noción de progreso influiría decisivamente en los mecanismos de evolución. Sobrevolemos, aunque sea un poco, esta cuestión.

Las plantas obtienen y procesan muy poca información del medio. En general, poco más que luz, agua y gravedad. El geotropismo es positivo para las raíces y negativo para el tronco. Algunas plantas, como los girasoles, exhiben fototropismos especiales. Se pueden apreciar distintas prestaciones de sensibilidad respecto de los gradientes de luz, gravedad y humedad, y hay especies, como la mimosa púdica, que incluso reacciona a perturbaciones mecánicas retirando las hojas casi instantáneamente. Pero el progreso se detiene poco más allá. No se puede aumentar la independencia no trivial sin aumentar la capacidad de intercambio de información. Ésa es la única línea de progreso posible, por lo que el progreso continúa, por ejemplo, pasando por la idea de neurona. Sin algo similar a una neurona no puede ponerse en marcha una línea progresiva tipo independencia, por muchos espasmos espontáneos que se produzcan respecto de cierto «muro derecho». Una esponja ni siquiera tiene sistema nervioso. Una medusa ya tiene sistema nervioso (muy simple, pero lo tiene). Todavía está en el nivel progresivo de una planta, pues cada tentáculo reacciona independiente y directamente a los estímulos. No hay ningún tipo de coordinación de la información recogida por las distintas partes del individuo. Una medusa es total y definitivamente incapaz de aprender nada de su propia experiencia. En eso apenas difiere de una planta como la mimosa púdica. Ambas están quizás en el mismo nivel de progreso, pero así como la mimosa es el fin de una línea progresiva, la medusa es el principio de otra. Los equinodermos, en efecto, dan un paso importante respecto de los celentéreos. En lugar de una red nerviosa indiferenciada, la novedad es una red nerviosa circular cableada radialmente. Una estrella de mar, por ejemplo, reacciona directamente a los estímulos, pero lo hace como un todo mediante una coordinación de acciones unificadas. La respuesta es del individuo. Una estrella (o un erizo) es una individualidad pluricelular. Una medusa también, pero aún no se comporta como tal. Sin embargo, hasta aquí no hay nada que merezca llamarse cerebro. La forma más primitiva de cerebro aparece en organismos como los gusanos llamados *planarias* que, además, exhiben un notable aumento en la percepción del medio, numerosas células sensoriales, incluso ojos provistos de lentes. Con todo ello, el gusano ya adquiere cierto margen para controlar la cantidad $H(X \mid Y)$, es decir, la capacidad de responder con diferentes alternativas a estímulos del medio, y la cantidad $H(Y \mid X)$, esto es, la capacidad de elegir entre diferentes alternativas para cambiar de medio. El salto progresivo es tremendo. Ahora ante diferentes estímulos pueden aparecer respuestas distintas. No hace falta seguir, la independencia a través de la identidad fundamental proporciona una clara escala progresiva de estados ordenables. La neurona, su disposición centralizada, el cerebro, el neopalium y otros inventos se seleccionan según criterios que incrementan la independencia del individuo respecto del medio. Una medusa es más que una esponja y menos que una estrella de mar, la cual es menos que una planaria, la cual es menos que un escarabajo, el cual es menos que un pez, que es menos que un lagarto que es menos que una rata, que es menos que un chimpancé, que quizá sea menos que un *Homo sapiens*... Lo que sugiere el caso de la evolución del sistema nervioso está claro. El progreso no es una fuerza motriz de la evolución en general, pero a lo mejor sí lo es dentro de ciertas líneas evolutivas. La idea de temperatura no tiene sentido en el contexto de un sistema de unos pocos puntos materiales, pero sí en el caso de que tal número alcance el orden del número de Avogadro (es decir, por ejemplo, en termodinámica). Las leyes de la termodinámica no afectan a las carambolas de billar. Vale. ¿Es por ello la termodinámica menos apasionante? Por la misma razón, es posible que la materia inteligente tenga sus propias leyes y que tales leyes estén basadas en una idea, como la propuesta del progreso, que no tenga sentido en otros dominios de la materia viva. ¿Y qué? ¿No es la materia inteligente lo suficientemente interesante? El progreso, por lo menos el concepto de progreso propuesto, es un concepto trascendente en esta minúscula parte del universo. Y a lo mejor más que eso.

Porque la evolución del sistema nervioso no es el único ejemplo de línea progresiva vía independencia del medio. Pensemos, por ejemplo, en la estructura jerárquica de la materia. ¿Por qué se unen diferentes individuos similares para cooperar en honor de una nueva individualidad colectiva mayor y con nueva identidad? ¿Qué nuevas ventajas se adquieren con ello? Echemos un vistazo a lo que bien podría llamarse una *Breve historia universal de la materia:*

Una *partícula fundamental,* como un electrón, no tiene partes constituyentes que puedan deambular libres por el espacio. Raramente sobrepasan el yoctogramo, es decir, la cuatrimillonésima parte de un gramo. Sea el suyo entonces el nivel *uno* de la materia. Él, el electrón, sí puede ser libre. O no, porque es bien posible que se asocie con otras partículas para formar otra individualidad, un *átomo,* como el de hidrógeno, que no supera los mil yoctogramos y representa el nivel *dos* de la materia, el cual puede, a su vez, divagar libre por el cosmos. O no, porque un átomo bien puede combinarse con otros para crear otra entidad, la *molécula,* el nivel *tres* de la materia. Una molécula puede ser muy ligera, como la del agua, o alcanzar el picogramo, la billonésima de gramo, como en el DNA. Ambas pueden circular más o menos libres y mansas por el océano. O no. Porque pueden verse involucradas en un complejo con otras moléculas y dar lugar a otra individualidad, la *célula.* Suele llegar al microgramo e ilustra el celebrado nivel *cuatro* de la materia. Puede nadar a su aire en busca de luz o alimento. O no, porque puede negociar con otras como ella y constituir una entidad del nivel *cinco,* el *organismo,* que puede vagar por ahí, tirando de una masa de entre el microgramo y decenas de toneladas, como un gusano o un cetáceo. O no, porque también puede reunirse con otros organismos de su mismo nivel para dar lugar a otra individualidad, la *sociedad familiar de una sola madre,* el nivel *seis* de la materia. Así es como las hormigas dan sentido a la colonia. Puede que todo quede ahí. O no, porque algunas familias pueden agruparse en una *sociedad multifamiliar*, como una manada de ñus. Estas entidades son ya propias del nivel *siete* de la materia y raramente se organizan para crear algo que merezca ser registrado como del nivel *ocho*. Es muy raro, pero ocurre. Es la *sociedad de sociedades multifamiliares con soberanía sobre sí misma*, como la polis griega, como un estado, una individualidad que puede llegar al millón de toneladas... Y ya no hay más. Ni más de ocho ni menos de uno.

Desde hace más de 10 000 millones de años hasta hace 3800 sólo existieron los tres primeros niveles. Es la *materia inerte*. Una ínfima parte de ésta se inició entonces en el empeño de intercambiar materia, energía e información con un resultado notable: mantener un grado mínimo de independencia respecto del entorno. Es la *materia viva,* limitada, durante los 3000 millones de años siguientes, al nivel cuatro. Hace quizá mil millones de años que aparecieron las primeras individualidades del nivel cinco, pero el incremento del grado de independencia necesario para el próximo gran salto no se consigue hasta hace unos 100 millones de años, cuando ciertos individuos-cinco logran algo sobresaliente: tomar decisiones, buscar un plan B cuando el previsto plan A fracasa. Es la *materia inteligente*. Y no es hasta bien avanzado el nivel siete y el amanecer del ocho cuando, hace menos de cien mil años, una minúscula parte de la materia inteligente accede al conocimiento. Es la *materia civilizada* una materia capaz de volverse hacia su historia para preguntar por la materia inerte, por la materia viva, por la materia inteligente, por sí misma y por su sentido en el devenir del universo. Y ahora un *Gedanken Experiment*. Rebobinemos mentalmente la edad del tiempo y dejemos que la historia universal de la materia se desenrosque de nuevo. Puede que el progreso sea un concepto irrelevante. O no.

5. Un debate para el conocimiento

¿Qué tipo de cosas quedan por hacer? La definición de *progreso* plantea, como mínimo, un nuevo reto intelectual. El debate tiene ahora tres grandes variantes: *(1)* uno físico-matemático, *(2)* otro biológico-evolutivo y, por último, *(3)* uno filosófico-político.

En el primer aspecto, debería perseguirse la definición de un parámetro de progreso que permita ordenar las distintas situaciones. La teoría matemática de la información es, como mínimo, un marco conceptual simbólico, pero quizá sea algo más que eso. La información de Shannon no es mucho respecto a la clase de información que realmente intercambia un ser vivo, es verdad, pero también es verdad que mucha de la información esencial sí puede ser bien representada por la célebre entropía. Una buena idea es probar de combinar esta teoría con una teoría de fluctuaciones e intentar definir el parámetro de progreso como una razón entre las fluctuaciones del sistema y las del entorno. En eso estamos. No es fácil. Se necesita cierto genio matemático. Un reto mucho más ambicioso, y acaso un poco más lejano, sería intentar armar una teoría que prevea el intercambio de las tres magnitudes fundamentales (materia, energía e información). Para ello hay que combinar teoría de la información y termodinámica del no equilibrio con una buena hipótesis del equilibrio local. Casi nada. Para ello, claro, se necesita una buena dosis de genio en física.

El segundo aspecto se plantea caso de que el primero alcance cierto grado de éxito. Porque con un buen parámetro de progreso en la mano, que nos permita ordenar estados o sistemas, se puede revisar toda la historia de la materia. Es bien posible que descubramos nuevas leyes o nuevas tendencias y, con ellas, una mejor comprensión de la evolución de la materia. ¿Hay alguna cuestión más apasionante para resolver? Es un gran reto para el genio científico.

Y finalmente, hay un tercer punto que cobrará sentido si el segundo avanza lo suficiente. La política es la clase de conocimiento que intenta organizar la convivencia humana. En política la palabra progreso es fundamental y omnipresente. Sobre todo en democracia, y muy especialmente durante una campaña electoral, los políticos se llenan la boca de progreso. Pero nadie discute el progreso, como concepto, en política. Todos dicen que hay que lograrlo. Algunos incluso dicen cómo hacerlo. Sin embargo nadie sabe muy bien cómo definirlo. Es decir, me temo que incluso en filosofía política convendría encontrar una nueva (¿primera?) buena definición. Si el concepto emerge en la materia inerte, la materia viva y la materia inteligente, no está descartado que pueda ayudar a la hora de pensarlo también en la materia civilizada. La propuesta global no consiste en rescatar un concepto acabado. Porque creo que aún no ha empezado. El beneficio intelectual será mayor si mantenemos la puerta abierta a esta intuición, en vez de dar el tan reclamado portazo.

NOTAS

1. Thoday, J.M., «Genotype versus population fitness», *Canadian Journal of Genetics and Cytology* 12 (1970).
2. Kimura, M., «Natural selection and the process of accumulating genetic information in adaptative evolution», *Genetical Research* 2 (127) (1960).
3. Huxley, J.S., *Evolution in Action*, Harper, Nueva York, 1953.
4. Gould, S.J., *La grandeza de la vida,* Crítica, Barcelona, 1997. Edición original: *Full House, the Spread of Excellence from Plato to Darwin*, Harmony Books, Nueva York, 1996.
5. Lurié, D. y J. Wagensberg, «Nonequilibrium Thermodynamics and Biological Growth and Development», *Journal Theoretical Biology* 78 (241) (1979).
6. Wagensberg, J., «Patterns in Nonequilibrium Organization», en *Selforganization and Dissipative Structures* 14 (239) (1982), The University of Texas Press .

7. Lurié, D. y J. Wagensberg, «Concepts of Nonequilibrium Thermodynamics in Discrete Model of Heat Conduction», *American Journal of Physics*, 48 (868) (1980).

8. Margulis, Lynn y Dorion Sagan, *Microcosmos,* Tusquets Editores (Metatemas 39), Barcelona, 1995.

9. Shannon, C.E., «A Mathematical Theory of Communication», *Bell System Tech. Journal*, 27 (379) (1948).

10. Masoliver, J. y J. Wagensberg, *Introducció a la Teoria de la Probabilitat i la Informació,* Ediciones Proa, Barcelona, 1996.

11. Jaynes, E.T., «Information Theory and Statistical Mechanics», *Phys. Rew*, 106 (620) (1957).

12. Wagensberg, J., A. García y R.V. Solé, «Energy Flow-Networks and the Maximum Entropy Formalism», en *Maximum Entropy and Bayesian Methods,* Kluwer, Dordrecht, 1990.

13. Pastor-Satorras, R. y J Wagensberg, «Branch Distribution in diffusion-limited aggregation: a maximum entropy approach», *Physica A*, 224 (463) (1996).

14. Pastor-Satorras, R. y J. Wagensberg, «The Maximum entropy principle and the nature of fractals», *en prensa Physica A.* (1998).

15. Wagensberg, J., J. Valls y J. Bermúdez, «Biological Adaptation and the Mathematical Theory of Information», *Bulletin of Mathematical Biology* 50(5) (445) (1988).

Coloquio

Magí Cadevall: Mi primera pregunta es si estás tratando de definir un nuevo concepto o bien de formalizar un concepto no precisado pero ya existente en algún ámbito del pensamiento, porque históricamente el concepto de progreso ha estado siempre ligado a una meta, un fin. Michael Ruse, por ejemplo, ha insistido mucho en que la idea de progreso tiene un fuerte contenido ideológico.

La segunda es una cuestión formal: ¿estás realmente definiendo progreso o, más bien, capacidad para progresar?

La tercera tiene que ver con la primera. Puede que sea incapacidad o ignorancia por mi parte, pero no veo muy bien la diferencia entre capacidad de progreso y capacidad de adaptación. Tengo la impresión intuitiva de que estabas definiendo más bien la capacidad de un sistema para adaptarse y no la capacidad para progresar.

La última cuestión es la siguiente: si, como pienso, estás definiendo la capacidad de adaptación, en un ambiente muy variable dicha capacidad de adaptación dependerá de la variabilidad ya existente en la especie o grupo de que se trate, de la tasa de mutación, etc. Pero en un ambiente fijo la adaptación consiste precisamente en mantenerse fijo. Hay seres que han permanecido invariables durante 40 millones de años. En este caso se podría decir que la política más progresista sería también la más conservadora.

Jorge Wagensberg: Empezando por el final, has pasado de mi definición de progreso a la tuya, y al hacerlo has hecho trampa. Yo diría que en un ambiente fijo no existe, no es necesario, el progreso. La noción de progreso de la que tú partes no es la mía. Primero, en mi definición de progreso —y es una de las cosas que me gustan de ella— no hay un objetivo, un plan, una intención. Se basa por completo en la estabilidad del sistema. El objetivo se puede diseñar a posteriori, y es entonces cuando se introduce el lenguaje causal. Estamos atenazados por el lenguaje causal. De hecho, el lenguaje mismo, con sus sujetos, verbos y predicados, ya es causal, y nos induce siempre a pensar que hay una causa, incluso una causa final. Pero cuando los biólogos dicen que un animal se mimetiza para esconderse dicen muy mal. El animal no se mimetiza para esconderse, el animal es así, y el hecho de ser así le hace pasar desapercibido, y eso evita que se lo coman. En ese sentido sí se puede decir que el objetivo puede buscarse a posteriori explicando todo lo que ha pasado hasta entonces, la historia anterior. Pero en modo alguno está en la definición, no hay proyectos en absoluto. La aparición de la vida, por ejemplo, no es que estuviese programada, pero sí era probable que ocurriera, y lo mismo pienso de la inteligencia.

Segundo, naturalmente hay una relación tradicional y muy fuerte entre la idea de progreso y la de adaptabilidad, pero, tal como está definido aquí, el progreso es, en todo caso, una capacidad de adaptarse, un grado de adaptabilidad. La diferencia está en que cuando se piensa en adaptación se piensa en un sistema que debe defenderse y resolver los problemas que le plantea el entorno y el futuro inmediato, mientras que progreso significa el salto a una nueva identidad fundamental. Un ejemplo en el que hemos trabajado nosotros sería una sopa de bacterias capaces de cooperar químicamente para aumentar su eficacia metabólica. En condiciones de estrés toda la población comienza a oscilar químicamente de manera conjunta y forma una membrana en la superficie del medio de cultivo. Para mí esto es un elemento de progreso, porque las células individuales pasan de ser una especie de gas ideal a formar una estructura semejante a un tejido y con cierta armonía interna, una estructura nueva, adaptada y progresiva respecto de la sopa de bacterias inicial. Y, también en este caso, si no fuera por unas condiciones de estrés, de espacio y energía limitados, es decir, si no fuera por una crisis de la incertidumbre del entorno, las células individuales nunca se hubieran asociado para formar una especie de tejido. Por lo tanto, y de forma deliberada, no hay ideología. La ideología puede construirse, como siempre, a posteriori.

Mercé Piqueras: Has definido el progreso como la capacidad de adaptarse, pero, para mí, cada paso adelante en esta adaptación significa una disminución de las posibilidades de adaptación futura. El individuo, el sistema, se va especializando, y cada vez le costará más cambiar. Es como si al principio hubiera mucho dinero para gastar, pero cada vez va quedando menos.

Jorge Wagensberg: Aquí tenemos un problema de lenguaje muy interesante. En referencia a la estabilidad del sistema, la adaptación consiste en *independizarse* de las variables del entorno, lo cual es muy diferente de la adaptación en sentido biológico. Esta independencia no equivale a aislamiento, sino que es una independencia activa, para cuyo mantenimiento se requiere una gran sensibilidad al entorno y una gran capacidad para modificarlo. Adaptarse no significa necesariamente especialización. Esta es una de las posibilidades, pero no es la única. Desarrollando la identidad fundamental aparece una relación interesantísima. Aquí hemos hablado sólo de información, pero un ser vivo intercambia información, materia y energía. La especialización suele ser una estrategia de supervivencia muy económica, pero también muy frágil. Por ejemplo, los marsupiales que se alimentan sólo de eucaliptos —que son tóxicos y nadie más se los come— dependen por completo de estos árboles. Es muy barato vivir así, pero muy peligroso. Las nociones de especialización y disipación, así como la lucha contra el segundo principio de la termodinámica, salen justamente de aquí. Insisto en que lo original de esta definición es que está basada en mecanismos que llevan a una independencia activa del entorno. Eso es lo que define una nueva estructura. Para mí el mecanismo más bello es el de la simbiosis, porque permite dar un salto sin tener que esperar a que una vez entre un millón aparezca una novedad, en ocasiones buena pero casi siempre mala.

Jordi Bascompte: Quería señalar la dificultad que aún veo en la aplicación de la teoría de la información al tema del progreso y la complejidad. Concretamente, cuando se intenta definir el progreso como un incremento de la complejidad del sistema o bien de su capacidad de anticipación, de hacer frente a las fluctuaciones, para mí lo que estamos definiendo es una estrategia que se corresponde con lo que en ecología se conoce como estrategia de la k (mayor tamaño, mayor anticipación, etc.). Obviamente esta estrategia funciona, pero ¿por qué tiene que ser mejor, más progresiva, que otras? Es aquí donde reside la dificultad del concepto de progreso.

Jorge Wagensberg: En realidad no. Esta, precisamente, es la forma de construir una teoría de perturbaciones, como se hace en física, para tener una medida de las desviaciones de esas fluctuaciones, lo cual es independiente de la estrategia. Por eso decía que todos los mecanismos y estrategias intervienen aquí como «variables ocultas». Además se puede jugar con dos grupos distintos de estrategias, unas consistentes en compensar el cambio provocado en el entorno y otras consistentes en aumentar la capacidad de anticipación. Lo que proporciona la teoría de la información es precisamente una forma universal de medida. Yo creo que su potencia está en que es casi tautológica, porque buscar la distribución correspondiente a un máximo de entropía no es más que contar el número de estados compatibles con unas condiciones determinadas. Allí donde haya más estados es donde es más probable que uno se encuentre en la realidad. Es interesantísimo como mecanismo matemático-físico porque permite investigar. Investigar significa tantear, probar diferentes condiciones de contorno, diferentes condiciones iniciales, teniendo siempre la realidad para comprobar. Hay que reconocer una cosa: para obtener los datos de flujos de energía en ecosistemas que hemos manejado nosotros ha hecho falta un trabajo enorme. Pero la simulación nos puede hechar una mano. Yo creo que en este caso la simulación adoptará el papel de sustituto de la realidad. Se parte de una población con unas reglas de comportamiento individuales, y se hace que los elementos colisionen entre sí. Los resultados de la simulación se pueden contrastar con este tipo de cálculos de estabilidad. En fin, que lo que tú presumías demérito es en realidad mérito, al menos eso creo.

Jordi Bascompte: Entonces, si el aparato matemático es independiente de la estrategia concreta, ¿cómo podrías explicar, por ejemplo, el mérito de la estrategia de la *r*? Las bacterias, por ejemplo, tienen una organización simple y producen muchos descendientes, y esa estrategia les ha funcionado muy bien.

Jorge Wagensberg: El problema es que no se puede generalizar con frases de este estilo. Para explicar esta idea no es lícito decir que «una estrategia de las bacterias es tener muchos descendientes». Lo que hay que plantearse es, dado un entorno, unas líneas metabólicas, unas condiciones de contorno, cuáles son las demarcaciones más probables. Puede salir eso o puede salir otra cosa. Para aplicar este formalismo hay que incluir las leyes de la naturaleza. Las constantes de difusión (un huevo, por ejemplo, no puede tener un metro de distancia), la termodinámica no lineal, la glucolisis,

59

la morfogénesis, la teoría del caos, etc., intervienen aquí como elementos. Todo esto es una especie de metaciencia de la adaptabilidad que permite en cada caso hacer frases como la tuya, pero sabiendo cuál es su verdadera demarcación. No sé en qué condiciones es verdad lo que dices, pero esto permitiría hacer predicciones.

Jordi Agustí: En el tema de las estrategias *r* y *k* quizá la cuestión es la definición del sistema. A lo mejor en este caso el sistema es la población de bacterias y no una bacteria individual. Lo que a nivel individual no es progreso podría serlo a nivel de la colonia bacteriana.

Jorge Wagensberg: Sí, precisamente es lo que pasa en el ejemplo antes mencionado de las bacterias que sincronizan la glucolisis y se organizan en una estructura que constituye una especie de tejido membranoso.

Brian Goodwin: Dado que tu formulación emplea conceptos que proceden de la teoría de la información y la mecánica estadística, en principio debería ser aplicable también a procesos físicos y no sólo a procesos biológicos. Bien, consideremos una teoría simple como, por ejemplo, las transiciones de fase. Supongamos que un sistema pasa de estar en fase líquida a estar en fase gaseosa, y que tu formulación puede aplicarse rigurosamente en términos de información mutua, independencia del movimiento de las moléculas, etc. Entonces, ¿puedes ofrecer una respuesta a la cuestión de cuál es el progreso direccional de la fase líquida a la fase gaseosa, o de la fase gaseosa a la fase líquida, en términos de libertad, estabilidad e independencia, que son algunos de los criterios que empleas?

Jorge Wagensberg: En las condiciones físicas impuestas tenemos una adaptación hacia un estado final. Ahí está muy clara la dirección hacia el máximo valor de entropía, pero en nuestro formalismo la línea de progreso consiste en una sucesión de diferentes adaptaciones. Esto significa que el proceso probablemente discurre a través de una degradación de las condiciones, una nueva estabilidad, y pienso que en este caso no se puede trazar una línea de progreso, porque lo que tenemos es una sucesión de estabilidades locales. Pienso que en todo proceso hay dos partes muy claras. Una es la adaptación rutinaria y predecible. Pero, por otro lado, la crisis que provoca la nueva adaptación es impredecible. Pienso que el único hecho que puede asegurar la existencia de una línea de progreso en la historia biológica es la observación misma de esa historia biológica.

Brian Goodwin: Quizá no he formulado bien la cuestión. Lo que digo es que tu idea debería ser aplicable a procesos físicos. Para que tu formalismo sea consistente deberías tener una idea de progreso aplicable a entidades inanimadas, no biológicas. Olvidémonos por un momento de los procesos biológicos. En aras de la consistencia, deberías poder aplicar tu formalismo a procesos físicos. La órbita de nuestro planeta alrededor del Sol es una propiedad adaptativa: es estable y se ajusta a los criterios que empleas. Lo que te pregunto es qué te impide extender tu formalismo al dominio de lo puramente físico, ya que la definición así parece implicarlo.

Jorge Wagensberg: Es una muy buena pregunta. No sé si en la materia no viva se puede hablar de alguna clase de progreso, nunca he pensado en ello. Quizás pueda decirse que un átomo es más progresivo que una partícula fundamental y algunas moléculas más que muchos átomos... Pero yo diría que no, que es una característica de la vida. Pienso que esta obsesión de independencia para mantener la estructura es una característica muy fundamental de la materia viva. No se me ocurre ningún proceso no vivo que sea también progresivo. Pero pienso que esto es muy bueno para la definición que hemos propuesto aquí. Otra cuestión importante es la justificación física para aplicar el MaxEnt a un sistema no físico, pero esto es otra historia, muy interesante para los fundamentos de la teoría, pero diferente.

Jordi Agustí: Quería dejar una pregunta flotando en el aire. ¿Cuál tendría que ser la definición de sistema para que se le pueda aplicar tu formalismo?

Jorge Wagensberg: No la dejaré en el aire, no. Sistema es simplemente la división del universo en dos partes, con una frontera material o inmaterial, topológicamente compacto (como dirían los matemáticos) o con agujeros. Todo lo que hay que hacer es dar un conjunto de condiciones necesarias y suficientes para definir una frontera. Eso sí, tiene que quedar claro si un elemento pertenece al sistema o pertenece al entorno. En este sentido, una teoría de conjuntos borrosos sería catastrófica.

Jordi Agustí: Entonces, ¿progresan los minerales?

Jorge Wagensberg: Es la pregunta de Goodwin. Yo creo que no tiene mucho sentido decir eso...

Jordi Agustí: De acuerdo con tu definición, un cristal es un sistema.

Jorge Wagensberg: Lo es, pero no veo nada que nos permita decir que un cristal progresa, como no sea una transición a un estado más independiente de las fluctuaciones ambientales. No sé si eso ocurre. Ahora bien, que un cristal no progrese es bueno para la definición, ¿no?

Diego Rasskin: Si el sistema sólo progresa en respuesta a las fluctuaciones del medio, entonces cualquier tipo de cambio que podamos observar en el sistema debería estar causado directamente por esa fluctuación del medio. En otras palabras, todo cambio observable debería tener una explicación.

Jorge Wagensberg: Tú también estás, creo, atenazado por el lenguaje causal. No. Los cambios se pueden producir dentro y fuera del sistema de mil maneras. El problema es que tanto sistema como entorno están hechos de materia, y la materia está ligada a las leyes fundamentales de la física y la química. Hay sistemas autoorganizativos que pueden originar una estructura nueva dentro del sistema, la cual, entonces sí, está obligada a interactuar con el resto. Pero no se puede decir en ningún caso que cualquier proceso que tenga lugar en el sistema es la respuesta a algún cambio del entorno, y viceversa. Lo que hemos dicho es que, en la interacción sistema-entorno, llamamos progresivas a las evoluciones que tienden a que la interacción global sea tal que el sistema se independice activamente de su entorno. En el caso de la materia inanimada son las leyes fundamentales las que, cuando se impone una colección de gradientes, producen una determinada sucesión de cambios. Precisamente lo novedoso, lo característico de la vida, es que eso no es necesario, sino que los cambios más interesantes se producen por autoorganización.

Diego Rasskin: Pero antes has afirmado claramente que el sistema no cambia a menos que el entorno fluctúe.

Jorge Wagensberg: No, lo que he dicho es que, si el entorno no fluctúa, entonces lo más seguro es que el sistema no necesite progresar para sobrevivir. Un tiburón, por ejemplo, es un diseño antiquísimo que tiene más de 300 millones de años, pero ha sobrevivido a todos sus competidores y ahí sigue. Es muy posible que ya sea una buena solución. De las bacterias actuales se puede decir que son idénticas en muchos aspectos a las que había hace 3000 millones de años.

Los ambientes constantes o poco fluctuantes pueden llevar, sobre todo en los niveles de organización más bajos, a una vigencia muy larga, pero a medida que se va escalando se van definiendo nuevos conceptos de individuo. Cada vez que se define un nuevo entorno, cada vez que hay que inventar una piel para que las condiciones de contorno se mantengan, se define un individuo de orden superior. Definir un pacto entre unidades menores que dan una mayor es casi equivalente a cambiar el medio. Y entonces, sí, se produce un progreso. Es decir, incluso con un medio constante se puede producir progreso en el caso de que haya pactos y un ascender en el orden jerárquico. Lo que yo decía es que, si hay cambios, casi seguro que se necesita progreso para sobrevivir. Pero cuando no hay cambios se pueden inventar jerarquías nuevas que cambian las reglas del juego.

Ángeles Sacristán: No entiendo muy bien tu idea de que el progreso equivaldría a la independencia del organismo, es decir el sistema, respecto del entorno.

Jorge Wagensberg: Del entorno no, de la *incertidumbre* del entorno.

Ángeles Sacristán: Entonces, cuanto más independiente es ese sistema del medio, más independiente es también en cuanto a transferencia de información.

Jorge Wagensberg: No, no. La cuestión es muy importante. Hablamos de independencia de la incertidumbre del entorno, que es el término $H(Y)$ en la identidad fundamental: $H(X) - H(X/Y) = H(Y) - H(Y/X)$. La diferencia a cada lado de la identidad es precisamente la información que circula entre el sistema y su entorno. La independencia se consigue intercambiando grandes cantidades de información. El aislamiento es un caso trivial. Es la idea de semilla. Se puede mantener la independencia del entorno o bien dentro de un iglú (el equivalente a un termo) o bien con un aparato de aire acondicionado. Se trata de independizarse del entorno controlando dos términos muy importantes, el de sensibilidad y el de impacto ambiental. Un aparato de aire acondicionado refresca el aire de la habitación pero calienta el exterior, a menos que sea infinito. Una nevera enfría el interior, pero calienta el exterior como si fuera una estufa. Para mantener su independencia interior la nevera dispone de un termostato, pero la habitación debe estar ventilada. Hay también una solución trivial: la nevera con hielo dentro y aislada. Pero este es un caso particular y anecdótico.

Evolución y progreso: crónica de dos conceptos
Michael Ruse

Sr. Michael Ruse

Michael Ruse *(1940), licenciado en filosofía y matemáticas, se doctoró en 1970 en la Universidad de Bristol con su tesis* Sobre la naturaleza de la biología. *Es catedrático de filosofía en la Universidad de Guelph (Ontario, Canadá) y ha sido profesor invitado en las universidades de Cambridge, Indiana y Harvard. Miembro de varias asociaciones científicas, sus trabajos se han centrado en la filosofía y la historia de la biología evolutiva en relación con Darwin. Es autor de* La revolución darwinista *(1979),* Sociobiología *(1979),* Tomándose a Darwin en serio *(1986) y* Monad to Man: The Concept of Progress in Evolutionary Biology *(Harvard University Press, Cambridge (Massachusetts), 1996).*

Los estudiosos de la historia del pensamiento evolucionista saben muy bien que esta historia gira en torno al concepto de progreso, la idea de que, de alguna forma, las cosas se dirigen de manera teleológica hacia la perfección, con la humanidad como mediadora (Bowler, 1976, 1984, 1990). Ha habido, sin embargo, una considerable controversia en cuanto a la exacta relación o relaciones entre los conceptos de «evolución» y de «progreso» (Almond et al., 1983, Bury, 1920). El objetivo de esta discusión es discernir la verdadera naturaleza de esta conexión, y como telón de fondo comenzaré presentando lo que virtualmente se ha convertido en la actual versión oficial (Hesse y Arbib, 1986).

Evolución sin progreso

Este relato comienza con un hecho que pocos de los actuales historiadores de la Ilustración cuestionarían. La idea de evolución, la aparición gradual de todos los organismos por causas naturales a partir de una o unas pocas formas con el transcurso de las edades, es en cierto sentido la hija natural de la idea de progreso. En el siglo XVIII, cuando se desarrolló y adoptó ampliamente la noción de progreso social, era natural ir más allá del dominio cultural y hacerla extensiva al de los organismos (McNeil, 1987; Porter, 1989; Richards, 1992). El resultado fue una suerte de cuadro naturalista y progresivista del mundo vivo. De los salvajes a los

69

europeos en la dimensión cultural. De los microbios («mónadas») a los humanos («hombres») en el mundo orgánico.

Supuestamente, de acuerdo con la versión estándar, este evolucionismo progresivista —progreso como extensión de la cultura, cultura como caso particular del progreso— se prolongó hasta la primera mitad del siglo XIX, pero luego iba a sufrir dos golpes fatales. El primero lo propinó Charles Darwin, el llamado «padre» de la evolución. En 1859 Darwin publicó *El origen de las especies*, donde presentaba sólidos argumentos no sólo en favor de la evolución, sino de un mecanismo particular: la selección natural. Todos los organismos que nacen están sujetos a una lucha por la existencia, y esto significa que sólo una fracción de ellos saldrá adelante. Los supervivientes, los «mejor adaptados», son diferentes de los fracasados, de manera que, dado un tiempo suficiente, se produce un cambio o progreso natural. Pero se trata de un progreso relativo. Lo que es adaptativo en un contexto particular no tiene por qué serlo en otro contexto. Por lo tanto, no cabe hablar —como el mismo Darwin se encargó de señalar— de «superiores» ni «inferiores» (Ruse, 1979a). Y tampoco puede haber progreso en sentido absoluto. La evolución es contemplada como un fenómeno oportunista, y no como algo teleológicamente orientado hacia un fin (un fin que se mide en términos de valores humanos).

Después, a principios de este siglo (siempre de acuerdo con la versión estándar), el progreso evolutivo sufrió su segundo golpe fatal. La selección darwiniana se fundió con una teoría adecuada de la herencia: la genética mendeliana (Bowler, 1984; Ruse, 1988, 1993). Pero el punto clave es que en la genética mendeliana los elementos de cambio, las llamadas «mutaciones», son de carácter aleatorio. Esto no implica que sean acausales, sino más bien que aparecen con independencia de las posibles necesidades de sus poseedores. Otra vez la falta de dirección o propósito.

La conclusión a la que se llega es que, en la era moderna de la teoría sintética de la evolución (una combinación de la selección darwiniana y la genética mendeliana, hoy actualizada por la revolución de la biología molecular), tenemos un evolucionismo despojado de sus orígenes progresivistas. Ningún biólogo en ejercicio cree hoy en una evolución dirigida, y ciertamente no en una evolución cuyo fin último es la humanidad. En esto el pensamiento evolutivo no es más progresivista que, digamos, una teoría física o química (Nitecki, 1988; Gould, 1989).

Lo que quiero proponer es que, aunque esta versión clásica comienza bien (la evolución fue de hecho la hija del progreso), luego pierde totalmente el rumbo. Argumentaré que ninguno de los golpes supuestamente fatales asestados a la evolución progresiva lo fueron en realidad. Pero quiero sugerir también que hay razones que explican el declive del progresionismo en el pensamiento evolutivo. Estas razones tienen que ver con algo completamente distinto, en particular el afán desesperado de los evolucionistas modernos de ser tomados en serio como biólogos profesionales. Una vez se tiene en cuenta este hecho se comprende por qué los evolucionistas de hoy tiemblan ante la sola mención de la palabra «progreso», pero también por qué la mentalidad progresionista no siempre está tan alejada de la superficie como pretende la versión popular.

Jean Baptiste de Lamarck y el nacimiento del evolucionismo

Para empezar, estoy de acuerdo con la versión estándar en lo que respecta a la relación inicial entre progreso y evolución: la evolución fue la hija del progreso. Para confirmar este punto tendríamos que hacer un recorrido por los muchos países donde vio la luz la idea de progreso, en particular Francia, Alemania y Gran Bretaña (especialmente Escocia). Dado que aquí no tenemos ni tiempo ni espacio para ello, me limitaré al más famoso de los pioneros del evolucionismo, el sistemático y hombre de ciencia francés Jean Baptiste de Lamarck, autor de la célebre *Philosophie zoologique* (1809).

A él debemos la primera teoría de la evolución plenamente articulada, cuyo tema central era una versión dinámica de la Gran Cadena del Ser (Lovejoy, 1936). Es decir, Lamarck creía que todos los organismos (de hecho trazó una línea divisoria entre plantas y animales) pueden ordenarse en una secuencia ascendente, desde los gusanos más simples (en el caso animal) hasta el orangután y finalmente el género humano (Burkhardt, 1977). Lamarck creía que había una suerte de fuerza innata que impulsaba a los organismos a escalar posiciones en la Gran Cadena, de acuerdo con las «necesidades» que experimentaban, y que esta fuerza conducía a entidades cada vez más complejas, hasta que finalmente se llegaba a nuestra especie. Lamarck también creía en la existencia de un proceso continuado de creación (por medios naturales) de organismos a partir de materia inorgánica (la llamada «generación espontánea») por el cual continuamente se incorporarían nuevos grupos de organismos a la cadena evolutiva. En consecuencia, Lamarck no creía en un genuino árbol de la vida en el que todos los organismos procedían de formas originales compartidas, sino más bien en una especie de fábrica de organismos en incesante producción.

Superpuesto a este cuadro básico Lamarck colocó un mecanismo secundario, hoy conocido (un tanto paradójicamente, dado su carácter accesorio) como «lamarckismo»: la herencia de los caracteres adquiridos. Lamarck creía que de vez en cuando los organismos experimentarían circunstancias medioambientales extrañas, y esto llevaría a una cierta desviación de la forma natural de la Cadena. Como consecuencia de esto se obtendría un esquema arborescente de la historia de la vida, aunque es importante subrayar que no es un árbol del estilo del que conocemos desde que Darwin publicó *El origen de las especies*. Se asemeja más bien a un matojo de hierba, siempre produciendo nuevos brotes.

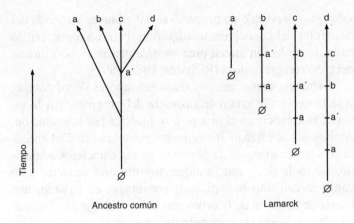

Figura 1. Comparación entre Darwin y Lamarck.

Aunque Lamarck siempre negó que la ascensión de los organismos por la Gran Cadena del Ser obedeciera a fuerzas vitales o mecanismos teleológicos de alguna clase, la suya es una concepción de la vida claramente progresionista (Daudin, 1926). ¿De dónde extrajo Lamarck esta visión? Si uno estudia sus antecedentes, así como las discusiones en sus escritos, en concreto su *Philosophie zoologique*, está fuera de duda que Lamarck estaba respondiendo a las esperanzas de progreso que se convirtieron en la filosofía general de los pensadores radicales franceses del siglo XVIII, la era de la Ilustración (Jordanova, 1976). Hacía tiempo que gente como Turgot y Condorcet promovía la idea de que es posible un cambio genuino tanto en lo social como en lo intelectual, con tal de que los humanos se esfuercen en la dirección correcta (Bury, 1920). Lamarck conocía los escritos de estos y otros autores por el estilo (los llamados «filósofos»), en particular Cabanis, un pensador influido por la ciencia médica. Lamarck compartía la filosofía de todos ellos (lo cual resultaba conveniente para él, ya que era un noble, una condición no precisamente bien vista en aquellos tiempos de revolución) y, como ellos, pensaba que era posible un progreso social y humano a través del desarrollo del conocimiento adquirido. Para Lamarck, por lo tanto, la evolución era en gran medida una inferencia directa del credo progresionista (Richards, 1987, 1992).

Lamarck, como muchos otros pensadores de su tiempo, veía la evolución como una parcela del progreso, y a la inversa, la creencia en el progreso se justifica por la evolución. Ambas ideas estaban fuertemente entrelazadas. Del mecanismo lamarckiano de la herencia de los caracteres adquiridos se suele decir que, aunque hoy día está desacreditado como mecanismo biológico, sí constituye, en cambio, una buena descripción de la evolución cultural. La gente desarrolla ideas y luego las transmite de generación en generación. En realidad sorprende poco que la cultura sea lamarckiana, pues en primera instancia ¡el mismo Lamarck fue un fenómeno cultural!

Quiero subrayar que Lamarck es sólo un personaje representativo entre muchos. En los albores del pensamiento evolucionista, a principios del siglo XIX, uno puede ver que existe el convencimiento general de que evolución y cultura son dos caras de la misma moneda. Sin embargo, antes de seguir, tengo que señalar otro punto muy importante. Para muchos, y especialmente en el seno de la comunidad científica, esta moneda estaba acuñada en metal ordinario. La evolución no era vista con buenos ojos por los científicos profesionales en ejercicio. Es significativo que el gran oponente de Lamarck fuera el más poderoso científico de la época: el padre de la anatomía comparada, Georges Cuvier (Coleman, 1964; Appel, 1987; Outram, 1984). El inmenso desagrado que el evolucionismo de Lamarck inspiraba en Cuvier obedecía a muchas razones, pero una de las principales era el argumento, plenamente justificado, de que Lamarck estaba haciendo especulación filosófica en vez de intentar apoyar su pensamiento en la evidencia empírica. Como señaló el propio Cuvier, esta evidencia parecía ir en contra de la evolución: había vacíos en el registro fósil; las especies animales

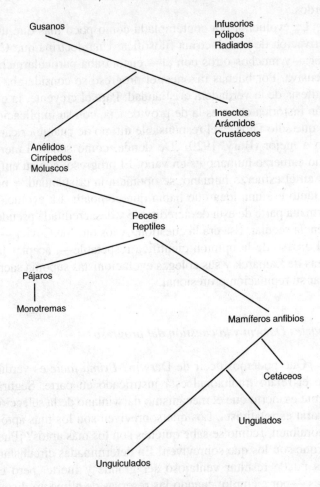

ESQUEMA DEL ORIGEN DE VARIOS ANIMALES

Gusanos

Infusorios
Pólipos
Radiados

Insectos
Arácnidos
Crustáceos

Anélidos
Cirrípedos
Moluscos

Peces
Reptiles

Pájaros

Monotremas

Mamíferos anfibios

Cetáceos

Ungulados

Unguiculados

Figura 2. De la *Philosophie zoologique* de Lamarck.

momificadas enviadas desde Egipto no parecían ser diferentes de las que encontramos hoy, y ningún criador había obtenido a partir de un organismo vivo un miembro de una especie diferente (Cuvier, 1817). Las vacas pueden diversificarse

75

en multitud de variedades, pero no se convierten en ovejas o cerdos.

La evolución era contemplada como poco más que una derivación de una doctrina filosófica. Una doctrina que Cuvier —y muchos otros con él— encontraba particularmente ofensiva. Por buenas razones, el progreso se consideraba la antítesis de la verdadera cristiandad. Para el creyente, la noción histórica clave es la de providencia, con su implicación de que sólo Dios es el responsable último de cualquier cambio a mejor (Bury, 1920). De donde, como señaló Lutero, todo esfuerzo humano es en vano. El progreso, con su énfasis en el esfuerzo humano, se oponía a la cristiandad, y por lo tanto era una idea que había que combatir. La evolución formaba parte de esta desacreditable y desacreditada pseudociencia secular. Ésa era la cuestión. A los ojos de Cuvier —y del grueso de la opinión científica respetable—, aceptar las ideas de Lamarck y sus colegas evolucionistas suponía sacrificar su reputación profesional.

Charles Darwin y la cuestión del progreso

¿Qué podemos decir de Darwin? *Prima facie* es verdad que el relato tradicional está justificado en parte. Seguramente es cierto que el mecanismo darwiniano de la selección natural es relativista. Los que sobreviven son los más aptos. Ahora bien, ¿cómo se sabe quiénes son los más aptos? ¡Pues porque son los que sobreviven! En determinadas circunstancias puede resultar ventajoso ser grande y fuerte, pero en otras —por ejemplo, cuando las reservas de alimento disminuyen significativamente— puede que valga más tener un cuerpo pequeño y flaco y una mente más avispada.

Además de esto, no cabe duda de que el propio Darwin se mostró siempre muy cauteloso a la hora de hablar de progreso. En las guardas de un libro que estuvo leyendo a finales de la década de 1840 anotó que debía procurar no emplear palabras como «superior» e «inferior» (Ospovat, 1981). Darwin sabía muy bien que identificar la evolución con el progreso era la manera más fácil de burlarse del científico profesional en su misma cara. Es más, si uno lee el *Origen*, no hay intento alguno de hacer que la estructura general de la teoría sea progresionista en el sentido asumido naturalmente por Lamarck. Darwin, a diferencia de Lamarck, se suscribió a un genuino árbol de la vida. Y un árbol, después de todo, se ramifica. De ahí que no se pueda hablar de un ganador en particular. Por cierto, no hay razón para pensar que nosotros los humanos nos hemos impuesto a los otros organismos —extinguidos o no— y estamos por encima de ellos.

Pero todo esto no impide que haya detalles embarazosos. Por ejemplo, podríamos citar el párrafo final del *Origen* mismo, que tiene un tono decididamente progresionista:

«Es interesante contemplar una ribera cubierta de vegetación, con plantas de muchas clases, aves cantando entre los arbustos, insectos diversos revoloteando y gusanos reptando en la tierra húmeda, y pensar que estas formas de diseño elaborado, tan diferentes unas de otras, y con una dependencia mutua tan compleja, han sido todas producidas por leyes que actúan a nuestro alrededor. Estas leyes, en su sentido más amplio, son la reproducción, la herencia, que es casi una implicación de la anterior, la variabilidad a partir de la acción directa e indirecta de las condiciones de vida externas, junto con el uso y el desuso, una tasa de crecimiento lo bastante alta para conducir a una lucha por la vida, y como consecuencia de ello a la Selección Natural, todo lo cual acarrea una divergencia de caracteres y la extinción de las formas menos avanzadas. Así, de la guerra de la naturaleza, del hambre y la muerte, se deriva directamente el objeto más sublime que somos capaces de concebir, a saber, la producción de los animales superiores. Hay grandeza en esta visión de la vida, con sus diversas fuerzas, que tuvo su origen en unas pocas formas, o quizá una, y que desde aquel comienzo tan

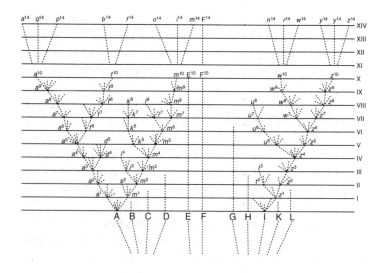

Figura 3. El árbol de la vida en *El origen de las especies.*

simple, mientras este planeta ha seguido sus ciclos de acuerdo con la ley fija de la gravedad, ha producido, y sigue produciendo, innumerables formas cada vez más bellas y maravillosas» (Darwin, 1859, 489-490).

Otra vez, en los libros de notas de Darwin (notas que escribió a finales de la década de 1830, mientras iba descubriendo los mecanismos de la evolución y la selección natural y los convertía en el eje de una teoría), hay toda suerte de sentimientos que de forma vaga e incluso explícita suenan a progresionismo (Barrett et al., 1987). Igualmente, cuando nos fijamos en los últimos escritos de Darwin —en especial *La ascendencia del hombre*, publicado en 1871— parece como si la idea de progreso se pudiera expresar ya sin ningún reparo. No sólo afirma que existe una progresión ascendente a través del mundo animal, sino que una vez llegados a nuestra propia especie viene a sugerir que los europeos serían más avanzados que los salvajes, y los británicos más que los europeos. (Por lo menos los británicos de sexo masculino, instruidos y capitalistas. Debo señalar que el mismo Darwin era nieto de uno de los más grandes industriales británicos, Josiah Wedgwood, apodado «el alfarero».)

Hay, pues, cierta confusión. Pero la cuestión no es demasiado complicada. El hecho es que Darwin era consciente del mal lugar en que el progresionismo había colocado la evolución. Resuelto a promover la idea de evolución, quería evitar a toda costa la etiqueta simplista que había anatematizado en sus predecesores. Por encima de todo, tenía que ser muy cauteloso y evitar cualquier profesión de progresionismo. Además, tenía muy claro que su mecanismo de la selección natural no conducía directamente a ningún progreso. Era plenamente consciente del aspecto relativista de la selección, y desde luego puso mucho empeño en subrayarlo. Así pues, por razones tanto sociales como epistemológicas, había que restar importancia al progreso.

Ahora bien, el propio Darwin, como miembro que era de una familia capitalista que había hecho una gran fortuna durante la revolución industrial, estaba firmemente comprometido de una u otra forma con el progresionismo. En su fuero interno albergaba las mismas convicciones que los miembros de su familia. El gran anhelo de Darwin era vincular la evolución con el progreso. La cuestión era cómo hacerlo. Adoptó la estrategia de negar o ignorar la tesis del progreso en su versión más simplista, pero argumentando a la vez que la selección natural conduce claramente a alguna forma de progresionismo comparado (lo que hoy suele conocerse como «carrera de armamentos») que al final desembocaría en un progreso en toda regla.

Darwin vio que, como resultado de la selección, los organismos que se viesen perseguidos por predadores se harían más rápidos, y viceversa, los predadores tendrían que hacerse más rápidos para capturar unas presas cada vez más veloces. El resultado sería el mejoramiento general de los rasgos favorecidos por la selección natural, es decir, las adaptaciones. Esto es progreso comparado. Luego Darwin hizo lo que sólo puede describirse como un acto de fe, arguyendo que se puede ir de este progreso comparado a un progreso general absoluto; en pocas palabras, de la mónada al hombre:

«Su carta me ha interesado sobremanera; ¡pero cuán inextricables son los temas que estamos discutiendo! No creo que yo haya dicho que para mí las producciones de Asia fueron *superiores* a las de Australia. Me cuido mucho de evitar esa expresión, porque no creo que nadie tenga una idea definida de lo que significa, excepto en las clases que se pueden comparar lejanamente con el hombre. Según nuestra teoría de la selección natural, si los organismos de cualquier área del Eoceno o la era Secundaria tuvieran que competir con los ahora existentes en esas mismas áreas (o probablemente en cualquier parte del mundo), los antiguos serían vencidos y exterminados; si la teoría es cierta esto debe ser así... No veo en qué forma podríamos evaluar esta "altura competitiva". Y me siento confortado cuando comparo mentalmente los organismos del Silúrico con los más recientes.

»No me cabe duda de que una larga trayectoria de "altura competitiva" hará que al final se tenga una organización superior en todos los sentidos imaginables; pero, por lo que parece, probar esto es de lo más difícil» (Darwin, 1985, 228-229).

Parece claro que Darwin ya pensaba de esta manera cuando se publicó el *Origen* en 1859; pero, conociendo los efectos perniciosos que un progresionismo abierto tendría sobre su teoría, mantuvo un mutismo total acerca de sus opiniones. Sin embargo, lo que pasó luego fue que la gente leyó el *Origen* y, a pesar de las objeciones al mecanismo propuesto, recibió muy bien la idea general de evolución que Darwin proyectaba, y no sólo eso, sino que la mayoría la identificó de hecho con el progreso. Viendo lo que había pasado Darwin se relajó un tanto, y para cuando se puso a escribir la tercera edición del *Origen* (1861) se sentía lo bastante confiado para añadir una buena dosis de progresionismo a su teoría. Así, encontramos que en esta tercera edición Darwin incluye la idea de una carrera de armamentos biológica y se basa en ella para argumentar que, en conjunto, el mejoramiento de las adaptaciones —en particular las adaptaciones mentales— conduciría a alguna forma de progreso absoluto. Es decir, Darwin defiende la existencia de una selección orientada de algún modo hacia nuestra propia especie, *Homo sapiens*:

«Si contemplamos la diferenciación y especialización de los diversos órganos de un ser en estado adulto (y esto incluiría el desarrollo del cerebro para fines intelectuales) como el mejor indicativo del grado de organización, está claro que la selección natural conduce a una organización cada vez más elevada; porque todos los fisiólogos admiten que la especialización de los órganos, al permitir un mejor desempeño de sus funciones, es una ventaja para todo ser; la acumulación de variaciones tendentes a la especialización está, por lo tanto, dentro de la esfera de la selección natural» (Darwin, 1959, 222 (382.11:c)).

Una década después, para cuando se puso a escribir su *magnum opus* sobre nuestra propia especie, *La ascendencia del hombre*, Darwin ya se sentía totalmente libre para hacer profesión de fe en el progreso evolutivo.

Vemos pues que, lejos de negar cualquier conexión entre evolución y progreso, Darwin los vinculaba incluso más profundamente. Pero al mismo tiempo, como buen científico que era, Darwin tenía plena conciencia de la situación y comprendió que si en un principio se hubiera mostrado demasiado abiertamente progresionista le habría salido el tiro por la culata. ¿Quiere esto decir que al final Darwin consiguió producir una ciencia totalmente profesional, considerada de la mejor calidad por gente de peso, y que incorporaba el progresionismo? No del todo, aunque estoy seguro de que su aspiración era ésta. Más bien, tanto los partidarios de Darwin como sus detractores continuaron pensando que la evolución implicaba progresionismo, pero la evolución dejó de ser considerada una vil pseudociencia. Ahora bien, eso no impidió que continuaran negando un pleno reconocimiento científico a los estudios evolutivos. En vez de eso, siguieron una tradición fomentada por el gran aliado de Darwin, Thomas Henry Huxley, consistente en contemplar el pensamiento evolutivo menos como una teoría científica plenamente operativa y más como algo semejante a una suerte de religión secular de índole metafísica (Ruse, 1996).

La fisiología, la embriología y la anatomía comparada formaban la primera línea de la biología (Nyhardt, 1986; Maienschein, 1987, 1991). La evolución era la filosofía subyacente. Y como toda buena filosofía tenía un mensaje: ¡el progreso! Me doy cuenta de que esta afirmación es un tanto escandalosa, así que quiero dejar claro que no estoy diciendo que los partidarios de Darwin, como Huxley, fueran menos ardientes en su evolucionismo de lo que solemos asumir. Lo que digo es que en vez de contemplar la evolución como una ciencia plenamente operativa, los biólogos posteriores a Darwin tendían a contemplar la evolución como el trasfondo de su visión del mundo, un trasfondo de cuya lectura podían obtener algún sustento espiritual. La evolución daba sentido a las cosas, incluso aunque el cristianismo fuera falso.

Lo que quiero argumentar es que, en cierto sentido, la revolución darwiniana fue sólo parcial. Darwin tuvo éxito en convencer a la gente de la verdad de la evolución. Pero durante el medio siglo que siguió a la publicación del *Origen*, la teoría darwiniana no fue contemplada como un paradigma científico dentro del cual se puede trabajar y del que pueden derivarse resultados empíricos, al estilo de los de la física o los que se estaban desarrollando en otras áreas de la biología. La evolución funcionaba mucho más como una suerte de filosofía a partir de la cual la gente podía especular sobre el sentido de la vida. Es más, en parte como causa y en parte como efecto, el progreso estaba en el mismo centro de este cuadro. La gente veía la evolución como algo que tenía, si no un propósito divino (aunque había evolucionistas que lo creían así), al menos alguna clase de propósito natural en algún sentido.

Fue este estado de cosas lo que hizo que gente como, por ejemplo, Herbert Spencer (1852a,b, 1857, 1864, 1892) se animara a proponer filosofías evolucionistas, en particular una ética evolucionista que desafiaba la moralidad cristiana convencional. Todos venían a decir que se debería favorecer el proceso evolutivo en vez de interponerse en su camino. La consecuencia de esto es que, puesto que el proceso evolutivo puede contemplarse como una versión biológica del *laissez faire*, uno debería dejar que las cosas sean como tienen que ser, sin que el estado se entrometa (Ruse, 1986; véase también Russett, 1976; Crook, 1994; Pittenger, 1993). Es más, la justificación de esta forma de pensar puede hacerse en nombre de la biología: si no se permite que el proceso evolutivo tenga plenos poderes no sólo se frenará el progreso, sino que nos veremos sumidos en la decadencia y la degradación. No es que uno esté a favor del *laissez faire* en sí mismo —desde luego no de los efectos diabólicos que pueda llegar a tener—, pero, en el esquema general de las cosas, a menos que se fomente alguna forma de empresa privada liberal, al final todos saldremos perdiendo. El mandamiento cristiano del amor —aducían estos «darwinistas sociales»— está muy bien como ideal, pero en el mundo real uno tiene que adoptar una filosofía más dura, la filosofía del *Origen de las especies*. (Si el mismo Darwin era o no un darwinista social en toda regla es una cuestión muy debatida por los estudiosos [Richards, 1987]. Ciertamente hay indicios de ello en algunos de sus escritos, aunque no dejaron de aterrarle las posibles consecuencias). El hecho es que mucha gente sentía que era necesario sustituir la fallida filosofía moral del cristianismo y otras religiones tradicionales por un darwinismo social de inspiración evolucionista.

La llegada de Mendel

Entramos así en el presente siglo, y con él llega el segundo de los supuestos destructores de la idea de evolución como progresión. Me refiero a la genética mendeliana y la aleatoriedad de los factores de cambio, las mutaciones genéticas. Una vez más encontramos que el escenario estándar es, simplemente, irreal. Los evolucionistas nunca se sintieron obligados a renegar de su progresionismo en ningún sentido. Podría citar muchos ejemplos, de hecho practicamente servirían todos los evolucionistas de la primera mitad de este siglo, pero escogeré sólo dos de los más importantes. Importantes en el sentido de que fueron ellos quienes lideraron el movimiento para la síntesis de la selección darwiniana y la genética mendeliana en un cuerpo teórico unificado.

En primer lugar destacaré a Julian Huxley, nieto de Thomas Henry Huxley y evolucionista insigne por derecho propio. Huxley, muy influenciado en su juventud por la lectura de *La evolución creadora* (1907) de Henri Bergson, siempre fue un progresionista que creía que los humanos ocupan una posición especial y que la evolución ha conducido a nosotros. En su obra maestra, *Evolution: The Modern Synthesis*, publicado en 1942, se manifiesta de forma bastante explícita en favor del progreso evolutivo: «Debería quedar claro que si la selección natural puede dar cuenta de la adaptación y la especialización a largo plazo, también puede dar cuenta del progreso. Los cambios progresivos han proporcionado a sus poseedores ventajas obvias que les han permitido dominar sobre el resto». Es cierto que «a veces puede haber hecho falta una revolución climática para dar al cambio progresivo un papel preponderante». Pero esto no puede sorprender demasiado, porque sabemos que «una característica general de la evolución parece ser que en cada época una minoría de efectivos da lugar a la mayoría de la etapa siguiente, mientras que el resto se extingue o su número se reduce» (Huxley 1942, 568).

¿Cómo justifica esto Huxley a la luz de la aleatoriedad de las mutaciones mendelianas? A diferencia de Darwin, a Huxley no parecen haberle preocupado demasiado las tensiones causadas por su ciencia. Esencialmente, su postura venía a ser que la mutación proporcionará un abanico de alternativas lo bastante grande, que la naturaleza progresiva de la selección puede simplemente predominar sobre cualquier aleatoriedad a este nivel, y que en última instancia esto hará que la cadena avance. Naturalmente, esto implica que la selección es progresivista y, como era de esperar, encontramos que Huxley, junto con su buen amigo el evolucionista J.B.S. Haldane, fue uno de los líderes de este siglo en el desarrollo y extensión de la noción de carrera de armamentos biológica (Huxley, 1912; Huxley y Haldane, 1927). Prestó especial atención a los avances en tecnología militar, que para él tenían una correspondencia en el mundo biológico. Y viceversa, Huxley (aunque no tanto como sus seguidores) también puso su talento al servicio de la milicia, con contribuciones destacables en el campo del camuflaje (Cott, 1940).

Pero el punto crucial es que Huxley siguió a Darwin en su creencia de que, si se encadenan suficientes carreras de armamentos, el resultado final será inevitablemente algo parecido a la forma humana. (Para ser justo, tengo que decir que el pensamiento de Huxley es más sutil que todo esto. De hecho, él no creía posible que evolucionase otra humanidad además de la nuestra. Se puede presumir que, si el género humano desapareciera, la posibilidad de que volviese a evolucionar alguna forma humana quedaría de nuevo abierta.)

Al otro lado del Atlántico, la figura clave en la síntesis del darwinismo y el mendelismo fue el genético de poblaciones de origen ruso Theodosius Dobzhansky. En su importante obra *Genetics and the Origin of Species*, Dobzhansky mostró cómo se podía tener una perspectiva selectiva de la naturaleza con una base mendeliana. (Debo decir que, una vez más, estoy omitiendo detalles importantes. En la primera edición de *Genetics and the Origin of Species*, publicada en 1937, Dobzhansky no se mostró abiertamente seleccionista; sin embargo, para cuando se publicó la segunda edición, en 1941, su compromiso con la enorme significación de la selección natural era ya absoluto.)

Dobzhansky, lo mismo que Huxley, fue un ferviente progresionista (Dobzhansky, 1962, 1967). Igual que Huxley (1959), Dobzhansky se enamoró de los escritos del paleontólogo y jesuita francés Pierre Teilhard de Chardin. En su libro *El fenómeno humano* (publicado en 1955) el padre Teilhard argumentaba que la totalidad de la creación está evolucionando hacia la humanidad y a partir de ella hacia algo que llamó «Punto Omega», que él identificaba con Jesucristo. Huxley, ateo como era, rechazó de plano esta última idea; Dobzhansky, que era cristiano, fue más condescendiente. Lo importante, sin embargo, es que para ambos la visión de Teilhard se reflejaba en su propia concepción de la evolución orgánica.

Una vez más, uno se pregunta cómo pudo Dobzhansky cerrar los ojos ante las dificultades creadas por la aleatoriedad de la mutación. La respuesta está en que él, más que nadie, se encargó de establecer el enorme rango de variación que la mutación produciría. Además, como es bien sabido, Dobzhansky hizo grandes esfuerzos para demostrar la estabilización de la variabilidad poblacional, no a pesar de la selección natural, sino más bien por causa de ella (Lewontin, 1974; Beatty, 1987a,b). (No hay necesidad de entrar en detalles, pero, esencialmente, Dobzhansky tomó en consideración mecanismos que favorecerían la diversidad. En particular tenemos el fenómeno llamado «equilibrio heterocigótico», que se produce cuando genes mendelianos en combinación dan organismos mejor adaptados, incluso aunque por separado den organismos menos aptos.)

Para Dobzhansky, siempre habría variación de una clase que haría posible alguna suerte de progresionismo. Añado enseguida que Dobzhansky, como Huxley, o incluso Darwin antes que él, no pensaba que toda trayectoria evolutiva es necesariamente progresionista. De hecho, tengo la sospecha de que él pensaba que la inmensa mayoría no lo era, y que a veces (si se mira objetivamente) la evolución en realidad revierte. Sin embargo, su esquema general era que siempre habrá un avance mínimo permanente que, en conjunto, será responsable de un progreso ascendente en la Cadena que va de lo más simple a lo más complejo, y cuyo punto final sería, para Dobzhansky, una humanidad definida de manera ambigua.

Quizás habría que hacer un paréntesis para explicar que Dobzhansky no veía ningún conflicto entre su cristianismo y su progresionismo (Dobzhansky, 1967). Lo dejo simplemente como un hecho, sin ahondar en la cuestión de si la suya era una posición teológicamente sostenible. De hecho, en Norteamérica existía una larga tradición en cuanto a una lectura cristiana del progreso, aunque, al contrario que en Europa, especialmente tras la segunda guerra mundial, hubo muchos que reafirmaron la oposición cristiana al progreso (Wagar, 1972). Esta postura estuvo motivada por los desastres de este siglo, desastres que parecían demostrar, no sólo que el progreso era una quimera, sino que la misma filosofía del progreso conducía inexorablemente al desastre.

Vemos pues que, hacia los años cuarenta, los evolucionistas habían empezado a unificar darwinismo y mendelismo, sin que eso impidiera que se mantuvieran seguros en su progresionismo. Pero esto es sólo una parte de la historia, y hay otra no menos relevante para nosotros aquí. Tanto Julian Huxley como Theodosius Dobzhansky eran biólogos profesionales, lo que significa que mientras estuvieron desarrollando su teorización evolutiva procuraron siempre mantenerla dentro del dominio de la ciencia profesional. O, más bien, pretendieron elevar aquello que heredaron, una especie de sistema metafísico del mundo, a la categoría de ciencia buena y madura, obra de científicos de primera (Cain, 1993). Y comprendieron que, por muy comprometidos que estuvieran con el progresionismo, si querían tener éxito tenían que hacer algo con él. Gente de dentro y de fuera de la biología remarcaba que una ciencia que colocase el progreso en el centro de la biología evolutiva (en el periodo presintético) simplemente no podía considerarse buena ciencia. Lo que vemos, pues, es que tanto Huxley como Dobzhansky excluyeron deliberadamente el progresionismo de su ciencia pretendidamente profesional.

No era cuestión de negar el progresionismo, pues esto era lo último que Huxley/Dobzhansky querían. Lo que hicieron fue superar al propio Darwin a la hora de asegurarse de que el progresionismo no constituyera una amenaza para el crédito del trabajo que estaban presentando ante el mundo. Para ello Huxley, Dobzhansky y especialmente los seguidores norteamericanos de este último (entre los que destacan G.G. Simpson y el ornitólogo y sistemático de origen alemán Ernst Mayr), emprendieron la construcción de una biología evolutiva profesional con todo lo necesario: una revista, una sociedad, fondos para la investigación y demás (Cain, 1994). Al mismo tiempo, de forma deliberada sacaron la discusión abierta sobre el progreso fuera de su ciencia profesional. Esto no significa que dejaran de escribir acerca del progresionismo, pero deliberadamente reservaron el tema para libros más confesadamente populares.

El maestro en esto fue Simpson. En 1944 publicó *Tempo and Mode in Evolution*, su gran obra sobre la paleontología darwiniana. En ella no había ni rastro de progreso. Luego, en 1949, publicó un libro popular sobre su pensamiento paleontológico: *The Meaning of Evolution*. Esta obra acababa con dos capítulos explícitamente dedicados a la idea de progreso, hasta llegar a nuestra propia especie. Finalmente, en 1953, Simpson publicó una versión revisada de su *Tempo and Mode*, con el nuevo título de *Major Features of Evolution*.

De nuevo el progreso brillaba por su ausencia. Simpson sabía muy bien que de haber introducido su discurso progresionista en su trabajo profesional éste habría perdido parte de su crédito. Así que lo dejó para obras declaradamente populares. (Tengo la sospecha de que los evolucionistas continuaron leyendo libros como *The Meaning of Evolution* de Simpson, pero que jugaban con la pretensión de que no los consideraban ciencia seria. Como veremos, sospecho que con el paso de los años las actitudes han cambiado, y hoy día muchos evolucionistas ya no se sienten obligados o inclinados a seguir este juego.)

En suma, allá por 1959, aniversario de *El origen de las especies*, un darwinismo revitalizado caminaba triunfante (Tax, 1960a,b,c). Ahora estaba muy mejorado, no sólo en contenido, sino en crédito científico. Pero el precio había sido la exclusión de una discusión abierta sobre el progreso. Y permítaseme remarcar que esta exclusión no obedeció a consideraciones epistemológicas como la incompatibilidad del progreso con la selección natural o la aleatoriedad de la mutación mendeliana, sino que obedeció más bien al deseo natural de los evolucionistas de ser tomados en serio y considerados científicos de categoría.

La situación actual

¿Dónde nos encontramos ahora? Yo diría que, en líneas generales, los fundadores de la teoría sintética —Huxley, Haldane, Dobzhansky, Simpson, Mayr y otros— tuvieron mucho éxito en lo que hicieron. Naturalmente, el pensamiento evolucionista ha cambiado desde entonces. Se ha hecho más molecular, por ejemplo, y han surgido áreas completamente nuevas. Uno piensa por ejemplo en la sociobiología (Wilson, 1975; Ruse, 1979b). Sin embargo, el pensamiento evolucionista ha mantenido el elevado rango de una ciencia real, operativa, madura, obra de profesionales cualificados. El coste sigue siendo la eliminación o encubrimiento de la discusión abierta sobre el progreso. De hecho, adelantando lo que digo al final de la última sección, mi impresión es que los evolucionistas profesionales de ahora están mucho menos preocupados por la cuestión del progreso que sus predecesores. Biólogos como Huxley y Dobzhansky se sintieron muchas veces atraídos por la teoría de la evolución precisamente porque eran progresionistas. Hoy los atractivos son otros —buenos problemas en los que trabajar, financiación adecuada, etc.— y uno no percibe el mismo aluvión de gente con intereses metafísicos. Sospecho, por lo tanto, que hoy día el evolucionista medio en ejercicio no está ni motivado ni preocupado por la idea de un avance general que iría de lo primitivo a lo complejo, de la mónada al hombre (o mejor, para ser políticamente correcto, del gusano a la mujer).

Con todo, tengo que hacer al menos un par de matizaciones sobre lo que acabo de decir. En primer lugar, al nivel popular, no profesional, en los años cuarenta la evolución era en gran medida una visión del mundo. Pienso que así ha seguido siendo en la mente de muchos (no profesionales), y del mismo modo que antes los teóricos sintéticos que eligieron dedicarse a la evolución tenían una concepción progresionista de la misma, la evolución (como visión del mundo) continúa siendo entendida de manera progresionista. Por ejemplo, si uno mira el tratamiento de la evolución en los libros para el gran público, en revistas como *Scientific American* o en las ediciones de bolsillo, uno encuentra que el tratamiento es siempre progresivista, en línea ascendente desde lo primitivo hasta lo complejo y el género humano (como en Gould, 1993). Igualmente, cuando uno visita esos lugares donde la evolución es presentada de manera más popular, los museos, uno encuentra que el mensaje del progreso sigue estando presente sin que se despierte un solo murmullo de desaprobación. Por ejemplo, en el Museo Británico de Historia Natural, la exposición sobre los orígenes humanos está montada explícitamente en términos de evolución hacia nuestra propia especie. Y lo que aún es más llamativo, otras presentaciones sugieren que, si el género humano fuese eliminado, el proceso evolutivo daría lugar de nuevo a algo muy similar a nosotros. Una exposición itinerante sobre los dinosaurios acababa con el dinosaurioide, un dinosaurio humanoide imaginario. (No puedo resistirme a mencionar que una filosofía similar parece reinar en la ciudad catalana de Sabadell, donde una copia de ese mismo dinosaurioide le daba a uno la bienvenida a una exposición sobre evolución.)

También la gran Torre del Tiempo, en Washington DC, tiene mucho de progreso evolutivo desde el glóbulo hasta el ser humano. Nótese de paso cuán conmovedoramente correcto desde el punto de vista político es el retrato de la evolución progresiva que se nos muestra. Hoy la cosa acaba, no en el europeo darwiniano, blanco y capitalista, sino en un triunvirato formado por un anciano blanco, una joven china y un negro —aunque puede que el cristianismo no sobreviva a este movimiento de corrección política en Norteamérica, ¡auguro que el progresionismo sí lo hará!— y permítaseme señalar que este mismo mensaje lo encontramos de manera ostentosa en el Museo de la Ciencia de Barcelona. Aquí, como en todas partes, el cuadro de la evolución representa el progreso de lo primitivo a lo humano.

El otro sector en el que aún medra el progresionismo es la obra de aquellos evolucionistas que, por diversas razones, simplemente no quieren plegarse ante los enemigos del progresionismo abierto. Esto puede ser porque tienen tanta confianza en su propio trabajo que, con independencia de su contenido, no ven necesidad de depurarlo. O puede ser simplemente porque se sienten tan seguros de su obra que no les importa que se considere profesional o popular. El principal ejemplo de una u otra de estas alternativas (o quizá ambas) es el entomólogo de Harvard Edward O. Wilson. Es un ferviente progresionista, y en casi todas sus obras deja bien clara su posición sobre este tema. Por ejemplo, en su gran libro *Sociobiología: La nueva síntesis* (1975), el discurso es explícitamente progresionista. Se supone que hemos dado la vuelta a un declive en la evolución social, y ahora estamos escalando picos aún más altos:

«El hombre ha intensificado [los] rasgos de los vertebrados incorporando cualidades únicas. Al hacerlo así ha conseguido un extraordinario grado de cooperación con poco o ningún sacrificio de la supervivencia personal o la reproducción. Cómo ha sido capaz justamente de coronar él solo esta cuarta cima, invirtiendo la tendencia descendente de la evolución social en general, es el misterio culminante de toda la biología» (Wilson, 1975, 382).

Al mismo tiempo, Wilson refuerza su mensaje progresionista a través de la estructura misma de su obra, que va de los insectos sociales a los mamíferos, dejando para el final los primates, los grandes monos y, por último, nuestra propia especie. Para Wilson, igual que para los evolucionistas de la generación anterior, evolución equivale a progreso y progreso equivale a evolución. Es cierto que está siendo criticado, pero a él estas críticas no le preocupan. Considera que la filosofía subyacente es demasiado importante para esconderla.

Hay otras áreas en las que el ojo inquisidor puede encontrar evidencias de progresionismo. Stephen Jay Gould, el conocido paleontólogo norteamericano, argumenta que muchos evolucionistas de hoy incorporan el progresionismo aún sin pretenderlo (Gould, 1988, 1989, 1990). Mi impresión personal es que el mismo Gould no es inmune a esta falta (si es que es una falta). Recientemente ha editado una obra sobre evolución (para el gran público) con un mensaje explícitamente progresionista (Gould, 1993). Todo lo cual refuerza mi sospecha de que el progreso sigue estando presente en el pensamiento evolutivo, en contra de lo que cabría esperar —dada la incompatibilidad del progreso evolutivo con la selección darwiniana y la genética mendeliana— si los argumentos epistemológicos en contra del progresionismo fueran un factor definitivo para su erradicación del evolucionismo actual.

Conclusión

Se me ocurre una reflexión. El lector podría estar de acuerdo con todo lo expuesto hasta aquí, pero podría objetar que con eso no está dicho todo. «Seguramente —podría decirse— aunque, todavía hoy, la separación definitiva entre evolución y progreso pueda no haberse completado, dados los cambios de los últimos treinta o cuarenta años, en los que evolución y progreso han estado bastante más disociados que en los primeros doscientos años de teoría evolutiva, quizá podamos esperar que la segregación de los dos conceptos se haga aún mayor en el futuro. Así, si uno fuera a escribir una versión de este artículo en el año 2095, por decir algo, encontraría que el progreso había desaparecido enteramente de la escena evolutiva. Hasta en el Museo de la Ciencia de Barcelona uno tendría que buscar mucho para encontrar el mensaje del progreso.»

No puedo decir cómo serán los museos del futuro ni en Barcelona ni en ninguna otra parte. Pero desde luego no veo por qué deberíamos esperar que para el año 2095 el progreso haya desaparecido de la escena evolutiva. En los últimos doscientos cincuenta años no ha habido ningún signo de que el progresionismo fuera a desaparecer de los museos. ¿Por qué razón iba a hacerlo ahora? Mi experiencia es que los directores y conservadores de museos se sienten realmente muy felices con el mensaje del progreso y no tienen ninguna intención de desterrarlo. Después de todo, los museos están para cumplir ciertas funciones, y una de ellas es ofrecer al visitante alguna clase de mensaje con sentido (Winsor, 1991; Rainger, 1991). La gente en general cree en el progreso, al menos eso dicen los estudios sociológicos. Mi impresión, por lo tanto, es que los museos continuarán alimentando esta creencia, reforzándola con su interpretación de la evolución.

Más difícil es saber si el progreso desaparecerá del todo o no de los escritos de los evolucionistas profesionales. Aquí no estoy dispuesto a hacer una predicción tan categórica; pero yo apostaría a que, incluso en este campo, podemos esperar que el progreso persista de alguna manera. Hay una serie de razones que me inclinan a pensarlo, de las que sólo mencionaré tres.

Primero, aunque reconozco que ahora los evolucionistas ya no son tan autoselectivos como lo eran en los días de Dobzhansky y Huxley, sospecho que en algunos de los que dedican todo su tiempo a investigar en evolución todavía existe una cierta inclinación a buscar alguna clase de propósito a la vida. Este parece ser el caso de algunos de los evolucionistas actuales más eminentes, como Richard Dawkins (Dawkins, 1986, 1995) y Stephen Jay Gould (Gould, 1977, 1980, 1981, 1989). Con independencia de que ellos mismos crean realmente o no en la evolución como progreso, yo me atrevería a afirmar (o al menos no lo descartaría) que incluso en el futuro podría haber un sesgo de alguna clase en este sentido. Y si esto es así, entonces deberíamos esperar una reaparición del progreso en los estudios sobre evolución.

Segundo, hay un factor similar a lo que los físicos llaman «principio antrópico», es decir, un principio que, como si dijéramos, fuerza ciertas conclusiones simplemente por la misma naturaleza del asunto. El principio antrópico, al menos en algunas versiones, sugiere que el mundo debe ser tal como es, porque si no fuera así simplemente no existiría y nosotros no estaríamos aquí para descubrir cómo es el mundo (Barrow y Tipler, 1986). Lo mismo pasa con la evolución. Si no tuviéramos la capacidad de hacernos preguntas sobre ideas como la del progreso, y si no estuviéramos al final de una línea evolutiva (en otras palabras, si nos hubiéramos extinguido), no estaríamos en condiciones de hacernos preguntas sobre ideas como la del progreso. Sospecho que factores como éste nos inclinan a creer que hay progreso y que estamos en el punto final. Ciertamente ha habido evolucionistas, como Simpson, muy dados a hacer afirmaciones en la línea de que, ya que los animales son tan sabios, ¡por qué no presentan argumentos sobre el progreso! Su razonamiento era que los animales no tienen la capacidad de interrogarse sobre el progreso, y esto, en sí mismo, demuestra que no han progresado tanto como los que sí lo hacen (Simpson, 1949). Mi impresión es que aquí tenemos un sesgo o distorsión que procede del hecho mismo de que podamos interrogarnos sobre el progreso. Esto no significa que haya progreso, pero hace que nos inclinemos a pensar que lo ha habido.

Tercero, y para terminar, yo sugeriría que los científicos en general, y los biólogos evolutivos en particular, son precisamente el grupo de gente en nuestra sociedad que tiende a ser más entusiasta acerca del progreso social y cultural (Wagar, 1972). Después de todo son científicos, y ciertamente tienen la sensación de que su ciencia progresa. (Cualquiera que conozca algo sobre la filosofía de la ciencia contemporánea sabrá que éste es uno de los temas más debatidos en la actualidad: si verdaderamente se da o no un progreso genuino en la ciencia [Popper, 1963, 1972; Kuhn, 1962]. Lo que me interesa aquí, sin embargo, no es si este progreso genuino es real o no, sino que los científicos sí que piensan que existe.)

El pensamiento evolucionista ha tenido una larga historia de gente cuya obra estuvo condicionada por sus creencias en el progreso social, a menudo ligadas a sus creencias en el progreso científico (Lamarck es un ejemplo), que derivan hacia creencias análogas en alguna suerte de progreso biológico (Lamarck me viene de nuevo a la mente). Sospecho que esta traducción de una creencia en el progreso científico en una creencia en el progreso biológico, y luego al revés, es algo que no ha ocurrido sólo en el pasado, sino que ciertamente está ocurriendo ahora (Wilson, por ejemplo, es muy dado a ello). Sería razonable, por lo tanto, esperar que esto seguirá ocurriendo en el futuro. Así pues, seguiremos encontrando lecturas progresionistas de la evolución, simplemente en virtud del hecho de que los científicos tienden a ser progresionistas acerca de la vida en general (véase Wilson, 1978).

Estas tres razones no constituyen un argumento irrefutable; sin embargo, concluiré diciendo que, no sólo ha habido una íntima conexión entre los conceptos de evolución y progreso en el pasado, sino que estoy completamente seguro de que esta intimidad —en público o en privado— continuará en el futuro. Una cuestión distinta es lo que esto representa para el crédito general de la teoría evolutiva. Pero eso es otra historia.

REFERENCIAS

Almond, G., M. Chodorow y R.H. Pearce, eds., *Progress and its Discontents*, University of California Press, Berkeley, 1983.

Appel, T., *The Cuvier-Geoffroy Debate: French Biology in the Decades Before Darwin*, Oxford University Press, Oxford, 1987.

Barrett, P.H., P.J. Gautrey, S. Herbert, D. Kohn y S. Smith, eds., *Charles Darwin´s Notebooks, 1836-1844*, Cornell University Press, Ithaca (Nueva York), 1987.

Barrow, J.D. y F.J. Tipler, *The Anthropic Cosmological Principle.* Clarendon Press, Oxford, 1986.

Beatty, J., «Weighing the risks: Stalemate in the classical/balance controversy», *Journal of the History of Biology*, 20 (1987a), págs. 289-320.

Beatty, J., «Dobzhansky and Drift: Facts, Values and Chance in Evolutionary Biology», en Lorenz Kruger, ed., *The Probabilistic Revolution*, MIT Press, Cambridge (Massachusetts), 1987b.

Bergson, H., *L'évolution créatice*, Alcan, París, 1907. Trad. esp.: *La evolución creadora*, Espasa-Calpe, Madrid, 1985.

Bowler, P., *Fossils and Progress*, Science History Publications, Nueva York, 1976.

Bowler, P., *Evolution: The History of the Idea.* University of California Press, Berkeley, 1984.

Bowler, P., *The Non-Darwinian Revolution: Reinterpreting a Historical Myth*. Johns Hopkins University Press, Baltimore, 1988.

Bowler, P., *The Invention of Progress: The Victorians and the Past*, Blackwell, Oxford, 1990.

Burkhardt, R.W., *The Spirit of the System: Lamarck and the Evolutionary Biology*, Harvard University Press, Cambridge, 1977.

Bury, J.B., *The Idea of Progress: An Inquiry into its Origin and Growth*, MacMillan, Londres, [1920]1924.

Cain, J.A., «Common problems and cooperative solutions: organizational activity in evolutionary studies, 1936-1947», *Isis*, 84 (1993), págs. 1-25.

Cain, J.A., «Ernst Mayr as *Community* Architect: Launching the Society for the Study of Evolution and the Journal *Evolution*», *Biology and Philosophy*, 9(3), 1994, págs. 387-428.

Coleman, W., *Georges Cuvier Zoologist. A Study in the History of Evolution Theory*, Harvard University Press, Cambridge (Massachusetts), 1964.

Cott, H., *Adaptive Colouration in Animals*, Methuen, Londres, 1940.

Crook, P., *Darwinism: War and History*, Cambridge University Press, Cambridge, 1994.

Cuvier, G., *Le règne animal distribué d'aprés son organisation, pour servir de base à l'histoire naturelle des animaux et d'introduction à l'anatomie comparée*, París, 1817.

Darwin, C., *On the Origin of Species*, John Murray, Londres, 1859.

Darwin, C., *The Descent of Man*, John Murray, Londres, 1871.

Darwin, C., *The Origin of the Species by Means of Natural Selection*, antología de textos editados por M. Peckham, University of Pennsylvania Press, Filadelfia, 1959.

Darwin, C., *The Correspondence of Charles Darwin*, Cambridge University Press, Cambridge, 1985.

Daudin, H., *Cuvier et Lamarck: les classes zoologiques et l'idie de sirie animale*, F.Alcan, París, 1926.

Dawkins, R., *The Blind Watchmaker*, Longman, Londres, 1986. Trad. esp.: *El relojero ciego*, Labor, Barcelona, 1988.

Dawkins, R., *A River out of Eden*, Basic Books, Nueva York, 1995.

Dobzhansky, T., *Genetics and the Origin of Species*, Columbia University Press, Nueva York, 1937.

Dobzhansky, T., *Mankind Evolving*, Yale University Press, New Haven, 1962.

Dobzhansky, T., *The Biology of Ultimate Concern*, New American Library, Nueva York, 1967.

Gould, S.J., *Ever Since Darwin*, Norton, Nueva York, 1977. Trad. esp.: *Desde Darwin*, Blume, Madrid, 1983.

Gould, S.J., *The Panda's Thumb*, Norton, Nueva York, 1980. Trad. esp.: *El pulgar del panda*, Orbis, Barcelona, 1988.

Gould, S.J., *The Mismeasure of Man*, Norton, Nueva York, 1981. Trad. esp.: *La falsa medida del hombre*, Crítica, Barcelona, 1996.

Gould, S.J., «On replacing the idea of progress with an operational notion of directionality», en M.H. Nitecki, ed., *Evolutionary Progress*, University of Chicago Press, Chicago, 1988, págs. 319-338.

Gould, S.J., *Wonderful Life: The Burgess Shale and the Nature of History*, Norton, Nueva York, 1989. Trad. esp.: *La vida maravillosa*, Crítica, Barcelona, 1991.

Gould, S.J., «Speciation and sorting as the source of evolutionary trends, or 'Things are seldom what they seem'», en K.J. McNamara, ed., *Evolutionary Progress*, Belhaven, Londres, 1990, págs. 3-27.

Gould, S.J., ed., *The Book of Life*, Norton, Nueva York, 1993. Trad. esp.: *La grandeza de la vida*, Crítica, Barcelona, 1995.

Hesse, M., y M. Arbib, *The Construction of Reality*, Cambridge University Press, Cambridge, 1986.

Huxley, J.S., *The Individual in the Animal Kingdom*, Cambridge University Press, Cambridge, 1912.

Huxley, J.S., *Evolution: The Modern Synthesis*, Allen & Unwin, Londres, 1942.

Huxley, J.S., Introducción a *The Phenomenon of Man* de Teilhard de Chardin, Collins, Londres, 1959, págs. 11-28.

Huxley, J.S. y J.B.S. Haldane, *Animal Biology*, Oxford University Press, Oxford, 1927.

Jordanova, L.J., «The Natural Philosophy of Lamarck in its Historical Context», tesis doctoral, Universidad de Cambridge, 1976.

Kuhn, T., *The Structure of Scientific Revolutions*, University of Chicago Press, Chicago, 1962. Trad. esp.: *La estructura de las revoluciones científicas*, FCE, Madrid, 1982.

Lamarck, J.B., *Zoological Philosophy*, edición de D. Hull, University of Chicago Press, Chicago, 1984.

Lewontin, R.C., *The Genetic Basis of Evolutionary Change*, Columbia University Press, Nueva York, 1974.

Lovejoy, A.O., *The Great Chain of Being*, Harvard University Press, Cambridge (Massachusetts), 1936.

Maienschein, J., ed., *Defining Biology: Lectures from the 1890s*, Harvard University Press, Cambridge (Massachusetts), 1987.

Maienschein, J., *Transforming Traditions in American Biology. 1880-1915*, Johns Hopkins University Press, Baltimore, 1991.

McNeil, M., *Under the Banner of Science: Erasmus Darwin and His Age*, Manchester University Press, Manchester, 1987.

Nitecki, M., ed., *Evolutionary Progress*, University of Chicago Press, Chicago, 1988.

Nyhart, L.K., «Morphology and the German University, 1860-1900», tesis doctoral, Pensilvania, 1986.

Ospovat, D., *The Development of Darwin's Theory: Natural History, Natural Theology, and Natural Selection, 1838-1859*, Cambridge University Press, Cambridge, 1981.

Outram, D., *Georges Cuvier: Vocation, Science and Authority in Post-Revolutionary France*, Manchester University Press, Manchester, 1984.

Pittenger, M., *American Socialists and Evolutionary Thought, 1870-1920*, University of Wisconsin Press, Madison (Wisconsin), 1993.

Popper, K.R., *Conjectures and Refutations*, Routledge, Londres, 1963. Trad. esp.: *Conjeturas y refutaciones*, Paidós, Barcelona, 1994.

Popper, K.R., *Objective Knowledge*, Oxford University Press, Oxford, 1972. Trad. esp.: *Conocimiento objetivo*, Tecnos, Madrid, 1988.

Porter, R., «Erasmus Darwin: Doctor of evolution?» en J.R. Moore, ed., *History, Humanity and Evolution: Essays for J.C. Greene*, Cambridge University Press, Cambridge, 1989, págs. 39-70.

Rainger, R., *An Agenda for Antiquity: Henry Fairfield Osborn and Vertebrate Paleontology at the American Museum of Natural History, 1890-1935*, University of Alabama Press, Tuscaloosa, 1991.

Richards, R.J., *Darwin and the Emergence of Evolutionary Theories of Mind and Behavior*, University of Chicago Press, Chicago, 1987.

Richards, R.J., *The Meaning of Evolution: The Morphological Construction and Ideological Reconstruction of Darwin's Theory*, University of Chicago Press, Chicago, 1992.

Ruse, M., *The Darwinian Revolution: Science Red in Tooth and Claws*, University of Chicago Press, Chicago, 1979a. Trad. esp.: *La revolución darwinista*, Alianza, Madrid, 1983.

Ruse, M., *Sociobiology: Sense o Nonsense?*, Reidel, Dordrecht (Holanda), 1979b. Trad. esp.: *Sociobiología*, Cátedra, Madrid, 1989.

Ruse, M., *Taking Darwin Seriously*, Blackwell, Oxford, 1986. Trad. esp.: *Tomándose a Darwin en serio*, Salvat, Barcelona, 1994.

Ruse, M., «Molecules to men: the concept of progress in evolutionary biology», en M. Nitecki, ed., *Evolutionary Progress*, University of Chicago Press, Chicago, 1988.

Ruse, M., «Evolution and Progress», *Trends in Ecology and Evolution*, 8(2), 1993, págs. 55-59.

Ruse, M., *Monad to Man: The Concept of Progress in Evolutionary Biology*, Harvard University Press, Cambridge (Massachusetts), 1996.

Russett, C.E., *Darwin in America: The Intellectual Response, 1865-1912*, Freeman, San Francisco, 1976.

Simpson, G.G., *Tempo and Mode in Evolution*, Columbia University Press, Nueva York, 1944.

Simpson, G.G., *The Meaning of Evolution*, Yale University Press, New Haven, 1949.

Simpson, G.G., *The Major Features of Evolution*, Columbia University Press, Nueva York, 1953.

Spencer, H., «The Development Hypothesis», en H. Spencer, *Essays: Scientific, Political and Speculative*, Williams & Norgate, Londres, 1852a, págs. 377-383.

Spencer, H., «A Theory of Population, Deduced from the General Law of Animal Fertility», *Westminster Review*, I (1852b), págs. 468-501.

Spencer, H., «Progress: its Law and Cause», *Westminster Review*, LXVII (1857), págs. 244-267.

Spencer, H., *Principles of Biology*, Williams & Norgate, Londres, 1864.

Spencer, H., *The Principles of Ethics*, Williams & Norgate, Londres, 1892.

Tax, S., ed., *Evolution after Darwin*, University of Chicago Press, Chicago, 1960a.

Tax, S., ed., *Evolution after Darwin*, University of Chicago Press, Chicago, 1960b.

Tax, S., ed., *Evolution after Darwin*, University of Chicago Press, Chicago, 1960c.

Teilhard de Chardin, P., *Le Phénomène Humaine*, Editions du Seuil, París, 1955.

Wagar, W., *Good Tidings: The Belief in Progress from Darwin to Marcuse*, Indiana University Press, Bloomington (Indiana), 1972.

Wilson, E.O., *Sociobiology: The New Synthesis*, Harvard University Press, Cambridge (Massachusetts), 1975. Trad. esp.: *Sociobiología*, Omega, Barcelona, 1980.

Winsor, M.P., *Reading the Shape of Nature: Comparative Zoology at the Agassiz Museum*, University of Chicago Press, Chicago, 1991.

Coloquio

David Hull: Una pregunta muy corta. ¿Ha habido en los últimos doscientos años un solo evolucionista que no estuviera por el progreso?

Michael Ruse: Me alegro de que me hagas esta pregunta. ¿Dispongo de otra hora para responder? Bien, en lo que respecta al pasado simplemente no estoy seguro. De entre los evolucionistas del cambio de siglo creo que Rafael Walton no era progresionista. Hoy creo que sí se pueden encontrar evolucionistas profesionales que básicamente no están interesados por las grandes cuestiones. Pero mi experiencia me dice, y lo digo sin ningún sarcasmo, que cuando, terminada la jornada, me reúno en el bar con mis colegas y, después de haberme tomado un par de cervezas, comienzo a hablar de estas cosas, el progresionismo sale a la luz. Como me dijo una vez uno de ellos: «Bueno, Mike, puede que nuestra especie no sea la mejor, pero, ¡qué diablos!, somos una de las mejores». Sí, pienso que esta tendencia es muy fuerte. Es una cuestión interesante, Dave, no querría responder demasiado deprisa. Pienso que hay una cierta autoselección entre los evolucionistas. Sé que esta autoselección se da entre los filósofos, pero pienso que también los biólogos que trabajan en evolución suelen ser autoselectivos. ¿Por qué razón una persona sensata querría dedicarse a la evolución cuando se puede ganar mucho más dinero en el campo de la biología molecular? Sospecho que muchas veces es porque esta gente tiene otros intereses en mente. Creo, por ejemplo, que la no-

101

ción de equilibrio ha adquirido una importancia propia en la mente de muchos. Estuve hablando con el evolucionista inglés Jeff Parker sobre todo esto y pienso que de hecho él no cree en el progreso, pero cuando pronuncias la palabra «equilibrio» sus ojos se abren de par en par, como si estuviese contemplando el Santo Grial.

Jesús Mosterín: Me ha gustado la charla de Mike, pero me ha parecido detectar un pequeño sesgo. Yo no creo que las carreras de armamentos tengan nada que ver con el progreso. El ejemplo más obvio de carrera de armamentos es la que existe hoy entre bacterias y antibióticos de origen humano. Aquí no hay progreso en absoluto. Nadie pretende que las bacterias estén progresando, simplemente se están adaptando a un ambiente cambiante. Y lo mismo pasa con los relieves adaptativos. Como las coordenadas cartesianas, los relieves adaptativos son un método de representación. Se pueden usar también para explicar la estabilidad de compuestos químicos, átomos y montones de cosas que no tienen nada que ver entre sí. Así pues, yo no afirmaría que la metáfora de la carrera de armamentos o los relieves adaptativos implican progresionismo por ellos mismos.

Michael Ruse: Te contestaré con una pregunta: ¿crees que el hecho de padecer un cáncer tiene algo que ver con la existencia de un Dios bondadoso?

Jesús Mosterín: No.

Michael Ruse: Pero muchos cristianos sí lo creen. Muchos cristianos dirían: «Le ha salido un cáncer porque Dios le quiere probar». Estoy de acuerdo contigo, existe un vacío lógico entre el cáncer y un Dios bondadoso. Pero lo que hacen las religiones es partir de una mínima evidencia y componer todo un cuadro. Lo que estoy sugiriendo es que los evolucionistas están haciendo exactamente lo mismo. Estoy de acuerdo contigo en que las carreras de armamentos o los relieves adaptativos por sí solos no llevan a ningún progreso. Lo que estoy diciendo es que los evolucionistas toman eso y lo elaboran transformándolo en algo más. Es lo que ha hecho Sewall Wright, partir de una metáfora y ampliarla en un cuadro mayor. ¿Qué hace Dawkins? No me preguntes si es lo que se debería hacer o no. Mira a Dawkins, él hace lo mismo. Mira a Darwin, él hizo lo mismo.

Jesús Mosterín: La segunda cuestión es más metodológica. Puede que no estés de acuerdo conmigo, pero pienso que hacer filosofía de la ciencia no es lo mismo que hacer historia. Cuando se hace historia de la ciencia hay que tener en cuenta todos los aspectos. Si uno quiere hacer una historia de la mecánica clásica, por ejemplo, tiene que considerar todo lo que dijeron Newton y sus contemporáneos. Y la mayor parte de sus discusiones era sobre teología. Newton y Leibniz discutían sobre si Dios tiene algo que ver con la gravedad y cosas por el estilo. Pero luego la estructura de la mecánica clásica quedó disociada de todo este lastre sociológico e ideológico. Has expuesto muy bien cómo surgió la teoría de Darwin de entre una constelación de ideas de la gente de su tiempo, pero pienso que hoy día casi todo el mundo estará de acuerdo en que la estructura de la evolución darwiniana clásica no tiene nada que ver con ninguna clase de progreso. Como bien dices, la mayoría de biólogos y filósofos con los que hemos hablado sobre el tema manifiestan explícitamente esa misma opinión. Y esto no se puede cuestionar sólo porque alguien te haya hecho algún que otro comentario marginal.

Michael Ruse: ¡Ah!... Sabes, no me había dado cuenta hasta ahora, pero (y David Hull estará de acuerdo conmigo en esto) es maravilloso venir a Barcelona y descubrir aquí un auténtico fósil viviente. No había oído a nadie argumentar así sobre la teoría de la evolución en treinta años. Sí, a los evolucionistas les cuesta mucho reconocer que creen en el progreso, porque si lo hacen saldrá gente como tú, como yo, como David, diciendo «vaya, otro Goodwin, otro teólogo encubierto». Así que no lo dicen, pero lo que quiero decir es que todavía lo creen, y esto conforma su manera de pensar. Por no extenderme demasiado no he hablado de gente como Hamilton, por ejemplo, pero Hamilton es muy explícito en esto. Dice que el progreso es una noción muy importante para él, y que buena parte del trabajo que está llevando a cabo gira en torno a demostrar que la inteligencia evolucionó a partir de alguna clase de proceso darwiniano. Naturalmente, en sus famosos artículos no comienza diciendo «creo en el progreso». Por supuesto que no. Pero yo estoy convencido de que estas ideas todavía ejercen una gran influencia. Ciertamente la ejercieron a principios de siglo. Dices que esto no es válido. ¿Cuánto tendríamos que retroceder para declarar obsoletas estas ideas? Si miramos la obra de Fisher, su teorema fundamental es explícitamente progresionista. Si miramos la obra de Dobzhanski, Mayr y todos los demás, veremos que el progresionismo sigue estando presente. Otra cuestión es si puede haber un evolucionismo no progresionista. Yo respondería, y en eso estoy de acuerdo contigo y sospecho que con David, que sí, que probablemente es posible. ¿Es preferible un evolucionismo no progresionista? Probablemente sí. ¿Es lógicamente factible? Probablemente sí. No estoy en desacuerdo con nada de esto. Con lo que sí estoy en desacuerdo es con lo que según tú debemos hacer los filósofos. Para ti el cometido del filósofo es demostrar todo eso y defenderlo. Yo digo que no, que el cometido del filósofo es percibir aquello en que los científicos reinciden una y otra vez e intentar comprender por qué. Mira a Wagensberg, es un hombre de un maravilloso olfato científico, pero este hombre se dedica sistemáticamente a engañar a los niños de Barcelona dentro de este museo. Lo que tú sugieres es que lo que él hace está mal, que es erróneo o que es inmoral. Yo digo que no, que aquí hay un trasfondo mucho más interesante que todo eso.

Jesús Mosterín: Lo que yo he planteado es una cuestión lógica. Estamos hablando de las implicaciones de la teoría evolutiva, y ésta es una cuestión diferente de los comentarios que hace la gente. Yo, desde luego, pienso que cuando los biólogos dicen que la teoría de la evolución no implica progreso, que cuando un Gould o cualquier otro dice que él no es progresionista, no se deberían buscar segundas lecturas. Si leo en tus escritos y comentarios probablemente encontraré algún párrafo que me llevará a decir que también Michael Ruse es un progresionista. ¡Al final todo el mundo es un progresionista! Pienso que esta manera de ver las cosas está bien para escribir biografías, pero la cuestión importante es si la teoría de la evolución es progresionista o no lo es, y lo que responden los biólogos cuando se les pregunta directamente, no veladamente, si piensan que la teoría de la evolución es progresionista.

Michael Ruse: No voy a añadir nada más. Tú ya has dicho bastante.

Progreso panglossiano
David L. Hull

David L. Hull *(1935) es doctor en historia y filosofía de la ciencia por la Universidad de Indiana. Ha sido profesor en la Universidad de Wisonsin-Milwaukee y en la Northwestern University, y profesor invitado en las de Indiana, Chicago, Illinois y California- Los Angeles. Miembro del consejo editorial de varias revistas y director editorial de Conceptual Foundations of Science en la University of Chicago Press, David Hull es conocido por sus aportaciones desde la filosofía y sociología a la biología evolutiva y sistemática.*

Los psicólogos nos dicen que, para estar bien adaptados, los seres humanos necesitamos metas. Necesitamos orientar nuestras vidas en alguna dirección, aunque sea ilusoria. Mi tía Ginger tenía colgado encima del fregadero de la cocina este lema: «Día a día, en todos los sentidos, la vida se hace cada vez mejor». Y allí lo mantuvo durante la gran depresión, la segunda guerra mundial, el holocausto, Corea, Vietnam, las manifestaciones estudiantiles, la licencia sexual de los hippies, la cultura de la droga, la invalidez permanente de su marido, el SIDA, los asesinatos en masa en Africa y los Balcanes, etc. En honor a la verdad no creo que mi tía creyera que tan poético mensaje era una *descripción* del mundo en que vivía, sino más bien una *prescripción* acerca de cómo conducirse en la vida, procurando cada día hacer tanto bien como fuera posible a pesar de todos los obstáculos. Y lo consiguió de forma admirable.

No sé cómo podemos juzgar si la vida humana se está haciendo mejor o no. Los ejemplos habituales, como los antibióticos, la mayor higiene, los desodorantes, los vuelos transatlánticos y el correo electrónico, se aplican sólo a un pequeño porcentaje de la población mundial. Sí, la vida se ha hecho mejor para los *yuppies* del mundo desarrollado, pero ¿qué hay del otro 95% de la humanidad? Múltiples datos indican que en el Africa ecuatorial la gente lleva ahora una vida más dura que nunca antes en toda su historia, y las cosas van a peor. Sí, tenemos tratamientos para muchas de las enfermedades propias del mundo subdesarrollado, pero la población no puede acceder a ellos. Para quienes ven progreso en la condición humana la inmensa mayoría de la gente, por lo visto, no cuenta.

Las cuestiones sobre el progreso social son, como mínimo, relevantes. Pienso que deberíamos aspirar a que las cosas vayan cada vez mejor para la humanidad y que deberíamos esforzarnos en alcanzar esa meta. La cuestión del progreso humano es trascendental. Pero el progreso humano no es el tema que aquí nos ocupa. Lo que nos interesa es el progreso en la evolución biológica. ¿Es la filogenia *progresiva* en algún sentido? Esto *parece* obvio a primera vista. Las primeras formas de vida eran muy simples. Aunque sigue habiendo representantes de estas formas simples en nuestros días, en el pasado evolucionaron organismos progresivamente complejos. Un elefante es bastante más complejo que una bacteria anaerobia. ¿Cómo se puede dudar de la existencia de dicho progreso? Si se asume que la filogenia es en cierto sentido progresiva, ¿tiene este progreso alguna implicación para la gente?

De acuerdo con los físicos, el universo se está degradando, pero no se me ocurre qué implicaciones puede tener la termodinámica para el progreso humano. La especie humana se habrá extinguido mucho antes de que se pueda entrever algún indicio de muerte térmica. Lo mismo vale para la evolución biológica, aunque aquí los intervalos de tiempo son más reducidos. El que la evolución biológica sea progresiva en algún sentido no puede tener mucho impacto sobre los seres humanos. Aunque los cambios evolutivos se verifican mucho más rápidamente que la pérdida de organización del universo, siguen siendo demasiado lentos para que afecten a los miembros de cualquier especie, incluida la nuestra. La existencia de un cambio direccional aparente en termodinámica y en evolución es ciertamente relevante desde el punto de vista *intelectual*, pero no puede resolver las incertidumbres de tanta gente acerca del futuro. Si tenemos que encontrar algún sentido a la vida, habrá que buscarlo más allá de la evolución biológica.

Mi mensaje en esta conferencia es que la filogenia quizá sea progresiva en algún sentido significativo, pero este progreso no es ni mucho menos obvio. El progreso aparente es en gran parte ilusorio. Una y otra vez, los paleontólogos han querido ver progreso en alguna pauta filogenética concreta, pero para toda pauta discernible en filogenia he podido encontrar una pauta paralela en diversos indicadores económicos en los Estados Unidos. Si sobre la base de ciertas pautas en el registro fósil se juzga que la filogenia es progresiva, entonces el índice Dow Jones también debe considerarse progresivo. Dudo que ninguno de nosotros, pensándolo seriamente, crea que el índice Dow Jones tiene una dirección. Esta quimera ha llevado a la ruina a más de un potentado. Ahora bien, si una pauta concreta en los indicadores económicos no implica progreso, entonces precisamente esta misma pauta no puede implicar progreso en la evolución biológica (Raup, 1991, pág. 323, donde también compara la filogenia con la bolsa, pero con otros fines).

Dirección frente a progreso

La primera distinción que debe hacerse para dar algún sentido a la noción de progreso evolutivo es entre *dirección* y *progreso* (Gould, 1988; véase también Agustí en este volumen). Si la filogenia no exhibe dirección alguna, entonces el tema del progreso es dudoso. Sólo cuando se ha establecido una dirección hay que abordar la cuestión, mucho más difícil, de si esta dirección es o no progresiva —es decir, buena— en algún sentido. Aunque los biólogos están adiestrados para tratar esta clase de cuestiones, voy a evitarla en lo posible. Intentaré concentrarme en la noción de dirección, ya de por sí suficientemente difícil. ¿Tiene la filogenia una dirección? ¿Qué peligros acechan a cualquiera que pretenda discernir una dirección en la evolución?

De buen principio quiero dejar claro que las reconstrucciones filogenéticas exhiben direcciones. *Montones* de direcciones. Pero éste no es el tema. Las direcciones no son demasiado satisfactorias. *Una y sólo una dirección* es lo que quiere la gente (paleontólogos incluidos). Volviendo por un momento a la noción de progreso en los seres humanos, cuando en un vuelo la persona de al lado me pregunta a qué me dedico, nunca digo que enseño filosofía. Si confieso que soy filósofo inmediatamente soy asaeteado con preguntas como «¿cuál es el sentido de la vida?». No creo que haya un gran sentido de la vida que valga para todo el mundo en todas partes y en todos los tiempos, pero hay multitud de sentidos de la vida menores (una buena taza de café por la mañana, un misterio de Agatha Christie, un recién nacido saludable, etc.). Para aquellos que argumentan que hace falta alguna clase de significado cósmico para dar sentido a las vidas individuales, Will Provine (1988, pág. 7071) responde:

«Mi propia vida está llena de sentido. Estoy casado con una mujer inteligente y guapa, tengo dos estupendos hijos, vivo en una granja de 150 acres con un estanque, un río, pavos salvajes y una buena cantidad de maquinaria agrícola; enseño en una buena universidad con estudiantes excelentes y tengo muchos y maravillosos amigos. Pero moriré y pronto seré olvidado. Les va a costar mucho convencerme de que mi vida no tiene sentido sólo porque no hay un sentido cósmico para ella, o que el sentido que hace que mi vida valga la pena es en verdad un sentido cósmico».

Igual que una multiplicidad de sentidos de la vida no satisface a la mayoría, una multiplicidad de direcciones en la evolución satisface a muy pocos evolucionistas y paleontólogos. Parece que estemos deseando con todas nuestras fuerzas encontrar una dirección general a la filogenia. Quizá no sea absolutamente uniforme. Es cosa de tres pasos adelante y dos atrás. Pero, a pesar de los reveses, sigue en líneas generales la misma dirección.

Hace unos años, Gould y Lewontin (1979) castigaron a los evolucionistas por su adaptacionismo panglosiano, en referencia al *Cándido* de Voltaire (1759). En esta novela corta Voltaire ridiculizaba a Leibniz retratándolo como el doctor Pangloss, un personaje que en cualquier hecho, por horrible que fuera, encontraba algo bueno. Según el doctor Pangloss, el gran terremoto que asoló Lisboa en el año 1755 fue para bien. ¿Qué diría hoy del SIDA? El adaptacionismo panglossiano podría argüir que es un método estupendo para regular la población. A pesar del tono burlón de esta referencia literaria, pienso que las críticas contra el adaptacionismo panglossiano no están justificadas. Una regla perfectamente buena es que si uno observa una adaptación compleja es probable que la selección natural haya jugado un importante papel en su desarrollo. Sólo cuando surgen evidencias de lo contrario tiene uno que pensar en exaptaciones.

Quizá mi defensa del progreso panglossiano no sea imparcial. Pero no lo creo. Los sabios que han estudiado nuestra fe en el progreso han documentado ampliamente la tendencia humana a ver progreso por todas partes, con independencia de la evidencia disponible (Bury, 1932, Wagar, 1972, y más recientemente Ruse, 1996). La fe en el progreso parece ser pandémica en la especie humana. He titulado mi intervención «Progreso panglossiano» porque pienso que la inclinación a ver progreso en todas partes ha influido en la visión de la filogenia de algunos paleontólogos. ¿Cuánto de este aparente progreso filogenético es una ilusión? En esta conferencia pretendo demostrar algunas de las fuentes de direccionalidad, y hasta cierto punto progreso, en la filogenia. Cuando todo está dicho y hecho, la filogenia aún puede mostrar alguna dirección en algún sentido, pero esta dirección no es tan obvia como uno podría pensar. Al menos una parte de la dirección aparente en la filogenia es producto de ilusiones de diversa índole. Veámoslas.

Sesgo retrospectivo en la reconstrucción de la filogenia

El peor pecado que puede cometer un historiador es el «presentismo». Las historias «presentistas» se escriben poniendo el énfasis en los vencedores, los grandes nombres, las grandes batallas. La narrativa resultante puede parecer direccional, pero esta aparente dirección sólo puede generarse ignorando la gran mayoría de gente que ha vivido, por no mencionar la gran mayoría de hechos ocurridos. Si los historiadores incluyeran todo el abanico de hechos humanos en sus historias, cualquier hilo conductor satisfactorio tendería a disolverse en una madeja enmarañada.

Pienso que esta misma predilección tiende a sesgar nuestra visión de la evolución. Echamos una mirada retrospectiva a la historia de la vida desde la perspectiva de los vertebrados. Si nos ceñimos a los linajes que condujeron a los vertebrados, la filogenia ciertamente parece tener una dirección. Los organismos se van haciendo cada vez más grandes, más complejos, etc. No es accidental que todas las pretendidas trayectorias en la evolución, cualquiera que sea el criterio usado, acaben *siempre* con los seres humanos en la cima de la creación. Si por una vez la evolución no culminase en nosotros me fiaría más de las pretensiones de direccionalidad en la evolución biológica. Podría resultar que los seres humanos estén en lo más alto de la creación con independencia del criterio usado para encadenar organismos, pero me parece más que dudoso. Sospecho que el sesgo antropocéntrico tiene mucho más que ver con estas ordenaciones que la evidencia empírica.

Para que nuestra fe en una dirección evolutiva sea intelectualmente respetable tenemos que contemplar la evolución de *todos* los organismos, *todas* las especies. Este requerimiento es más difícil de cumplir de lo que nos gustaría. Como nos recuerdan constantemente los paleontólogos, el registro fósil es fragmentario y desigual. La diferente cantidad de fósiles en dos estratos distintos puede deberse a dife-

114

rencias en el proceso de fosilización y no a diferencias en la abundancia real de organismos en la época en que se depositaron. En general, cuanto más antiguo es el estrato menos signos del pasado es probable que conserve. Raup (1979) llama a esta fuente de sesgo «el influjo de lo reciente». Cuando el influjo de lo reciente se combina con el sesgo retrospectivo, la filogenia puede parecer mucho más direccional de lo que es en realidad.

Artefactos taxonómicos

Otra fuente de sesgo emana de la taxonomía. Contar organismos individuales es una tarea que desanima a cualquiera. Contar taxones es algo más factible. Pero los taxones son costrucciones de la sistemática, y cada sistemática los construye a su manera. Las pautas que perciben los paleontólogos están influidas por el nivel taxonómico en el que disponen sus datos. Por ejemplo, Signor (1985) muestra cuatro distribuciones para el mismo grupo de organismos del Fanerozoico, según el nivel taxonómico considerado (véase figura 1). El número de órdenes aumenta rápidamente hace unos 4,5 millones de años y después se mantiene constante. El número de familias también aumenta por esta misma época, pero luego experimenta una aguda caída hace alrededor de 2 millones de años, seguida de un nuevo incremento. El número de géneros se incrementa lentamente y después desciende hasta hace alrededor de 2 millones de años, momento en que comienza a aumentar rápidamente. Las especies muestran la pauta más extrema. Hace alrededor de un millón de años, el número de especies comienza a incrementarse exponencialmente. El mensaje de los datos de Signor es que hay que tener mucho cuidado. Las pautas que vemos en nuestros datos pueden ser un artefacto de la clasificación de los organismos (véase también Benton, 1995).

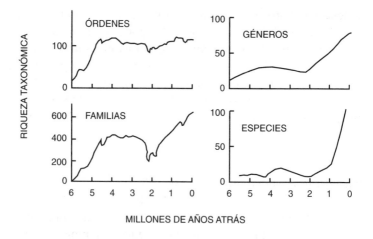

Figura 1. Tendencias en la riqueza taxonómica estimada a lo largo del tiempo; modificado de Signor (1985).

Gould, Gilinsky y German (1987) pensaron que habían encontrado una dirección en la evolución (un decrecimiento temporal en el número de clados inferiores dentro de clados más inclusivos). Pero esta pauta resultó ser más que nada un artefacto de la clasificación. Los taxones parafiléticos son necesariamente inferiores. Una explicación más probable de este descenso de taxones inferiores es la tendencia de los sistemáticos a clasificar más parafiléticamente los grupos más antiguos. Esta tendencia constituye un interesante fenómeno que requiere una explicación, pero es cuestión de sistemática, no de filogenia.

Cuando Raup y Sepkoski (1986) pensaron que habían encontrado una pauta repetitiva en las extinciones en masa, se basaron en datos muy confusos, pero argumentaron que cualquier pauta que surgiese de aquella maraña de datos tenía que estar allí por fuerza. Naturalmente, el siguiente paso es pulir los datos. Si todos los organismos objeto de investigación se clasifican de acuerdo con los mismos principios, la pauta debería, si es real, hacerse mucho más aparente. Patterson y Smith (1987) se encargaron de someter a prueba esta hipótesis. Examinaron más detenidamente los datos de Sepkoski relativos a peces y equinodermos, los dos grupos que ellos conocían bien (un 20% del total) y luego extrajeron los taxones que consideraron monofiléticos en el sentido de Hennig (el 25% del anterior 20%). Después representaron este conjunto reducido de datos para ver qué pauta obtenían. No encontraron extinciones en masa periódicas. De hecho, sus datos no revelaban extinciones en masa de ninguna clase, ¡ni siquiera la del fin del Cretáceo!

El resultado que obtuvieron Patterson y Smith haciendo uso de métodos cladísticos puede explicarse de varias maneras. Puede que las extinciones en masa periódicas encontradas por Raup y Sepkoski sean sólo una ilusión, o quizá los métodos cladísticos no sean apropiados para discernir estas pautas. Otros métodos aplicados de forma consistente podrían realzar estas pautas. Sepkoski optó por la segunda conclusión. La incapacidad de los métodos cladísticos para discernir las extinciones en masa indica que hay algo erróneo en ellos. Ahora bien, si el reanálisis cladístico de los datos de Sepkoski hubiera destacado las extinciones en masa por las que abogaba Sepkoski, seguro que se habría convertido en cladista al instante (a pesar de todos los argumentos en contra).

Los primeros tres mil millones de años

Otra fuente de sesgo en el reconocimiento de una dirección dentro de la filogenia es nuestra tendencia a concentrarnos sólo en el último cuarto de la historia de la vida en la Tierra (véase figura 2). Durante los primeros tres mil millones de años no pasó gran cosa. Como lo expresa Kerr (1995, pág. 33), «el motor evolutivo de la vida parece haber estado parado durante buena parte de los tres mil millones de años de su existencia pasada». La Tierra ya estaba formada hace

117

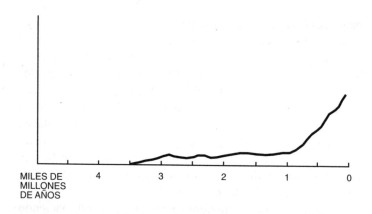

MILES DE
MILLONES
DE AÑOS

Figura 2. Representación impresionista de la vida en la Tierra a lo largo de 3500 millones de años.

unos 4500 millones de años. La vida evolucionó bastante pronto, en menos de mil millones de años. Inicialmente todo tenía que incrementarse: la biomasa, el número de organismos (todos unicelulares), el número de especies (suponiendo que tales organismos puedan subdividirse en especies), la complejidad, etc. Pero en un tiempo relativamente corto la evolución se hizo bastante aburrida. Las formas de vida posteriores dependían hasta cierto punto de los cambios ambientales producidos por las anteriores. A medida que se fue acumulando oxígeno la vida anaeróbica fue reemplazada por la vida aeróbica, pero incluso esta transición no es tan simple como podría pensarse. La concentración de oxígeno alcanzó su máximo (35%) hace unos 300 millones de años, a finales del Carbonífero, y 50 millones de años después, hacia el fin del Paleozoico, descendió hasta un mínimo (15%), para aumentar luego hasta su actual concentración del 21% (Graham, J.B., Robert Dudley, N.M. Aguilar y Carl Gans, 1995).

La representación gráfica de la vida en la Tierra durante los primeros tres mil millones de años es básicamente una lí-

118

Una década caliente para el Dow Jones
Hasta mediados de los 80 el índice se movía lenta y pacificamente.
En la última década se dispara hasta el 5.000.

1966: 1.000 era un techo inalcanzable sólo traspasado en 1966.

1974: El mercado bajista de los 70 tocó fondo en 1974

1987: El lunes negro de octubre de 1987 fue un «crash», pero el índice remontó a final de año.

1995: El índice continúa hasta acercarse al 5.000.

Source: Dow Jones

Chicago Tribune/Lara Weber

Figura 3. Evolución del índice Dow Jones durante 35 años; adaptado del *Chicago Tribune* (septiembre, 1995).

nea recta. Nada aumentó ni disminuyó demasiado. La aparición sucesiva de las bacterias anaeróbicas, las bacterias fotosintéticas y las bacterias aeróbicas no indica una dirección especial. Los organismos posteriores son básicamente posteriores, y eso es todo. Quizá la adición de las algas verdeazuladas y luego las algas verdes unicelulares supuso un incremento de clases, pero no grande (Shixing y Huineng, 1995; Grotzinger, Bowring, Saylor y Kaufman, 1995). Si la vida no hubiera explotado hacia el Cámbrico, dudo que nadie argumentara que la filogenia tiene alguna dirección. Sólo en los últimos 750 millones de años la filogenia comienza a mostrar una direccionalidad obvia, pero antes de dejarnos llevar por el entusiasmo tenemos que echar un vistazo a distribuciones similares para ver si también nos inclinamos a tratarlas como direccionales. La figura 3, por ejemplo, representa la evolución del índice Dow Jones a lo largo de 35 años. Durante casi 25 años no pasó nada especial. Después comenzó a subir, pero nadie pensaría que el índice Dow Jones es direccional.

Ayala (1988, pág. 79) examinó diversas nociones de «dirección» y propuso la única realmente aplicable a la filoge-

119

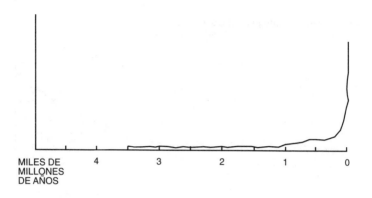

MILES DE
MILLONES
DE AÑOS

4   3   2   1   0

Figura 4. Representación impresionista del aumento de la capacidad mental a lo largo del tiempo geológico, mostrando progreso neto en el sentido de Ayala.

nia: la *dirección neta.* Si los miembros de una secuencia se ordenan por antigüedad, existe progreso neto siempre que la regresión de la variable relevante con el tiempo sea significativamente positiva. Pero la noción de Ayala de progreso neto es demasiado débil, porque todas las pautas que siguen muestran progreso neto (véanse figuras 4, 5 y 6). La figura 4 representa el aumento de la capacidad mental. Durante la mayor parte del tiempo no pasó casi nada. Sólo en los últimos millones de años hubo una criatura capaz de pensar. Si un pequeño cambio al final de una secuencia por lo demás monótona es suficiente para que haya progreso (o incluso dirección), entonces esta noción carece de contenido. Una joroba en la segunda mitad de una secuencia también se traduce en progreso neto según la definición de Ayala (véase figura 5).

Finalmente, la distribución de organismos podría consistir en un incremento significativo pero terminado en una extinción total (véase figura 6). Aunque esta distribución se ajusta a la definición de Ayala, parece que deja mucho que desear. Quizás el destino de toda forma de vida es la extinción, pero esto no es exactamente lo que la mayoría tiene en

120

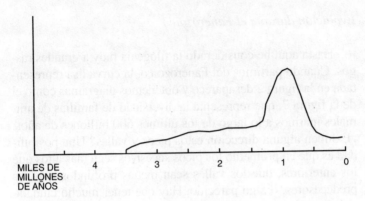

Figura 5. Patrón hipotético mostrando progreso neto en el sentido de Ayala.

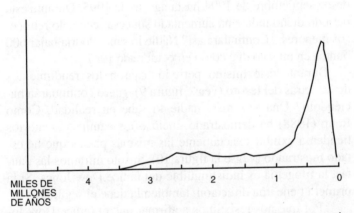

Figura 6. Representación de la vida en la Tierra que acaba en una extinción total y que sin embargo muestra progreso neto en el sentido de Ayala.

mente cuando afirma que la filogenia es progresiva. Para los que ven un incremento en toda clase de variables desde el Cámbrico, tiene que ser un castigo comprobar que ahora mismos estamos sumidos en la mayor extinción en masa de todos los tiempos. La actual tasa de extinción es entre 100 y 1000 veces mayor que en los tiempos prehumanos (Pimm, Russell y Gittleman, 1995, pág. 397).

121

Hasta aquí he considerado la filogenia muy a grandes rasgos. Cuando partimos del Fanerozoico, la curva lisa representada en la figura 2 desaparece y obtenemos diagramas como el de la figura 7, que representa la diversidad de familias de animales marinos a lo largo de los últimos 600 millones de años. ¿Exhiben alguna dirección estos picos y valles? Una posibilidad es que en promedio los picos sucesivos sean más altos que los anteriores, que los valles sean menos profundos que sus predecesores, o algo parecido. Hay que tener mucho cuidado al inferir cualquier dirección de una pauta como la de la figura 7. Por ejemplo, la figura 8 representa el índice Dow Jones desde septiembre de 1994 hasta agosto de 1995. Durante este periodo dicho índice ha aumentado sin cesar con sólo retrocesos menores. ¿Continuará así? Nadie lo sabe. Podría bajar 600 puntos en un solo día, como en octubre de 1987.

Durante este mismo periodo bajaron los rendimientos de las letras del tesoro (véase figura 9), ¿pero continuarán haciéndolo? Una vez más, nadie lo sabe en realidad. Como Raup (1988) ha demostrado, incluso los caminos aleatorios tienden a exhibir exactamente las mismas pautas que he estado mostrando (véase la figura 10). Si sólo miramos las pautas, la filogenia es indistinguible del índice Dow Jones. Si la primera tiene una dirección, también la tiene el segundo.

¿Por qué nos resistimos a afirmar que el índice Dow Jones tiene una dirección? Porque, dado lo que sabemos del proceso, nada implica que debería tener una dirección. Como en el caso de la gravedad, todo lo que sube bajará. Pero si nos fijamos en las versiones neodarwinistas de la genética de poblaciones, la filogenia tampoco debería tener una dirección (Sober, 1994). Como señala John Maynard Smith (1988, pág. 220), «nuestra teoría de la evolución no predice incrementos de ninguna clase». Como argumentan dos de los colaboradores de este volumen, esta conclusión quizá no sea más que la demostración de la debilidad de las

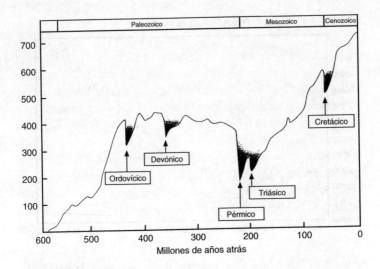

Figura 7. Extinciones en masa en el Fanerozoico; adaptado de C. Starr y R. Taggart, *Biology: The Unity and Diversity of Life*, Wadsworth, Belmont, 1989.

versiones neodarwinistas de la teoría evolutiva. Si la filogenia tiene una dirección tan clara y de nuestra teoría de la evolución no se puede inferir ningún incremento en nada, entonces algo falla en esa teoría.

Complejidad e información

Hasta aquí he eludido la principal razón para pensar que la evolución tiene una dirección: la complejidad. Dada una noción intuitiva de complejidad, la filogenia ha exhibido episodios periódicos de incremento de complejidad. Inicialmente, en los comienzos de la vida, la complejidad tenía que aumentar, pero a este periodo de complejidad incrementada le siguieron miles de millones de años de estasis. Después, justo antes del Cámbrico, ciertos linajes de organismos co-

Índice Dow Jones industrial

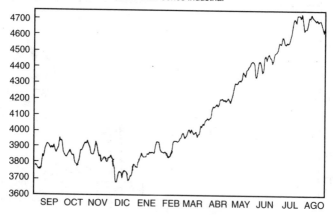

SEP OCT NOV DIC ENE FEB MAR ABR MAY JUN JUL AGO

Figura 8. El índice Dow Jones industrial desde septiembre de 1994 hasta agosto de 1995; adaptado de *Aufhauser Report* (1995).

menzaron a hacerse más complejos, pero bastante rápidamente se alcanzó un nivel de complejidad que no ha sido superado desde entonces. Lo más que se puede decir sobre esta noción intuitiva de complejidad es que ha aumentado, pero sólo a rachas y sólo en linajes selectos.

Pero el principal problema con la noción de complejidad es que nadie ha sido capaz de ofrecer gran cosa en cuanto al análisis formal de este concepto. Todos sabemos lo que queremos decir con incremento de complejidad, hasta que nos encontramos ante un caso problemático. Si se nos presentara una muestra de organismos representativos durante los últimos 500 millones de años, lo tendríamos difícil para ponerlos en el orden temporal correcto basándonos solamente en el incremento de complejidad. Naturalmente, los paleontólogos pueden disponer y han dispuesto estos organismos en un orden temporal, pero los principios que emplean los paleontólogos dependen de mucho más que una noción general y no analizada de complejidad.

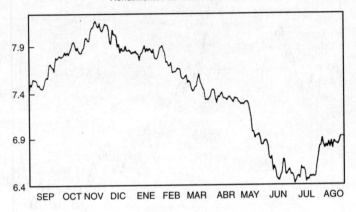

Rendimientos de letras del tesoro

Figura 9. Rendimientos de las letras del tesoro desde septiembre de 1994 hasta agosto de 1995; adaptado de *Aufhauser Report* (1995).

En respuesta a la intratabilidad conceptual de la noción de complejidad, algunos biólogos han recurrido al concepto de información. La metáfora de códigos, transmisión, traducción, etc. se adapta al mundo vivo de forma tan natural que casi no parece metáfora. El problema, una vez más, es la falta de un análisis formal de la «información» que se aplique literalmente al código genético. Es cierto que tenemos análisis de la información a un nivel puramente formal. Sobre esto trata la teoría de la información. El problema surge al aplicar este cálculo formal a los fenómenos reales. Uno puede hacerse una idea del atractivo de la noción de información y de las dificultades de su aplicación a la evolución biológica leyendo el libro de G.C. Williams *Natural Selection* (1992). Los evolucionistas y filósofos de la biología han dedicado mucho tiempo y energía a analizar el concepto de adaptación. Es probable que una atención comparable a la noción de información tenga implicaciones igualmente importantes para la biología evolutiva. El resultado podría ser

125

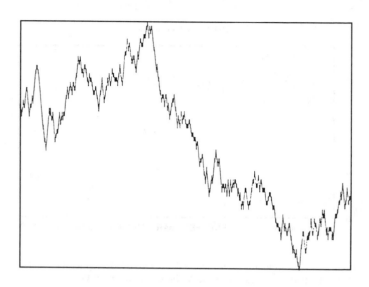

Figura 10. Paseo aleatorio de 1000 pasos generado por ordenador; adaptado de Raup (1979).

un concepto de información en virtud del cual la filogenia encarnase alguna clase de incremento neto en el contenido de información.

Conclusión

Gould (1988, pág. 319) comenzaba un artículo sobre la sustitución de la noción de progreso por la de direccionalidad de esta forma:

«El progreso es una idea nociva, culturalmente implantada, no comprobable, no operativa e intratable, que debe ser reemplazada si queremos comprender las pautas de la historia».

Yo no iría tan lejos, pero sí pienso que es importante notar que no existe una conexión legítima entre el hecho de que

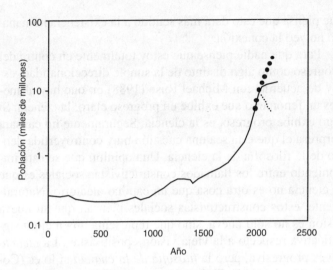

Figura 11. Población humana estimada durante los últimos 2000 años; adaptado de J.E. Cohen, *Science* 269 (1995), pág.341.

la evolución sea progresiva (ni siquiera direccional) y el hecho de que la vida humana sea progresiva o tenga un sentido. Ambas cosas tienen muy poco en común. Digo «muy poco» porque un aspecto de la filogenia sí tiene implicaciones para los seres humanos. Estamos asistiendo a una ingente extinción en masa. Este decrecimiento de la flora y fauna del planeta seguramente tendrá implicaciones para los seres humanos. ¿Y qué hay de la causa primaria de esta extinción en masa, el crecimiento exponencial de la especie humana (véase figura 11)? Si el que haya cada vez más gente es una cosa buena, entonces la evolución en los últimos siglos es todo lo progresiva que uno quiera, pero una consecuencia de este progreso es un aumento de la miseria. Ni la cultura en general ni la parte de la cultura más relevante para el incremento continuado de la población humana —la ciencia— parecen capaces de mantener este crecimiento. Una razón por la que la gente quiere ver progreso en la evolución es

127

que piensa que esto dará más sentido a la existencia humana. Yo no veo la conexión.

Para que nadie piense que estoy totalmente en contra del progreso como algo distinto de la simple direccionalidad, estoy de acuerdo con Michael Ruse (1988) en que hay al menos un fenómeno que exhibe un progreso claro: la ciencia. Si algo exhibe progreso, es la ciencia. Seguramente no causará sorpresa el que ésta sea una cuestión muy controvertida dentro de la filosofía de la ciencia. Una opinión que se está imponiendo entre los llamados constructivistas sociales es que la ciencia no es otra cosa que un camino aleatorio. Naturalmente, estos constructivistas sociales piensan que su nueva visión es no sólo nueva, sino que representa una mejora significativa respecto a la vieja visión «positivista». La *ciencia* no es progresiva, pero la *filosofía de la ciencia* sí lo es (Collins y Pinch, 1993). Toda una sorpresa. Una vez más el progreso panglossiano conquista incluso a los críticos más escépticos (al menos cuando se trata de su propia obra).

REFERENCIAS

Ayala, F.J., «Can "Progress" be Defined as a Biological Concept?» en M.H. Nitecki, ed., *Evolutionary Progress*, University of Chicago Press, Chicago, 1988, págs.75-96.

Benton, M.J., «Diversification and Extinction in the History of Life», *Science*, 268 (1995), págs.52-58

Bury, J.B., *The Idea of Progress*, Macmillan, New York, 1932.

Collins, H., y T. Pinch, *The Golem: What Everyone Should Know About Science*, Cambridge University Press, Cambridge, 1993.

Gould, S.J., «On the Replacement of the Idea of Progress with an Operational Notion of Directionality», en M.H.Nitecki, ed., *Evolutionary Progress*, Universiy of Chicago Press, Chicago, 1988, págs. 339-348.

Gould, S.J., N.L. Gilinsky y R.Z. German, «Asymmetry of Lineages and the Direction of Evolutionary Time, *Science* 236 (1987), págs. 1437-1441.

Gould, S.J., y R.C. Lewontin, «The Spandrels of San Marco and the Panglossian Paradigm: A Critique of the Adaptationist Programme», *Proceedings of the Royal Society of London*, B, 205 (1979), págs. 581-598.

Graham, J.B., R. Dudley, N.M. Aguilar y C. Gabs, «Implications of the Late Paleozoic Oxygen Pulse for Physiology and Evolution», *Nature* 375 (1995), págs. 117-120.

Grotzinger, J.P., S.A. Bowring, B.Z. Saylor y A.J. Kaufman, «Biostratigraphic and Geochronic Constraints on Early Animal Evolution, *Science*, 270 (1995), págs. 598-604.

Kerr, Richard A., «Timing Evolution's Early Bursts, *Science*, 267 (1995), págs. 33-34.

Maynard Smith, J., «Evolutionary Progress and Levels of Selection», en M.H. Nitecki, ed., *Evolutionary Progress*, Universiy of Chicago Press, Chicago, 1988, págs.219-230.

Nisbet, R., *History of the Idea of Progress*, Basic Books, Nueva York, 1980.

Patterson, C., y A.B. Smith, «Is the Periodicity of Extinctions a Taxonomic Artefact?», *Nature*, 330 (1987), págs. 248-251.

Pimm, S.L., G.L. Russell y J.L. Gittleman, «The Future of Biodiversity», *Science*, 269 (1995), págs. 347-350.

Provine, W.B., «Progress in Evolution and the Meaning of Life», en M.H. Nitecki, ed., *Evolutionary Progress*, Universiy of Chicago Press, Chicago, 1988, págs. 49-74.

Raup, D.M., «Biases in the Fossil Record of Species and Genera», *Carnegie Museum of Natural History Bulletin*, 13 (1979), págs. 85-92.

Raup, D.M., «Testing the Fossil Record for Evolutionary Progress», en M.H. Nitecki, ed., *Evolutionary Progress*, Universiy of Chicago Press, Chicago, 1988, págs. 319-338.

Raup, D.M., *Extinction: Bad Genes or Bad Luck?*, W.W. Norton, Nueva York, 1991. Trad. esp.: *Extinción: ¿malos genes o mala suerte?*, Alianza Editorial, 1992.

Raup, D.M., y J.J. Sepkoski, «Periodic Mass Extinctions of Families and Genera», *Science*, 231 (1986), págs. 833-836.

Ruse, M., «Molecules to Men: Evolutionary Biology and Thoughts of Progress», en M.H. Nitecki, ed., *Evolutionary Progress*, Universiy of Chicago Press, Chicago, 1988, págs. 97-126.

Ruse, M., *Monad to Man: The Concept of Progress in Evolutionary Biology*, Harvard University Press, Cambridge, 1996.

Shixing, Z., y C. Huineng, «Megascopic Multicellular Organisms from the 1700-Million-Year-Ago Tuanshanzi Formation in the Jixian Area, North China», *Science*, 270 (1995), págs. 620-622.

Signor, P.W., III, «Real and Apparent Trends in Species Richness through Time», en J.W. Valentine, ed., *Phanerozoic Diversity Patterns*, Princeton University Press, Princeton, 1985, págs. 129-150.

Sober, E.R., «Progress and Direction in Evolution», en J. Campbell, ed., *Creative Evoluti·n?*, Jones & Bartlett, Nueva York, 1994, págs. 19-33.

Voltaire, F.M.A., *Candide or Optimism* (1759), trad. y ed. de R.M. Adams, W.W. Norton, Nueva York, 1991.

Wagar, W.W., *Good Tidings: The Belief in Progress from Darwin to Marcuse.* Indiana University Press, Bloomington, 1972.

Williams, G.C., *Natural Selection: Domain, Levels and Challenges*, Oxford University Press, Oxford, 1992.

Coloquio

Pere Alberch: Resulta curioso que en ningún momento haya hecho notar que la idea de progreso emerge de algún modo del concepto de selección natural como una función maximal. ¿Por qué no ha dado más énfasis a la selección natural como causa de esta visión desencaminada del progreso?

David Hull: Porque desde Darwin hasta el presente el pensamiento evolucionista ha tenido dos polos. Darwin dice que, en efecto, la tendencia principal de la evolución parece ser hacia un progreso creciente, pero que también puede ser regresiva. Incluso hoy, a los mejores evolucionistas les encantaría que yo pudiese demostrar que la selección natural es capaz de generar progreso. Pero no puedo. No hay nada en mi formulación que me permita afirmar algo así por mucho que yo quiera.

Pere Alberch: Yo quería decir que, en general, la selección natural es una función maximal, de manera que basta echar mano de cualquier concepto de adaptación que uno desee definir y la selección natural lo maximizará. Luego uno puede introducir restricciones y demás.

David Hull: De acuerdo, pero en las carreras de armamentos se maximiza una cosa, luego otra, y al final, con independencia de las propiedades que se hayan desarrollado en esta carrera, el resultado puede ser la extinción de ambas

131

partes. Esto es maximizar, pero maximizar hacia la extinción, y no creo que esto se pueda considerar progreso. Ni siquiera dirección.

Pere Alberch: Desde luego. No voy a ser precisamente yo quien se ponga ahora a defender la selección natural.

Jorge Wagensberg: Estoy de acuerdo con la idea de que hay que admitir que existe progreso científico, por definición (pienso) de ciencia. Pero en este caso es fácil identificar el porqué. Es porque tenemos eso que llamamos método científico. Tenemos ciertos principios que nos aseguran que haya progreso. Desafortunadamente, pienso que la idea de progreso en la materia viva no tiene nada que ver con esto.

David Hull: Hay dos razones por las que la ciencia es progresiva. La primera es que desarrollamos métodos razonablemente constantes que nos permiten acercarnos cada vez más a la verdad. La otra es que hay partes del universo que no cambian. El problema es que la evolución biológica avanza a la velocidad con que los organismos se adaptan a su entorno. El entorno cambia y las especies responden al cambio. Sin embargo, los científicos están convencidos de que al menos una parte de este entorno no cambia. La constante gravitatoria no cambia. Podemos preguntarnos qué pasaría si cambiase de manera aleatoria, pero, si fuera así, probablemente no habría nadie en el planeta para preocuparse por ello.

Adrià Casinos: Estoy de acuerdo con Pere Alberch en lo referente a la selección natural, porque, tal como yo lo veo, si hoy estamos aquí discutiendo sobre progreso es porque alguien hace ciento quince años escribió un libro sobre la selección natural. Para mí la cuestión es que, si se profundiza en el concepto de selección natural, la asociación entre progreso y dirección es insostenible. La selección natural no es

132

direccional. En mi opinión, si se acepta la selección natural como base del concepto de progreso biológico, entonces no se puede mantener la asociación entre dirección y progreso que usted establece.

David Hull: Para mí la selección natural es la causa fundamental, organizadora, de la evolución biológica. Y a partir de ella no se puede deducir nada parecido a una dirección evidente y constante. Seguramente nada que se pueda llamar progreso. Así pues, hace falta algún otro mecanismo si queremos demostrar que la filogenia, la evolución, es direccional en algún sentido general. Ésa era la idea... Ahora viene una pregunta asesina.

Brian Goodwin: Estaba intrigado por tu afirmación de que la ciencia es progresiva. Me pregunto qué hacemos entonces con la cuestión de la conmensurabilidad y la inconmensurabilidad, la idea de que las revoluciones que tienen lugar en el pensamiento científico realmente reorganizan la mayoría de estructuras conceptuales, dando por sentado que hay constantes que permiten a la ciencia reclamar la posesión de la verdad con respecto a algunos aspectos del mundo. Pero las estructuras conceptuales que cambian durante una revolución científica ¿son para ti progresivas en algún sentido en relación a las anteriores?

David Hull: Es Thomas Kuhn quien ha defendido que las revoluciones conceptuales suponen un cambio de paradigma. Y aunque de su argumentación parece desprenderse que no puede haber ningún progreso a través de las revoluciones científicas, el último capítulo de su libro se titula «Progreso a través de las revoluciones». Si hacemos caso de Kuhn, dos científicos enmarcados en dos paradigmas diferentes no podrían comunicarse entre sí. Para un científico aristotélico sería imposible comunicarse con un científico newtoniano, porque incluso sus metodologías observacio-

133

nales estarían teñidas por los términos de las respectivas teorías. Aunque utilizaran las mismas palabras no estarían hablando exactamente de lo mismo. Esta argumentación ha dado lugar a la mayor cantidad de tesis doctorales en la historia de la filosofía. Parece un problema inabordable desde el punto de vista teórico, así que decidí contrastarlo en la práctica. En la historia reciente de la ciencia ningún grupo ha producido tantas visiones del mundo inconmensurables como los cladistas, los fenéticos y los evolucionistas, así que entrevisté a un número significativo de miembros de estas tres escuelas, y lo primero que descubrí es que la gente o bien estaba muy confundida o bien en franco desacuerdo con su propia escuela. Pero uno de los postulados de Kuhn es que en la vieja escuela hay acuerdo general. Esto no es así, hay demasiado desacuerdo, incluso entre los cladistas. Después descubrí que había cladistas que entendían muy bien a los fenéticos, y viceversa. Y esto me sorprendió. Es lo mismo que pasa en genética: no hay una sola especie cuyos individuos tengan exactamente los mismos genes. Hay mucha variabilidad genética dentro de una especie, a veces más que entre especies. Somos sociedades grupales con gran desacuerdo conceptual dentro y entre grupos. Las diferencias de conmensurabilidad se convierten así en diferencias de grado, no de clase. Si Kuhn estuviese en lo cierto, ningún científico que estuviese en desacuerdo con sus colegas podría comunicarse con nadie. Pero el caso es que lo hacen. Kuhn se equivoca. Y esto no es una refutación filosófica.

Michael Ruse: David, a mí me interesa la evolución humana porque, y en esto estamos de acuerdo, estoy dispuesto a admitir que la ciencia es progresiva. Es por esto por lo que, igual que tú, creo que la noción de progreso no es una noción vacía en sí misma, no he venido hasta aquí para negar el progreso ni nada por el estilo. No soy un científico, pero puedo apreciar lo que hay de maravilloso en la ciencia, y desde luego pienso que es progresiva. No estoy en contra de la idea de progreso como tal. El problema es si la evolución biológica es o no progresiva. Por lo que te he oído decir de hecho niegas que lo sea, pero dejas un interrogante en el aire o algo por el estilo. Lo cual sugiere como mínimo que hay una diferencia entre el progreso biológico y el progreso científico, entre la evolución biológica y la evolución de la ciencia. Probablemente no se debería establecer una analogía entre ambas. ¿No significa esto, por lo menos, que con la llegada de los humanos la evolución ha adquirido una nueva dimensión? Hasta hace, digamos, cinco millones de años hubo evolución biológica, pero no es en absoluto obvio que hubiese progreso. Y ahora, con los humanos en escena, sigue habiendo evolución, y parte de esa evolución es inequívocamente progresiva. En otro tiempo pensábamos que la Tierra era plana, ahora sabemos que es redonda. En otro tiempo pensábamos que nuestro planeta era el centro del universo, ahora sabemos que no es así. En otro tiempo pensábamos que fuimos creados hace 6000 años, ahora sabemos (no sé si puedo decir esto en un país tradicionalmente católico como éste) que esto es falso. Los primeros capítulos del Génesis son, en el mejor de los casos, metafóricos. Ciertamente ha habido un progreso. ¿No podría uno decir entonces, puesto que los humanos formamos parte del mundo biológico, que el progreso se ha impuesto al fin, que al final la evolución sí se ha vuelto progresiva? A fin de cuentas, las cosas ahora ya no son como antes, y nosotros tenemos parte de culpa.

David Hull: Bien, una vez más esto suena muy antropocéntrico, pero en este caso pienso que no te falta razón. Somos los primeros organismos que tienen conciencia de su propia evolución y que están en condiciones de influir en ella. En eso soy bastante escéptico, pienso que si lo hacemos será para peor y no para mejor. Uno de los rasgos principales de la evolución es la tremenda variabilidad dentro de las especies. Cuanta más variabilidad tenga una especie más probable es que sobreviva. Ahora mismo hay entre un 5 y un 10 por ciento de la población mundial que nunca enfermará gravemente de SIDA, y esta será la semilla de las próximas generaciones. Pero los seres humanos tendemos a rechazar la diversidad. En cambio, buscamos la homogeneidad con ahínco. Cuando alguien diferente se cruza en nuestro camino la primera reacción es de rechazo. Lo mismo pasa con vuestro café. El café de mi país os parecería agua teñida. Sí, estamos en condiciones de generar progreso, en la ciencia lo hay, aunque también ha habido múltiples contenciosos que han tenido un efecto muy negativo. No se me ocurren muchos ejemplos más. Por otra parte, no sirve de gran cosa que haya progreso durante 15 o 30 años, es necesario que se mantenga durante cientos o miles de años, y no se me ocurre nada que sea bueno para nuestra especie y que se pueda mantener durante todo ese tiempo. Así que soy escéptico acerca del futuro de la humanidad, aunque no creo que llegue a afectarme, pues para cuando la cosa se ponga fea yo ya estaré muerto.

Forma y transformación:
la lógica del cambio evolutivo
Brian Goodwin

Brian Goodwin *(1931) es licenciado en biología por la McGill University de Montreal y en matemáticas por Oxford. Se doctoró en 1960 en la Universidad de Edimburgo con una tesis sobre desarrollo embrionario:* Temporary Organization in Cells *(1963). Ha impartido clases en esta misma universidad, en la Universidad de Sussex y en la Open University, donde en la actualidad es catedrático de biología. Autor de libros como* Form and Transformation: Generative and Relational Principles of Biology *(en colaboración con Gerry Webster),* Analytical Physiology *y* Las manchas del leopardo: la evolución de la complejidad *(de reciente traducción al español, Metatemas 51), Goodwin centra su investigación en el desarrollo y la generación de formas biológicas y en las transformaciones de los conjuntos organizados (organismos, comunidades, ecosistemas), a partir de las ciencias de la complejidad autoorganizada.*

I. Introducción

La evolución implica un cambio continuado que a menudo ha sido descrito en términos de progreso, entendido como una adaptación creciente de los organismos a su entorno. En esta comunicación propondré que la evolución implica un incremento en la complejidad morfológica de las especies, medida por el número de simetrías rotas durante la transformación del huevo fecundado en la forma adulta. Es decir, las morfologías de las especies tienden a hacerse más complejas durante la evolución. Sin embargo, esto no es una medida ni de adaptación ni de progreso. Aquí defenderé que para entender estas transformaciones morfológicas, que son el meollo del cambio evolutivo, necesitamos comprender la dinámica generativa que opera en la morfogénesis de los organismos. Esta dinámica no obedece a la adaptación y no implica progreso. En los sistemas dinámicos complejos hay una tendencia natural a las rupturas de simetrías. Examinaremos tres ejemplos diferentes para ilustrar los principios implicados: morfogénesis en algas unicelulares, los patrones foliares de las plantas superiores y los principios generativos de las extremidades de los tetrápodos.

II. Dasicladales

El ciclo vital mostrado en la figura 1 es el del alga verde unicelular *Acetabularia acetabulum*, que vive en las aguas so-

139

meras de las costas mediterráneas. Se trata de un miembro del orden *Dasycladales*, un antiguo grupo de algas en otro tiempo muy extendidas y reducido ahora a una veintena de especies. Lo que las hace interesantes es su compleja morfología, resultado de la morfogénesis de una sola célula. A partir de la fusión de dos isogametos para formar un cigoto de unos 50µm de diámetro se establece un eje con un tallo en crecimiento y un rizoide que fija la célula al fondo marino. El único núcleo se aloja en una rama del rizoide mientras el tallo continúa creciendo, produciendo anillos de pequeñas estructuras ramificadas (brácteas o laterales) semejantes a hojas primitivas que constituyen un verticilo. Estos verticilos se forman cada pocos días a medida que crece el tallo, pero al cabo de una semana se desprenden. Cuando el tallo tiene ya unos cuantos centímetros de longitud se forma una nueva estructura en el ápice, el primordio terminal (véase figura 2), que se desarrolla en el parasol, una estructura de entre 0,5 y 1,0 cm de diámetro con radios delicadamente esculpidos, y los últimos verticilos caen (véase figura 1). Aunque en esta fase el alga parece pluricelular, la detallada estructura del ápice es el producto de una sola célula. Esto es lo que la hace tan atractiva para el estudio de la morfogénesis. Este organismo encarna, en una forma simple, todos los problemas esenciales del desarrollo.

Uno de los aspectos más interesantes del desarrollo de *Acetabularia* es la producción de la secuencia de verticilos que desemboca en las delicadas estructuras mostradas en la figura 2. Sabemos que las algas pueden crecer perfectamente bien sin producir verticilos, cosa que sucede cuando la concentración de calcio en el agua se reduce a 2 mM, una quinta parte de su valor normal en el agua de mar (Goodwin et al., 1983). Si, cuando ya han alcanzado algunos centímetros, se vuelven a colocar estas células sin verticilos, consistentes sólo en un rizoide y un tallo, en agua de mar con una concentración de calcio de 10 mM, forman parasoles y pueden completar un ciclo vital normal. Así pues, los verticilos no parecen desempeñar ninguna función a pesar de la conside-

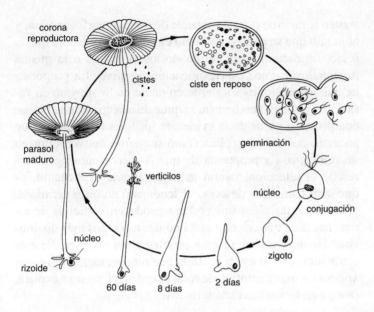

Figura 1. Ciclo vital de *Acetabularia acetabulum.*

rable cantidad de recursos que invierte el organismo en crearlos. ¿Por qué se producen estas estructuras? Ante este aparente rompecabezas, los biólogos recurren a una explicación histórica. Aunque en *Acetabularia* no tienen ninguna función conocida, probablemente los verticilos fueron alguna vez funcionales en los ancestros de estas algas. Hay una clara evidencia en favor de esta hipótesis. Las dasicladales se remontan como mínimo a 570 millones de años atrás, en el Cámbrico. Todas son algas ramificadas, la mayoría verticiladas. Las más de las veces estos verticilos servían de gametangios. Así pues, en la morfogénesis de este grupo los parasoles son elementos recientes, de manera que los verticilos de *Acetabularia* son el resultado de un patrón ontogénico ancestral persistente heredado de un antecesor común. Aunque su función ha sido asumida por el parasol, los verticilos se

141

siguen formando por una especie de inercia morfogenética, y el precio que se paga por ello no es tan alto como para que la selección natural haya eliminado los verticilos o la misma *Acetabularia*. Pero esta explicación no sirve. La propuesta de que los verticilos surgieron en un único linaje y no en varios linajes independientes es probablemente imposible de comprobar a partir de la evidencia fósil. Es más, invocar un ancestro común no explica cómo surgieron los verticilos en un principio. La propuesta de que la inercia morfogenética resiste la selección natural tampoco es una explicación, ya que simplemente redescribe el fenómeno en otros términos. ¿Por qué estas algas unicelulares producen verticilos de ramas laterales que además son uno de sus rasgos más distintivos? He aquí un interesante problema sin resolver. Es esta estructura, por su estabilidad, la que proporciona el rasgo taxonómico más distintivo de todo el orden. ¿Cómo se explica, pues, esta forma tan característica?

1. Dinámica morfogenética

Una forma de investigar esta clase de problema es construir un modelo del proceso ontogénico que genera la forma. Esto requiere una teoría de campos morfogenéticos. En el caso de *Acetabularia* se construyó sobre la base de estudios experimentales, un vasto cuerpo de datos sobre crecimiento vegetal y otros modelos morfogenéticos. Dado que este modelo y su comportamiento han sido profusamente descritos con todo detalle (véanse Goodwin, 1990; Goodwin y Briere, 1992; Goodwin, 1993) aquí presentaré sólo una síntesis de los resultados aplicables a la cuestión de los verticilos. El núcleo del modelo es la descripción del citoplasma como un medio excitable en el que puede haber una ruptura espontánea de simetría con generación de patrones espaciales en las variables primarias, que son la concentración de calcio libre en el citoplasma y la tensión mecánica (grado de estira-

Figura 2. Primordio terminal en el tallo de *Acetabularia*.

miento o compresión), estando ligadas ambas variables por las propiedades del citoesqueleto. Este modelo de campo mecanoquímico se relaciona con los de Oster y Odell (1983) y los de Murray y Oster (1984). El acoplamiento del estado citoplasmático al crecimiento de la pared celular se basa en la tensión a través de una función de crecimiento. La vacuola central mantiene la turgencia y ejerce presión sobre la pared celular. Una descripción basada en elementos finitos del modelo en su versión tridimensional, obra de Christian Briere, permitió un estudio sistemático del desarrollo de la forma durante el crecimiento. Este es un problema de contorno cambiante en el que la dinámica cambia la forma del dominio (el organismo en desarrollo), la cual influye a su vez sobre la dinámica.

Desde el punto de vista biológico el modelo es muy simple, aunque matemáticamente es un complejo sistema no lineal de ecuaciones diferenciales parciales acopladas. Hay 26 parámetros, aunque la dinámica es sensible a cambios en sólo 6 de ellos. Los valores de los parámetros se escogieron según dos criterios: (*1*) están dentro del intervalo de bifurcación, de manera que puedan surgir patrones espontáneos; (2) las longitudes de onda de los patrones son menores que el dominio de crecimiento y regeneración, de manera que se pueden desarrollar formas interesantes. Después se dejó que el modelo evolucionara a su aire produciendo cualquier forma que pudiera generar. Aquí había un espacio paramétrico muy grande por explorar en términos de valores que satisfagan nuestros criterios, y no teníamos ni idea de cuánto tiempo nos llevaría encontrar algo interesante, ni siquiera si surgiría algo remotamente parecido a formas algales.

Resultó más fácil de lo que esperábamos encontrar conjuntos de parámetros que daban lugar a un tallo a partir de una esfera (un cigoto) o un hemisferio (un ápice regenerativo). Pero lo más sorprendente fue ver que estos «tallos» generaban verticilos en su proceso de crecimiento, lo cual daba cuenta de cambios morfológicos que se habían observado frecuentemente en algas en crecimiento, pero que nunca habían sido explicados (figura 3). Justo antes de que se forme un verticilo, el polo apical inicialmente cónico se aplana. El modelo reproducía este comportamiento mediante una transición espontánea de un patrón a otro: se pasaba de un gradiente de calcio y tensión cuyo máximo estaba en el cono apical a un anillo cuya curvatura máxima aumentaba a medida que el ápice se aplanaba. Sometido a perturbación, el anillo se bifurcaba en un verticilo, con una serie de picos y valles en las variables. Esto se describe con todo detalle en las publicaciones antes citadas. La evidencia experimental demuestra que la distribución de calcio cambia en la forma descrita durante estas transiciones morfogenéticas (Harrison et al., 1988).

El modelo ofrecía un mecanismo para las secuencias morfogenéticas. A medida que crece el polo apical, el anillo colapsa y se vuelve a crear un gradiente con un valor máximo de las variables del campo (calcio y tensión) en el ápice. Es como si el crecimiento del polo apical se reanudara tras la formación del verticilo. Después se vuelve a formar el

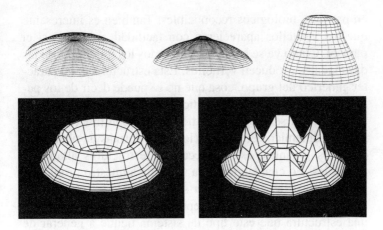

Figura 3. Modelo informático del desarrollo de los verticilos de *Acetabularia.*

anillo, en una pauta recurrente que recuerda la producción intermitente de verticilos durante el crecimiento. No se observó nunca nada parecido a un parasol, pero sí una fase terminal con expansión del ápice que pone fin a la extensión del tallo.

Por desgracia, el tratamiento matemático empleado no era lo bastante sólido para explorar los detalles del crecimiento lateral tras la formación del esbozo verticilado. Esto requiere un tratamiento más fino y otra geometría de elementos finitos más adecuada. Además, para conseguir una estructura en forma de parasol se necesita, según parece, una anisotropía mayor en el campo de tensiones del modelo, de manera que el crecimiento lateral exceda el crecimiento longitudinal. Estas cuestiones requieren más investigación.

No conocemos todavía la extensión precisa del dominio en el que surgen patrones algales dentro del espacio paramétrico. Es muy importante investigar esto sistemáticamente. Sin embargo, el hecho de que nos resultara tan fácil encontrar dominios morfogenéticos interesantes sugiere que hay un gran atractor en este espacio de parámetros que se traduce en patrones biológicos reconocibles. También es interesante que los verticilos aparecieran con facilidad, pero no así el parasol. Como ya se ha dicho, casi todos los miembros de las dasicladales producen verticilos. Esta estructura es un carácter genérico del grupo, cosa que no se puede decir de los parasoles. En el modelo, los verticilos también parecen ser genéricos, en el sentido matemático de que son típicos de este sistema dinámico. En el espacio de las formas de algas unicelulares gigantes, estas parecen ser estructuras altamente probables. Lo cual sugiere una solución a nuestro problema: los verticilos de *Acetabularia* se forman no porque tengan alguna utilidad, sino porque representan una forma genérica, una estructura que este tipo de sistema tiende a generar de manera natural. La explicación no reside ni en la historia ni en la selección natural, sino en la dinámica: se trata de patrones altamente probables y estables de este campo morfogenético.

¿Y qué hay de los genes? ¿Dónde encajan en el modelo? Está claro que están implicados en la determinación de los valores de los parámetros. Se puede decir que los genes especifican el dominio del espacio paramétrico donde tiene lugar la morfogénesis. De nuestro modelo se desprende que es un dominio amplio, aunque aún no conocemos su amplitud. Esto quiere decir que los genes pueden variar algo sin salirse del dominio del atractor algal básico. Tampoco vemos nada parecido a un programa genético que gobierne nuestro modelo a lo largo de su secuencia morfogenética. No son necesarios cambios de parámetros para explicar la secuencia observada, porque el mismo ciclo de la dinámica que cambia la forma a través del crecimiento diferencial que altera a su vez la dinámica, resulta en la producción de verticilos. Es probable que para la formación del parasol sí se necesite un cambio de parámetros. Y en el organismo real es de esperar que haya una actividad genética diferencial que estabilice y amplifique la secuencia morfogenética genérica implicada en la formación tanto de los verticilos como del parasol. El resultado es una dinámica jerárquica en la que los «parámetros» se convierten en variables. Sin duda esto es lo que ocurre en otras morfogénesis más complejas, como en el caso de *Drosophila*, una rana o un ser humano. Pero es importante reconocer que los genes y sus actividades *no explican* la morfogénesis, porque para esto tenemos que comprender cómo se organizan sus actividades en el espacio y en el tiempo, y sólo un modelo de campo morfogenético proporcionará una apreciación de las consecuencias de dicha organización.

2. Rupturas de simetría en cascada

La morfogénesis de *Acetabularia* implica una secuencia de rupturas de simetría que genera la forma compleja del organismo en desarrollo. Primero se rompe la simetría aproximadamente esférica del cigoto y se desarrolla un eje. En el modelo esto es resultado de la tendencia espontánea del citoplasma a bifurcarse pasando de un estado uniforme a otro en el que hay gradientes espaciales de calcio y tensión; esto lleva a una distensión y expansión local de la pared celular que produce el polo apical. A continuación se rompe la simetría cónica del polo apical, que se aplana a la vez que el gradiente de calcio y tensión experimenta una transición hacia un gradiente anular alrededor del ápice. Luego se rompe la simetría circular de este anillo y se forma el esbozo de verticilo (figura 3). Las ramas laterales crecen y se bifurcan a su vez en las delicadas estructuras ramificadas mostradas en la figura 2. El modelo sugiere que la secuencia entera es una cascada de rupturas de simetría robusta y natural para un sistema dinámico del tipo caracterizado por estas unidades celulares: una vacuola central, un citoplasma excitable y una pared celular elástica que crece en respuesta a la tensión. Dado que todas las dasicladales comparten la misma organización básica, es de esperar que exhiban secuencias morfogenéticas similares. Todas generan tallos con ramas laterales, principalmente en la forma verticilada. Las modificaciones de los parámetros (genes) dan variaciones sobre el tema morfológico básico: las ramas laterales pueden ser anchas o estrechas, pueden ramificarse pocas o muchas veces, pueden fusionarse como en *Bornatella sphaerica* y *Neomeris dumetora*, pueden segmentarse como en *Cympolia vonbussae*, etc. (Para una descripción de la taxonomía de las dasicladales véase Berger y Kaever, 1992.) Todas pertenecen a una única clase de equivalencia definida por el conjunto de transformaciones que cambian una forma en otra mediante variación de parámetros.

Por el momento hay que tomar esto como una definición hipotética, porque el modelo aún no es capaz de generar la estructura detallada de los verticilos de estas especies. Lo que tenemos es una forma básica (secuencias de verticilos que brotan del tallo principal) correspondiente a la estructura genérica de las dasicladales, que puede considerarse por lo tanto una forma genérica (en el sentido matemático de que caracteriza un conjunto). La clase de equivalencia de las variantes de esta forma genérica constituye una categoría taxonómica de alto nivel, el orden, mientras sus subclases constituyen familias y géneros. Desde la perspectiva de la cascada de rupturas de simetría que genera estos patrones, los eventos primarios que dan lugar a los ejes básicos son comunes a todas las dasicladales, fósiles y contemporáneas, mientras que las subsiguientes rupturas de simetría secundarias que generan las ramas laterales, sus relaciones espaciales, así como los cambios particulares involucrados en la formación de parasoles, son los que definen familias y géneros. La descripción de las categorías taxonómicas como clases de equivalencia según transformaciones generativas es una definición de homología basada en procesos morfogenéticos e independiente de la historia. Una implicación es que dos especies que tengan genealogías bien diferentes, pero hayan experimentado una evolución convergente, de manera que sus procesos generativos sean muy similares, serán clasificadas como vecinos taxonómicos según este criterio, aunque su genealogía molecular revele una considerable divergencia histórica. Esto es lo que distingue una taxonomía racional basada en procesos generativos de una taxonomía darwiniana basada en relaciones de parentesco históricas.

III. Filotaxis

¿Por qué hay sólo tres tipos básicos de disposición foliar (filotaxis, figura 4) en las plantas superiores? El patrón verticilado de las ramas laterales de *Acetabularia*, que se pueden considerar hojas primitivas, es de hecho uno de ellos, aunque en las plantas superiores el número de hojas por verticilo suele ser mucho menor que en *Acetabularia*. Los otros dos patrones son el dístico (hojas alternas en oposición, como en las gramíneas) y el helicoidal, mayoritario, ilustrado por la disposición de las semillas de girasol en la flor. El generador de estos patrones es el meristema, el polo apical de la planta. De la argumentación precedente se desprende una proposición interesante y plausible: es posible que sólo haya tres atractores morfogenéticos básicos para la organización dinámica del meristema como sistema en crecimiento con un contorno móvil. Ésta es la conjetura de Green (1987), quien ha obtenido evidencias de enorme interés sobre el comportamiento mecánico del meristema para apoyar su idea. El crecimiento localizado de los primordios foliares en posiciones específicas se traduce en un campo de tensiones mecánicas sobre la totalidad del meristema que deriva en ordenaciones particulares de las microfibrillas de celulosa de la pared celular. La orientación de las microfibrillas hace que las deformaciones sean más fáciles en unas direcciones que en otras, acomodando el crecimiento celular y al mismo tiempo orientando el plano de la división celular. Green (1989) ha presentado un análisis muy plausible que sugiere que los tres patro-

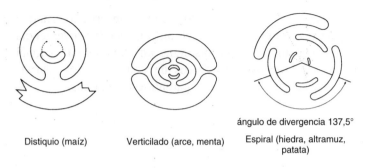

ángulo de divergencia 137,5°

Distiquio (maíz)   Verticilado (arce, menta)   Espiral (hiedra, altramuz, patata)

Figura 4. Patrones filotácticos vistos desde arriba.

nes filotácticos básicos son las soluciones morfogenéticas estables de estos campos de tensiones mecánicas.

Un modelo reciente de la filotaxis, obra de Douady y Couder (1992), da otro paso significativo en esta dirección. Lo que han conseguido demostrar es la naturaleza más que probable de la bifurcación con ruptura de simetría en el campo morfogenético del meristema que resulta en los patrones filotácticos principales, y al mismo tiempo demuestran que las series menores surgen como discontinuidades de las series principales. Emplearon un modelo físico simple de generación de patrones consistente en hacer gotear un ferrofluido en el centro de un disco cubierto de una película de aceite en la que las gotas quedaban flotando. Un campo magnético polarizaba las gotas convirtiéndolas en pequeños dipolos magnéticos que se repelían entre sí. El campo morfogenético del meristema era así simulado por un campo magnético. A medida que las gotas caían en el centro del disco eran repelidas por las gotas polarizadas ya presentes, y quedaban expuestas a un campo magnético estacionario que las empujaba hacia el borde del disco. El resultado es que surgen diferentes patrones dependiendo de las condiciones del experimento, pero todos corresponden a patrones filotácticos observados.

Si las gotas se suceden con lentitud suficiente la única

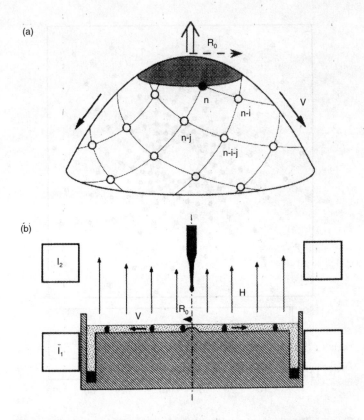

Figura 5. Arriba: Mesistema con las posiciones de las hojas. *Abajo*: Dispositivo experimental para simular patrones foliares.

influencia sobre una gota recién caída será la ejercida por la gota precedente; las otras estarán demasiado lejos para tener algún efecto. El resultado es que cada nueva gota es repelida hasta situarse a 180° de la anterior, de manera que el patrón generado es análogo al de la filotaxis alternada o dística (figura 4). A medida que el goteo (equivalente a la tasa de nacimiento de hojas en un meristema) aumenta, cada nueva gota experimenta fuerzas repulsivas de más de una gota previa y el patrón cambia: la sencilla simetría del modo alternado ini-

151

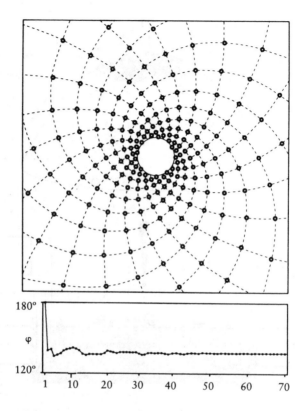

Figura 6. Patrón espiral y gráfico de la evolución del ángulo de divergencia.

cial se rompe y comienza a surgir un patrón helicoidal. La duración de esta transición depende de la tasa de goteo. Si el goteo es rápido, de forma que existe una fuerte interacción entre las gotas, entonces surge pronto un patrón estable y las gotas sucesivas se sitúan rápidamente con un ángulo de divergencia $\emptyset = 137,5°$. Las espirales se ajustan a la serie normal de Fibonacci. En la figura 6 se muestra un ejemplo de esto, así como la rápida convergencia del ángulo $\emptyset$ hacia la Razón Aurea, partiendo siempre de 180°, que es el ángulo entre las dos primeras gotas. El par de números de Fibonacci que describe las espirales depende de la tasa de goteo; la que se muestra corresponde al par (13, 21), es decir, 13 brazos espirales en un sentido, 21 en el otro. Douady y Couder encontraron otros valores de Ø para diferentes tasas de goteo, entre ellos 99,502°, 77,955° y 151,135°, que corresponden a clases minoritarias observadas ocasionalmente en plantas. Se trata de espirales mucho menos estables que las generadas por Ø = 137,5°, que representa la única transición directa de un patrón inicial alternado a uno helicoidal. Es decir, cualquier sistema que parta de un patrón de primordios foliares alternados (que es la disposición que tenderán a adoptar las dos hojas iniciales de un meristema) experimentará de forma natural una transición hacia la espiral dominante con Ø = 137,5° si la tasa de formación de hojas supera un valor crítico. Las demás espirales son clases minoritarias menos robustas que la dominante.

Douady y Couder establecieron este importante resultado de la manera siguiente. La magnitud que usaron como parámetro de control de la transición de la filotaxis alternada a la helicoidal es un número sin dimensiones que ellos definen como $G = V_0 T / R_0$, donde V es la rapidez con que las gotas se alejan del centro del disco en respuesta a un campo magnético fijo, T es el periodo entre gota y gota, y R_0 es el radio de la región que corresponde al centro del meristema y alrededor de la cual se generan los primordios foliares (véase figura 7). Esta magnitud es inversamente proporcional a la tasa de goteo, que es 1/T, de manera que la transición de la filotaxis alternada a la espiral tiene lugar cuando G es *inferior* a un valor crítico que ellos designan como $G_{1,1}$. El par (1,1) es el que inicia la serie de Fibonacci (1,1,2,3,5,8,...) y corresponde a la filotaxis alternada (la espiral conecta sólo hojas o gotas sucesivas, y puede trazarse en ambos sentidos). Para valores de G inferiores a $G_{1,1}$ aparece la filotaxis espiral, y a medida que disminuye G se va generando la secuencia normal de espirales de Fibonacci correspondientes a pares de números sucesivos, con las abruptas transiciones entre ellas. En el diagrama de la figura 7 se muestran los ángulos de divergencia correspondientes a valores sucesivos de G. La curva principal que comienza en Ø = 180° (triángulos) converge hacia Ø = 137,5° con oscilaciones alrededor de este valor a medida que decrece G. Se muestran dos series, correspondientes a funciones de energía que describen la intensidad de la inhibición entre las gotas («hojas»). Los valores exactos de $G_{1,1}$ en la transición de la filotaxis alternada a la espiral difieren, así como los detalles de las curvas, pero sus propiedades básicas no varían (es decir, el modelo es robusto frente a diferencias de detalle en los campos morfogenéticos). Sin embargo, hay una relación cuantitativa que no cambia, y esto es lo que convierte la transición en una bifurcación. Douady y Couder demuestran que el ángulo de divergencia varía según la igualdad

$$180 - Ø = (G_{1,1} - G)$$

una relación parabólica entre Ø y G en la vecindad de la transición. Esto la identifica como una bifurcación asociada a una ruptura de simetría. La implicación es que la secuencia robusta de los meristemas vegetales es precisamente la serie de Fibonacci principal que se observa en las plantas superiores. Esto es, las disposiciones foliares observadas en la naturaleza son las formas genéricas resultantes de un robusto proceso autoorganizativo morfogenético. Los valores de Ø distintos de 137,5° pueden darse en circunstancias especiales, y se observan de vez en cuando en la naturaleza, pero representan clases minoritarias fuera de la secuencia principal. Así pues, las plantas generan este aspecto de su forma dejando simplemente que surja de manera natural, es decir, siguiendo rutas morfogenéticas robustas que definen formas genéricas.

En esta descripción falta todavía la filotaxis verticilada. Esta se obtiene cuando caen dos o más gotas simultáneamente con $G > G_{1,1}$, de manera que sólo el conjunto de gotas

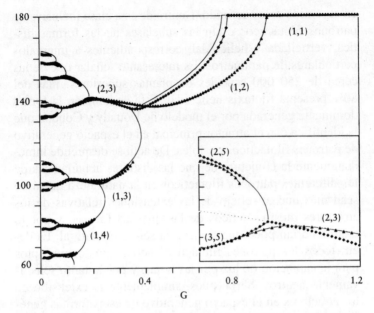

Figura 7. Variación del ángulo de divergencia a medida que el parámetro
G disminuye.

precedente tiene influencia. Las gotas de cada conjunto se sitúan entonces a la máxima distancia mutua, y los sucesivos
conjuntos de gotas se disponen ocupando los espacios que
dejan los precedentes, lo que da como resultado un patrón
verticilado. Así pues, todos los patrones pueden obtenerse
simplemente variando la tasa de crecimiento y el número de
hojas generadas en un momento dado, los dos parámetros
principales que presumiblemente difieren entre las especies
vegetales. Las afinidades entre los diferentes miembros de la
secuencia están claramente definidas por sus proximidades
en el proceso de ruptura de simetría descrito en la figura 7 y
las transiciones posibles a los pares de números de Fibonacci
minoritarios. Todas son transformaciones de una en otra mediante cambios de parámetros y condiciones iniciales, de
manera que constituyen una clase de equivalencia de formas

155

en el sentido antes definido. Dentro de esta clase inclusiva de patrones filotácticos están las subclases de las formas dística, verticilada y helicoidal, correspondientes a intervalos particulares de parámetros. Es interesante señalar que de las cerca de 250 000 especies de plantas superiores, más del 80% presenta filotaxis helicoidal. Esta es también la forma dominante generada por el modelo de Douady y Couder, que la identifica con el atractor principal en el espacio generativo de patrones filotácticos posibles. De aquí se desprende inmediatamente la conjetura de que las distintas abundancias de los diferentes patrones filotácticos en la naturaleza quizá no sean más que el reflejo de las extensiones relativas de los atractores morfogenéticos de las diversas formas, y por lo tanto tendrían poco que ver con la selección natural. Es decir, todos los patrones filotácticos serían igualmente aptos para la captación de luz por las hojas, y por lo tanto selectivamente neutros. Sería, pues, simplemente la extensión de los atractores en el espacio generativo de estas formas genéricas lo que determinaría la abundancia diferencial de cada una. No niego que las formas adoptadas por los organismos y sus partes contribuyen a la estabilidad de su ciclo vital en un hábitat particular, que es lo que dicta la selección natural. Sólo quiero hacer notar que cualquier análisis de esta estabilidad dinámica de los ciclos vitales nunca podrá ser completo si no se tiene una idea de la dinámica generativa que produce organismos que de entrada tienen una cierta forma, cuya estabilidad intrínseca puede determinar su abundancia y su persistencia. No se trata de separar aspectos diferentes de los ciclos vitales, sino de unificarlos. Sin embargo, en un sentido importante el espacio de las formas posibles (incluidas las teratologías), definido por la dinámica generativa, es fundamental para definir las relaciones taxonómicas (proximidades) de las especies como tipos morfológicos, y por lo tanto para entender las sucesiones históricas reales como trayectorias contingentes a través del conjunto de morfologías posibles.

IV. Miembros de los tetrápodos

La primera propiedad de los miembros de los tetrápodos que fue identificada como invariante ante las transformaciones es la disposición espacial de los elementos de la extremidad, descrita por Geoffroy St. Hilaire en su «principio de las conexiones». Se trata del orden familiar de húmero, tibia y peroné, carpos, metacarpos y falanges en las extremidades anteriores o el de los elementos correspondientes en las posteriores. Richard Owen definió la homología de miembros como el conjunto de formas derivadas de transformaciones de estos elementos que preservan sus conexiones básicas. Introdujo el concepto de miembro pentadáctilo arquetípico, el miembro tetrápodo ideal subyacente en las diversas transformaciones observadas en los tetrápodos existentes. Es el precursor del miembro pentadáctilo ancestral que propuso Darwin como encarnación histórica real del arquetipo. Sin embargo, ni la idea de un arquetipo *sensu* Owen ni la de un ancestro común es necesaria para el concepto de homología como equivalencia. Todos los miembros de un conjunto son equivalentes bajo transformación, de manera que ninguno tiene una condición especial. Es más, lo que la transformación define es un conjunto de formas posibles, no sólo las que se han materializado en las especies conocidas. La contingencia histórica (herencia) y la estabilidad funcional (selección natural) tienen que reconocerse como aspectos particulares de la evolución tal como ésta ha tenido lugar. Pero no se debe confundir esto con los intentos de definir el conjunto de formas posibles que podrían generarse. Podemos hacernos una idea estudiando no sólo mutantes genéticos sino también las teratologías. El libro de Bateson *Materials for the Study of Variation* (1894), recientemente reeditado (1992), está dedicado precisamente a la tarea de explorar el conjunto de formas posibles y deducir las restricciones que las limitan, tal como sugiere la gama de anormalidades genéticas y congénitas.

Esto nos lleva a la búsqueda de las leyes o principios de organización que subyacen tras la generación de los miembros de los tetrápodos y sus transformaciones, y que se expresan en los procesos que se verifican dentro del campo morfogenético de la extremidad. ¿Qué podemos decir de las restricciones sobre estos procesos? En este punto se hace necesario un modelo del proceso de condensación que sugiera el origen y naturaleza de estas restricciones. Esto es porque la empresa en que nos hemos embarcado es teórica, en el sentido de que el conjunto de formas posibles se entenderá en términos de un generador cuyas reglas operativas pueden describirse y usarse para generar los patrones representativos de los miembros del conjunto de transformaciones. Éste es el ejercicio de modelización, un ejercicio que procede mediante tentativas, en diálogo con la investigación experimental.

1. Invariantes generativos

El modelo del que me voy a servir para ilustrar el argumento es el propuesto por Shubin y Alberch (1988) y por Oster et al. (1988) para describir la mecánica del proceso de agregación mesenquimática que da lugar a los elementos del miembro en desarrollo. Este modelo se basa en estudios experimentales del comportamiento de las células mesenquimáticas durante su condensación para producir los elementos cartilaginosos que después se convertirán en los huesos del miembro, y en un modelo matemático que reproduce estos procesos mediante mecanismos plausibles de adhesión celular y comportamiento de agregados en crecimiento (Oster et al., 1985). En el modelo la condensación se inicia con un cambio local en las propiedades osmóticas de la matriz extracelular. El colapso resultante hace que las células se aproximen unas a otras. Luego las fuerzas adhesivas entre células crean un foco de agregación celular. Este crece por

158

incorporación de células que se polarizan a lo largo de las líneas de tensión en la matriz extracelular y se mueven hacia el agregado. Este movimiento genera fuerzas de tracción que refuerzan la polaridad y la migración dirigida. Durante el crecimiento del condensado, cuya dirección depende en parte de la geometría del esbozo del miembro y del crecimiento a lo largo de su eje proximodistal, el proceso de condensación puede hacerse inestable y bifurcarse siguiendo una de dos vías posibles. Se puede ramificar para producir una estructura en Y, o se puede segmentar produciendo otra condensación discreta sobre el mismo eje que la primera. Así pues, la disposición de los elementos en una extremidad es el resultado de tres procesos: condensación inicial o focal, ramificación y segmentación. De acuerdo con el modelo, estos son los componentes primarios del proceso generativo que origina los elementos de la extremidad. No sólo explican bien los miembros normalmente formados, sino también estructuras como las observadas en miembros desarrollados después de extraer las células mesenquimáticas, desordenarlas (disgregándolas y agregándolas de nuevo) y reinsertarlas en el esbozo de miembro bajo un pliegue ectodérmico (Pautou, 1973). Este tratamiento destruye la influencia organizadora de la zona de actividad polarizadora (ZAP) (Balcuns et al., 1970; Fallon y Crosby, 1977) y del complejo genético Hox 4, que interviene en la formación de los distintos dedos. De esta forma podemos reconocer diferentes niveles en la jerarquía del proceso de formación de los miembros. Estos incluyen: (1) individualización del campo morfogenético del miembro como dominio autónomo; (2) establecimiento de un orden axial dentro del campo; (3) formación de los elementos del miembro por condensación, ramificación y segmentación, y (4) modificación de los elementos a lo largo del eje anteroposterior por influencias como las de la ZAP y los genes Hox 4. Todos estos niveles se solapan en el tiempo, pero pueden distinguirse dentro del proceso unitario que es el despliegue del orden espacial en el campo morfogenético del miembro. La cascada jerárquica de rupturas de simetría que caracteriza la dinámica morfogenética del miembro tetrápodo es otra secuencia robusta cuyo resultado son estas formas genéricas que constituyen el rasgo morfológico distintivo de los tetrápodos.

Las aletas de los peces son producto de la acción de un subconjunto de los generadores implicados en el desarrollo del miembro tetrápodo. En el proceso de condensación no hay ramificaciones, y falta una fuerte polaridad anteroposterior. Al mismo tiempo, el eje anteroposterior se extiende sobre más somitos. El resultado es un apéndice compuesto de una serie merística de elementos repetidos muy similares a lo largo del eje anteroposterior, con segmentación a lo largo del eje proximodistal. Así, las aletas de los peces y los miembros de los tetrápodos pueden definirse como transformaciones de unas estructuras en otras dentro de estas leyes generativas; es decir, son estructuras homólogas a cierto nivel de la jerarquía generativa. Si se incluyen restricciones generativas ulteriores, a saber, una restricción del número de somitos implicados, junto con la ramificación y la polaridad anteroposterior, se genera el miembro tetrápodo. Esta es presumiblemente la ruta seguida en la evolución de los miembros de los tetrápodos a partir de las aletas de los peces, vía los primitivos gnatóstomos (Jarvik, 1980).

Las aletas de los peces y los miembros de los tetrápodos se situarían, pues, en dominios paramétricos particulares del mismo espacio generativo. Explorar la extensión de los dominios del espacio paramétrico que originan aletas en comparación con los que originan miembros forma parte del programa de investigación de la amplitud de los atractores dinámicos para diferentes morfologías biológicas. Si los dominios son pequeños, entonces esas formas son intrínsecamente improbables y su persistencia continuada en peces y tetrápodos tiene que deberse a poderosos factores estabilizadores (genes, selección natural). Si los dominios son amplios, las estructuras son altamente probables y tienen una robustez intrínseca;

es decir, son genéricas (véase Goodwin, 1989; Newman y Comper, 1990). Obviamente, estas cuestiones son muy importantes para nuestra comprensión de la evolución. Se tiende a asumir que la mayoría de estructuras biológicas (ojos, cerebros, miembros, flores) son improbables, que han sido descubiertas por procedimientos de exploración genética efectiva en un vasto espacio de posibles programas genéticos, y que están estabilizadas por la selección natural. Sin embargo, el estudio de los sistemas complejos no lineales que describen procesos morfogenéticos indica una robustez intrínseca que otorga a las estructuras resultantes la categoría de formas genéricas, las cuales surgen dentro de grandes atractores en el mosfoespacio (Goodwin, 1993; Goodwin et al., 1993). Las ligaduras embrionarias que han sido ampliamente reconocidas como limitaciones impuestas sobre las transformaciones evolutivas de las estructuras biológicas pueden entonces encontrar explicación en las propiedades dinámicas intrínsecas de los campos morfogenéticos, que producen atractores cuantificados (Oster y Alberch, 1982), más que en alguna clase de inercia histórica. Las relaciones entre la morfogénesis jerárquica y una taxonomía jerárquica comienzan a emerger de nuevo como la base de una taxonomía racional.

La conclusión que se desprende de estos ejemplos es que la secuencia jerárquica de los episodios de ruptura de simetría que caracterizan la emergencia de formas complejas durante la morfogénesis ofrece una base natural para la definición de homología en términos de clases de equivalencia según variación de parámetros en diferentes niveles del proceso generativo. En estos sistemas dinámicos complejos las simetrías tienden a romperse sucesivamente, de manera que las clases de equivalencia están anidadas en una jerarquía de complejidad morfológica creciente. Sin embargo, no hay evidencia de que una complejidad incrementada implique un organismo mejor adaptado. El esquema de clasificación ahistórico basado en clases de equivalencia puede usarse para construir una taxonomía racional de formas biológicas posibles, lo cual incluye las teratologías. Este enfoque puede usarse también para explorar las relaciones entre la abundancia diferencial de diversas morfologías y las amplitudes de los atractores que definen las formas genéricas, de manera que la dinámica generativa queda ligada no sólo a la taxonomía, sino también a la expresión evolutiva de sus consecuencias morfológicas.

REFERENCIAS

Balcuns, A., M.T. Gasseling y J.W. Saunders, «Spatio-temporal distribution of a zone that controls anteroposterior polarity in the limb bud of the chick and other bird embryos», *Amer. Zool.*, 10 (1970), pág. 323.

Bateson, W., *Materials for the Study of Variation*, Cambridge Univ. Press, 1894, reimpreso por Johns Hopkins Univ. Press, 1992.

Berger, S. y M.J. Kaever, *Dasycladales: An illustrated monograph of a fascinating algal order*, Thieme, Stuttgart, 1992.

Douady, S. y Y. Couder, «Phyllotaxis as a physical self-organised growth process», *Phys. Rev. Lett.*, 68 (1992), págs. 2098-2101.

Fallon, J.F. y G.M. Crosby, «Polarizing zone activity in limb bud amniotes», en D.A. Ede, J.R. Hinchliffe y M. Balls, eds., *Vertebrate Limb and Somite Morphogenesis*, Cambridge Univ. Press, 1977, págs. 55-69.

Goodwin, B.C., «Evolution and the generative order», en B.C. Goodwin y P.T. Saunders, eds., *Theoretical Biology: Epigenetic and Evolutionary Order from Complex Systems*, Edinburgh Univ. Press, 1989, págs. 89-100.

Goodwin, B.C., «Structuralism in Biology», en *Science Progress*, Oxford (Blackwell), 74 (1990), págs. 227-244.

Goodwin, B.C., «Development as a robust natural process», en W.D. Stein y F. Varela, eds., *Thinking About Biology*, Santa Fe Institute Studies in the Sciences of Complexity, Addison-Wesley, Reading, 1993.

Goodwin, B.C. y C. Briere, «A mathematical model of cytoskeletal dynamics and morphogenesis in *Acetabularia*», en D. Menzel, ed., *The Cytoskeleton of the Algae*, CRC Press, Boca Ratón, 1992, págs. 219-238.

Goodwin, B.C., S.A. Kauffman y J.D. Murray, «Is morphogenesis an intrinsically robust process?», *J. Theoret. Biol.*, en prensa.

Goodwin, B.C., J.C. Skelton y S.M. Kirk-Bell, «Control of regeneration and morphogenesis by divalent cations in *Acetabularia mediterranea*», *Planta*, 157 (1983), págs. 1-7.

Green, P.B., «Inheritance of pattern: analysis from phenotype to gene», *Amer. Zool.*, 27 (1987), págs. 657-673.

Green, P.B., «Shoot morphogenesis, vegetative through floral, from a biophysical perspective», en E. Lord y G. Barrier, eds., *Plant Reproduction: From Floral Induction to Pollination*, Am. Soc. Plant Physiol. Symp. Series, vol.1 (1989), págs. 58-75.

Harrison, L.G., K.T. Graham y B.C. Lakowski, «Calcium localisation during *Acetabularia* whorl formation: evidence supporting a two-stage hierarchical mechanism», *Development*, 104 (1988), págs. 255-262.

Ho, M.W., «An exercise in rational taxonomy», *J. Theoret. Biol.*, 147 (1990), págs. 43-57.

Jarvik, E., *Basic Structure and Evolution of Vertebrates*, vol.2, Academic Press, Londres, 1980.

Murray, J.D. y G.F. Oster, «Generation of biological pattern and form», *J. Maths in Med. and Biol.*, 1 (1984), págs. 51-75.

Nelson, G., «Ontogeny, phylogeny, paleontology and the biogenetic law», *Syst. Zool.*, 27 (1978), págs. 324-345.

Newman, S.A. y W.D. Comper, «'Generic' physical mechanisms of morphogenesis and pattern formation», *Development*, 110 (1990), págs. 1-18.

Oster, G.F. y P. Alberch, «Evolution and bifurcation of developmental programs», *Evolution*, 36 (1982), págs. 444-459.

Oster, G.F., J.D. Murray y P. Maini, «A model for chondrogenic condensations in the developing limb: the role of extracellular matrix and cell tractions», *J. Embryol. Exp. Morphol.*, 89 (1985), págs. 93-112.

Oster, G.F. y G.M. Odell, «The mechanochemistry of cytogels», en A. Bishop, ed., *Fronts, Interfaces and Patterns*, Elsevier Science Division, Amsterdam, 1983.

Oster, G.F., N. Shubin, J.D. Murray y P. Alberch, «Evolution and morphogenetic rules: the shape of the vertebrate limb in ontogeny and phylogeny», *Evolution*, 42 (1988), págs. 862-884.

Patterson, C., «How does phylogeny differ from ontogeny?», en B.C. Goodwin, N.J. Holder y C.C. Wylie, eds., *Development and Evolution*, Cambridge Univ. Press, 1983, págs. 1-31.

Pautou, M.P., «Analyse de la morphogenese du pied des Oiseaux a l'aide de melanges cellulaires interspecifiques», *J. Embryol. Exp. Morphol.*, 69 (1973), págs. 1-6.

Shubin, N.H. y P. Alberch, «A morphogenetic approach to the origin and basic organisation of the tetrapod limb», *Evol. Biol.*, 20 (1986), págs. 319-387.

Coloquio

Jorge Wagensberg: Es muy bonito interpretar los vórtices y otras estructuras espirales como la derivación de un campo, que es lo que acostumbran a hacer los físicos, pero lo que es especialmente interesante aquí es que también en el reino animal tenemos un montón de formas espirales: caracoles, cuernos, etc. En este caso pienso que se obtiene la misma estructura a partir de diferentes ideas morfogenéticas. Las conchas de los moluscos, por ejemplo, pienso que son en gran medida el resultado de la competencia entre dos tendencias muy marcadas: crecer y ocupar poco espacio. Es el mismo principio que el de la escalera de caracol. Se puede, pues, llegar a una convergencia a partir de leyes morfogenéticas muy diferentes.

Brian Goodwin: No se trata de diferentes leyes morfogenéticas, sino de sistemas diferentes que tienen similares propiedades de organización, que muestran los mismos patrones, sean colonias, cerebros, corazones, mixomicetes, reacciones de Belousov-Zabothinski... Todos muestran las mismas propiedades y los mismos patrones.

Jorge Wagensberg: Tal como yo lo veo, los sistemas no lineales producen por sí mismos gran cantidad de nuevas ideas, pero luego la selección decide entre estas ideas. No me parece que su visión de la evolución sea incompatible con la selección natural.

164

Adrià Casinos: Reconozco que su modelo sobre el mecanismo de la morfogénesis es una forma muy elegante de explicar el origen de todas estas estructuras, pero la cuestión es por qué se producen. ¿Quién fija estas estructuras? Esta mañana Wagensberg dijo que la selección natural es un filtro. Entonces, según usted, ¿qué pasa con estas estructuras? ¿No hay filtro para ellas o es que pueden eludirlo? Llevo muchos años oyendo la misma historia de que la morfogénesis es una alternativa a la selección natural. Para mí hay dos niveles de comprensión. La morfogénesis es el proceso que genera la estructura, y esta estructura se somete después a la selección natural. La selección natural es el filtro que fija estas estructuras.

Brian Goodwin: Este es un punto muy importante. Si queremos contemplar el proceso evolutivo desde la perspectiva de los sistemas dinámicos, entonces tenemos que comprender tanto la manera en que son generados los organismos como aquello que los hace estables en un hábitat particular. Eso incluye toda la historia de la vida, de las especies. En otras palabras, necesitamos una teoría dinámica que abarque la totalidad de la historia de las especies como un único proceso dinámico. Esto incluye la morfogénesis y eso que se ha dado en llamar selección natural, que es la estabilidad dinámica de las especies en su hábitat. Pienso que una perspectiva dinámica de la evolución aúna ambas cosas y no considera la selección natural por separado; de hecho, estrictamente hablando, ni siquiera necesita el concepto de selección natural. Lo que se necesita es la noción de estabilidad dinámica de los ciclos vitales dentro de sus hábitats. Así, en vez de adaptación podemos hablar de estabilidad. Y aquí incluyo la inestabilidad, porque, como bien sabe, el estudio de la estabilidad incluye la definición de criterios para la inestabilidad. En cierto sentido, al concebir la evolución como proceso, la perspectiva dinámica unifica morfogénesis y selección natural, y ya no separa desarrollo de evolución.

Adrià Casinos: Bien, pero el paradigma clásico es la selección natural. Estoy de acuerdo en que la estabilidad dinámica debe incluir la selección natural y otros factores, pero no puedo estar de acuerdo con la pretensión de quitar la selección natural de este esquema.

Brian Goodwin: Supongo que está usted en su derecho. Lo que estoy diciendo es que desde la perspectiva de los sistemas dinámicos se puede reemplazar el concepto de selección natural por el de estabilidad dinámica. No le estoy aconsejando que lo haga. Estoy diciendo que esto es lo que yo haría para dar consistencia a la teoría, tanto en lo que respecta a su carácter dinámico como en su relación con la física, porque en física no manejamos la noción de selección natural, no es necesaria. En biología está presente y se usa continuamente. Sería una locura por mi parte pretender que sea abolida. Sólo digo que ya no nos hace falta ese concepto, se puede tratar todo de una manera más consistente hablando de procesos dinámicos, estabilidad e inestabilidad.

Jorge Wagensberg: Pienso que este es un «punto caliente» en nuestra discusión. Supongo que se podría introducir incluso la competencia entre estabilidades.

Brian Goodwin: Por supuesto.

Ángeles Sacristán: Si he entendido bien, usted ha dicho que los genes no generan formas. Pero hay estudios de expresión génica en sistemas modelo que demuestran que la modificación de determinados genes provoca un cambio de forma. En *Drosophila*, por ejemplo, tenemos el complejo *bithorax*, y en *Escherichia coli* tenemos el gen *bola*, que da lugar a formas redondeadas.

Brian Goodwin: Gracias por darme la oportunidad de clarificar un punto fundamental, a saber, que el descubrimiento de un factor que causa un cambio de forma no equivale a explicar cómo se genera dicha forma. No es lo mismo una cosa que otra. Para explicar la forma hay que idear alguna teoría que genere esa forma y comprobarla después experimentalmente modificando parámetros para conseguir el mismo cambio observado en los organismos como tales. Este es un punto muy importante. Lo que estoy diciendo es que los genes no son la causa eficiente de la forma, sino que ellos mismos forman parte del proceso. Si los llamo parámetros es, hasta cierto punto, por conveniencia, pues los genes pueden actuar también como variables. Simplemente quiero subrayar el hecho de que el descubrimiento de un factor que modifica una forma concreta no equivale a comprender cómo se produce esa forma en primera instancia.

Jorge Wagensberg: Además de los genes está la física y la química.

Brian Goodwin: Hay que ponerlo todo junto y generar la estructura tridimensional. Nunca se puede afirmar que de verdad se comprende el proceso natural, pero al menos se tiene un candidato a modelo explicativo del fenómeno.

Jorge Wagensberg: Muy a menudo se olvida el nivel macroscópico.

Brian Goodwin: Desde luego.

Progreso: una valoración subjetiva entusiasta de casi la mitad de los cambios en los sistemas vivos

Ramón Margalef

Ramón Margalef *(Barcelona 1919), tras doctorarse en ciencias biológicas (1951), fue investigador del CSIC y profesor de ecología en la Universidad de Barcelona, donde todavía imparte clases como profesor emérito. Autor de más de 350 publicaciones y una decena de libros, es conocido por sus estudios sobre planctología marina, limnología y ecología teórica. Sus últimos libros son* Teoría de los sistemas ecológicos *(1991) y* Planeta azul, planeta verde *(1992).*

Según los diccionarios, el término *progreso* puede referir el avance a lo largo de un camino cuyo trazado parece presuponer una meta. Serían caminos en sentido figurado las secuencias o procesos en que intervienen organismos. En realidad, los senderos de la vida son intransitables a la inversa y, además, ningún segmento puede ser equivalente a otro ya recorrido, ni siquiera tomado en el mismo sentido. Las secuencias que se construyen o se recorren despacio, como el nacer y crecer, el desarrollo de un ecosistema, la evolución de una estirpe, podrían verse y definirse como progresivos. Pero aquellos acontecimientos que incluyen cambios que podrían describirse como de sentido inverso —la muerte y la extinción— son imprevisibles y parecen catastróficos.

Pueden existir razones a favor o en contra del uso de la palabra progreso en relación con la evolución. La visión darwinista de la evolución por selección natural, que postula la superioridad o excelencia del seleccionado, o su mayor eficacia, permite creer o proclamar sin ninguna vergüenza que hasta ahora somos las mejores, las más progresivas realizaciones de la vida, porque nos vemos rematando una secuencia evolutiva que duró miles de millones de años. El argumento se repite, aunque no siempre exactamente en estos mismos términos: los políticos piensan y especialmente hablan de progreso, y, por supuesto, en la vida pública se manifiesta la misma asimetría, presente en ecología y evolución, entre la forma gradual de apropiarse del poder y la generalmente más brusca de verse forzado a abandonarlo. Diversas influencias culturales matizan el concepto de progreso, incluso en su aplicación a la biología: biólogos influidos por ideologías prometedoras de un progreso social indefinido y decepcionados por cambios históricos recientes, que interpretan de manera negativa, ahora se muestran en general menos propensos que antes a hablar o escribir de progreso evolutivo. En resumen, la palabra «progreso» lleva una carga muy asociada con el acontecer humano y puede ser aconsejable emplearla con prudencia y lo menos posible dentro de un contexto científico, en aras de lo que ahora se llama lenguaje políticamente correcto.

Quizá sea tolerable o persista por más tiempo la costumbre de mencionar el progreso científico, para referirse al contenido de la ciencia en hechos, interprestaciones y creencias, que varía con el paso del tiempo. Se supone que aumenta o mejora, y se encuentra explicación y justificación para ello. Pero si fuera verdad que el progreso de la ciencia se ajusta a la imagen de los cambios de paradigma, según propuso Kuhn, resultaría tener las mismas notas características que el acontecer general que se manifiesta en los procesos de la vida misma, manifiestas en la existencia individual, en la sucesión ecológica en la evolución, secuencias todas ellas truncadas o puntuadas por acontecimientos más aleatorios.

Pienso que el complejo de cuestiones suscitadas se simplifica cuando se reconoce que hay secuencias de acontecimientos en sistemas disipativos-autopoyéticos, generadores, portadores y activadores de información, de modo que ocurren, reiteradamente, formas de cambio que, según un sentido, de modo gradual, más bien lento, van aumentando la expresión de una información acumulada y que se incrementa con información nueva, mientras que, de vez en cuando, ocurren fluctuaciones que se pueden catalogar como de sentido inverso, porque aparecen destructivas de información local, información que en todo o en parte se conserva en aquellas entidades semejantes que sobreviven separadas.

Como es natural, cuando se usa la palabra «progreso» en este contexto, se aplica casi inconscientemente a los segmentos históricos con cambio gradual, durante los cuales se reconoce una acumulación paulatina de información, articulada o envuelta alrededor de su nucleo inicial. Puesto que en los sistemas disipativos-autopoyéticos existen eficaces mecanismos de reproducción y de copia de la información, no exenta de errores creativos, tales sistemas, en sus diversos niveles, están sujetos a la selección natural, que sería el principal mecanismo explicativo.

Secuencias históricas

En biología se pueden reconocer, por lo menos, tres clases de procesos o de secuencias históricas, en cada una de las cuales se podría reconocer una noción de progreso, por supuesto aplicable solamente a los segmentos de la historia en los que el cambio es gradual y se repite con características comparables en muchos segmentos separados y equivalentes. Los cambios en sentido opuesto siempre aparecen como catastróficos e imprevisibles: la antítesis del progreso.

Dichas tres clases de procesos o secuencias temporales son: (*1*) la vida individual, (*2*) la sucesión ecológica y (*3*) la evolución. Las tres se hallan muy relacionadas entre sí y comparten en muchas maneras las formas de adquisición, elaboración y proyección hacia el futuro de información, información que la vida puede actualizar en los mismos sistemas. Y no hay que olvidar que la parte inanimada de la Tierra permite trazar esquemas comparables, contribuyendo con información de manejo más torpe y lento, tanto en los suelos como en la tectónica y morfogénesis de la corteza.

1. El *desarrollo individual* abarca cambios estructurales, funcionales y los que podemos asociar con el aprendizaje consciente o inconsciente. La vida individual puede quedar

casi totalmente dentro de los límites de la información heredada, lo que resulta casi impuesto para garantizar la supervivencia de organismos de vida relativamente breve, en relación con la duración que pudo tener la vida de sus antepasados u organismos emparentados con sus antepasados. Esto es aplicable a grupos animales cuyos representantes actuales son de vida corta y en general a aquellos que inicialmente disponen de varias opciones discontinuas en sus comportamientos, que se seleccionan con rapidez (*imprinting*) según convenga y luego quedan fijas. La vida individual aparece siempre como un proceso regular, pero acaba de la manera más predecible (por su fatalidad, pero menos en lo que concierne al momento) con la muerte. No hay reversibilidad.

Todos nacemos, crecemos y morimos, pero nunca decrecemos, aunque diversos turbelarios (animales pluricelulares) privados de alimento pueden disminuir de tamaño, pero por lo menos su sistema nervioso manifiesta que esta aparente reversibilidad de organización no es total.

2. La *sucesión ecológica* se refiere a la coexistencia en un espacio común de individuos de diferentes especies, de manera que unas especies son agentes selectivos de otras, y las supervivientes aparecen mutuamente acomodadas, interviniendo todas en un cambio histórico gradual que favorece sucesivamente determinadas y diferentes composiciones específicas. Al compás de los cambios que se van produciendo por los mismos organismos o por la interacción de éstos con el entorno físico, lo que es muy notorio en la formación del suelo, se extinguen algunas de las especies pioneras o preexistentes y se introducen otras que tienen la oportunidad o la capacidad de penetrar aquel espacio geográfico o ecológico, o se diferencian en él por procesos evolutivos locales. Los cambios experimentan una deceleración regular y suelen ir acompañados por la acumulación de materiales inertes o casi inertes, fruto de la actividad de algunos organismos dominantes (estromatolitos, corales, árboles, ciudades), ca-

paces de manejar otras energías fuera de las primarias y estrictamente derivadas de la fotosíntesis. La influencia de la comunidad local de organismos se extiende muy notoriamente a la constitución y diferenciación de un suelo, que presenta asimismo, y por tanto, características históricas.

El concepto de sucesión ecológica ha recibido siempre muchas críticas, pues se le imagina asociado con prejuicios que se supone implican la aceptación de una vaga finalidad —en este caso colectiva, lo cual sería aún peor— en las actividades orgánicas. Pero hay que pensar que el mismo tipo de asimetría que opera en la sucesión se manifiesta en el contraste entre la erosión constante a que está sometida la superfície de los continentes (la peneplanación se ha asociado corrientemente con la sucesión ecológica) y los episodios más discontinuos o aún catastróficos de elevación u orogénesis. En cualquier evaluación crítica de la sucesión, debe hacerse notar que los procesos «destructivos» tienen más acogida en los medios de comunicación que los constructivos, que son más lentos. Un bosque que crece o se reconstruye no es noticia, lo es cuando se quema o se tala.

En el momento actual, la biosfera se mueve, más bien a saltos que de forma gradual, hacia situaciones de regresión, bajo la influencia de culturas que se exceden en el uso de energía exosomática, con lo cual aceleran de manera sesgada la dinámica de los ecosistemas en que estaban inmersos. Dicha aceleración toma la forma de una regresión más o menos catastrófica, que en realidad no es ni ha sido nunca una sucesión invertida, y está conduciendo a la extinción de muchas especies. Esta problemática se puede asociar con el uso de los conceptos de diversidad y biodiversidad, que tienen considerable interés en relación con los temas de conservación y evolución. La *biodiversidad* se refiere a la variedad genética total disponible, activa o bien quiescente (en forma de semillas u otras formas resistentes), mientras que *diversidad* se aplica a los «experimentos evolutivos» constituidos por las poblaciones mixtas reales, que surgen por activación parcial y aceleración temporal de elementos presentes en la reserva de biodiversidad.

Sucesiones paralelas y comparables entre sí se repiten una y otra vez, y difieren unas de otras tanto por su velocidad de cambio como por el momento en el que es más probable que se interrumpan por causas mixtas, no totalmente internas, de modo que se da el hecho importante e interesante de que el final o la reinicialización de las sucesiones no llega en situaciones equivalentes para todas ellas, lo mismo que acontece con la muerte en relación con los individuos.

Se podría argüir que los segmentos que se realizan independientemente no son idénticos y que presentan cambios de tal calidad que cualquier noción común (por ejemplo, la de progreso) solo sería aplicable estadísticamente al paquete de historias, comparables en sus momentos iniciales, pero luego más o menos divergentes o prematuramente truncadas. Por otra parte, en términos descriptivos, la sucesión ecológica es flexible y acomodable y puede acoger muchos cambios parciales en diferentes direcciones, lo cual se ha considerado como otro argumento importante para recomendar que, definitivamente, se deje de hablar de sucesión.

Las etapas avanzadas de las sucesiones no invierten las tendencias iniciales, sino que las continúan. Un bosque crecerá durante 20 a 50 años, organizando un sistema muy efectivo de transporte colectivo en colaboración con los hongos del suelo. Alcanzada tal situación cualquier cambio que se pueda interpretar como un retorno al pasado será más bien discontinuo y constituirá la respuesta a una perturbación que puede ser separadamente imprevisible, aunque se engendre dentro del sistema (un claro que se abre por muerte de algún árbol viejo). En todo caso nunca será comparable con un segmento de sucesión tomado en sentido inverso.

La evolución de los meandros fluviales ofrece un ejemplo sumamente ilustrativo en sus relaciones con la vegetación terrestre. Las etapas invasoras de la sucesión terrestre se van desarrollando según fajas paralelas a las orillas en fase de retroceso. La disposición geométrica que resulta de la mecánica propia de los meandros es tal que en los otros lugares donde el agua avanza, ésta invade simultáneamente segmentos de la vegetación terrestre que se encontraban en distintas etapas sucesionales. Este juego entre el río y la selva contribuye a mantener la diversidad de la naturaleza (Salo et al., 1986) y es, a su vez, agente indudable de evolución.

3. La *evolución de la vida* abarca una tercera y última familia de procesos históricos íntimamente enlazada con las anteriores. Sus relaciones con una posible noción de progreso deben ponderarse según la forma en que se maniobra y «mejora» una información ya recibida y manejable, información que en todos los casos está muy próxima a la misma naturaleza de la vida y al mecanismo de la selección natural. Quizás a este nivel sea más urgente hablar formalmente de información, cuando sea indispensable hacerlo, y sería deseable estar en condiciones de cuantificar la complejidad o información de alguna manera inequívoca, por ejemplo por la longitud de las descripciones correspondientes formuladas en un lenguaje normalizado.

Para periodos de tiempo relativamente largos, las presiones de selección dentro de los ecosistemas pueden favorecer la prolongación de la vida individual, más en unas especies que en otras, y dicha prolongación conduce a aceptar, con todas las reservas pertinentes la posibilidad de adiciones peculiares, y divergentes unas de otras, a las fases terminales de las ontogenias respectivas.

El espacio dentro del cual tiene lugar la evolución introduce, a su vez, otras limitaciones. La extensión de las áreas geográficas disponibles influye a través de la numerosidad total de las respectivas especies, y dentro de las diferencias globales se reconocen tendencias más particularizadas, por ejemplo, las relacionadas con la latitud geográfica, que define la intensidad de las fluctuaciones climáticas. En todo caso, la asimetría en relación con el fluir del tiempo es evidente y todos tenemos muy claro que la llegada del invierno no es comparable con la entrada de la primavera.

Sucesión y evolución

La sucesión ecológica funciona como cuna y marco natural de la evolución de sus componentes (Margalef, 1959, 1991), que llegan a expresar formas de adaptación recíprocas si la coexistencia de sus poblaciones se repite en muchos lugares, sincronizada por su preferente adaptación a determinadas etapas de las respectivas sucesiones. La marcha de la evolución queda, por supuesto, subordinada a los cambios geológicos, principalmente a los de gran escala, como es bien notorio, especialmente en lo que se refiere a las extinciones. Por esto es natural que el mismo tipo de asimetrías respecto al tiempo que hemos estado considerando en relación con los individuos y las especies reaparezcan, a su escala propia y *mutatis mutandi*, en la marcha de la evolución. La única regularidad externamente perceptible a este nivel es que las grandes catástrofes son menos frecuentes que las de menor cuantía, sugiriéndose una relación inversa entre el logaritmo de su frecuencia y el de su intensidad.

El abanico de las posibilidades sucesionales permite: (*1*) La persistencia de especies que han permanecido asociadas con las etapas iniciales, y que se conservan por su posibilidad reiterada de colonizar las áreas que van quedando desnudas o abiertas por múltiples causas. (*2*) La subdivisión y segregación de formas terminales en las infinitas posibilidades de combinación entre las intensidades de los diversos factores del entorno, como se dan en las etapas avanzadas de las sucesiones locales.

Mi impresión personal es que no se requiere mayor explicación que la implícita en lo dicho para dar razón del contraste evidente entre segmentos de las sucesiones que parecen tener un significado diferente cuando funcionan como los respectivos entornos de correspondientes procesos evolutivos, lo que pudo haber dado pie a hablar y escribir de evolución puntuada. Era esperable volver a reconocer en la evolución asimetrías análogas a las que ocurren en la sucesión, siendo muy notorias las de escala superior (grandes extinciones), cuya naturaleza no es en realidad diferente, si no lo fuere en escala. Es notable que las discontinuidades temporales que introducen las grandes catástrofes raramente parecen ser absolutas, en el sentido de que parecen raras aquellas innovaciones realmente significativas (a posteriori y desde nuestro punto de vista, claro está, que somos los que contamos la historia, lo cual puede debilitar o aún aniquilar totalmente la validez del argumento) que no han conseguido ser proyectadas hacia delante en el tiempo, o repetirse, de manera que, en la práctica, se trunca o pierde solamente una pequeña fracción de las posibilidades abiertas al «progreso evolutivo». Aquí uso esta expresión en un sentido abstracto y general, para el que me parece menos impropio retener el vocablo, lo cual se podría considerar excusable por tratarse de un juicio humano a posteriori; en todo caso, es bueno recordar que tenemos condicionamientos a los que no conseguimos escapar del todo, especialmente cuando preferimos ser explícitamente vagos.

Las diferentes especies y estirpes, pasadas y presentes, por lo menos desde Darwin, se han contemplado como si estuvieran unidas por relaciones de descendencia cuya expresión no tiene la forma de un retículo continuo e indefinido, sino que manifiesta una cohesión que conduce a poblaciones que se pueden considerar como «gotas» espacio temporales que se redondean y segregan en forma de otras tantas especies, con las inevitables podas. Pese a estas se puede reconstruir aproximadamente un retículo coherente de relaciones genealógicas y temporales, del que, de todas maneras, nunca quedan testimonios completos o satisfactorios. Poco criticable es retener solamente la relación temporal, pero sería preferible atisbar aquí también cómo se desarrollaron las relaciones espaciales de las que pueden quedar vestigios en algunos aspectos de las relaciones biogeográficas actuales.

Un denominador común del cambio (¿progresivo?)

La clave de la perpetuación y evolución de la vida está en lo fácil que es y lo poco que cuesta, en términos termodinámicos: (*1*) copiar sistemas vivos con una exactitud muy grande, aunque no total, y (*2*) seleccionar dichas copias en el interior de sistemas compuestos o más complejos, del que forman parte también otras especies, o, por lo menos, el otro sexo de la propia especie. La selección que vale para los sistemas copiables elementales, y que todo biólogo está dispuesto a aceptar, el ecólogo y seguramente también el paleontólogo la extienden sin dificultad a bloques más amplios de especies, que resultan implicadas en los procesos de reinicialización de sucesiones o en las grandes extinciones catastróficas.

Conviene insistir en que la vida individual, la sucesión y la evolución reflejan procesos en el tiempo que jamás pueden funcionar en secuencia invertida, aunque la sucesión ecológica acomoda muchos cambios parciales en diferentes direcciones, lo cual se ha considerado como un argumento importante para dejar de hablar definitivamente de sucesión. No creo que deba llegarse a tal extremo, y más bien acepto que las etapas finales de cada sucesión nunca invierten las tendencias iniciales, aunque pueden continuarlas en una forma menos variable o más persistente bajo diversas modalidades, que suelen acabar de manera catastrófica.

La evolución sigue rutas que son asimismo asimétricas con respecto al tiempo, por lo menos porque cada rama filética deriva, por su base, de alguna estirpe que existió realmente, aunque es probable que ya se haya extinguido antes que la estirpe humana —que es la que hace balance e inventó el progreso—. La efectividad de los mecanismos de diferenciación genética podrían saturar el mundo con un número infinito de especies, si no se diera inevitablemente y de manera continua la poda o extinción de muchas de las estirpes. También aquí el resultado del proceso resulta asimétrico en relación al tiempo, tal como viene expresado en los árboles genealógicos, donde formas de espectro ecológico relativamente amplio o propias de etapas iniciales de las sucesiones ecológicas, aparecen menos diversificadas (o poco divergentes entre ellas), cuando se comparan con las ramas más frondosas de los supuestos árboles genealógicos, propuestos sobre la base de las afinidades mutuas.

La dinámica sucesional genera presiones de selección comunes a todas las estirpes hacinadas en la comunidad, presiones que varían según la etapa de la sucesión. Si se anticipan las ofertas del mañana —propicias a un menor flujo relativo de energía y a una mayor complicación de las relaciones entre especies— la vida tiene más oportunidades de perpetuarse si apuesta por el futuro. En este punto, tiene sentido hablar de tendencias en la evolución, y, hablando en términos muy generales, se podría anticipar que un mayor éxito puede ir asociado a un tamaño individual más grande, a una vida más larga y a un comportamiento reproductivo menos despilfarrador. El resultado de la selección paralela de semejantes tendencias en muchas estirpes que viven juntas puede generalizarse dentro del ecosistema y tipificar una de las consecuencias de la sucesión, en forma de paralelismos observables en la evolución. Sería un *vis a tergo* operando sobre la evolución. La razón de su éxito, o los múltiples indicios de su actuación paralela, hay que buscarla en que opera en todas partes y de manera lenta y gradual, mientras que una deriva inversa del escenario estaría asociada a procesos regresivos discontinuos o catastróficos, así calificados porque, como mínimo, son relativamente menos frecuentes. Así pues, la sucesión puede ser cuna apropiada para la aparición de nuevas especies, de manera que debe existir una ligazón inevitable entre sucesión y evolución, tal como he señalado en otros lugares (Margalef, 1959, 1991). Es de prever que semejante paralelismo en las presiones de selección opere más manifiestamente hacia las etapas finales, las únicas que exploran escenarios inéditos y que permiten añadir alguna novedad real, que siempre abrirá el camino a nuevas divergencias posibles, asociadas con adaptaciones de tipo más local.

Recapitulando, encuentro razones para reconocer algunas características comunes en los tres procesos: (*1*) el crecimiento y desarrollo en la vida individual, (*2*) la sucesión ecológica y (*3*) la evolución. Todos ellos representan secuencias irreversibles, en las que los segmentos positivos (crecimiento, sucesión y evolución, respectivamente) son analizables y diferenciables, pero ni la muerte, que es la catástrofe mínima, ni las de mayor entidad como la reinicialización de la sucesión o las grandes catástrofes que vienen a ser como hitos en la evolución de la vida, son «diferenciables». Se trata de procesos aleatorios que, en el mejor de los caso, y para reinicializaciones de sucesiones y grandes catástrofes, parece que se aproximan a una regularidad del tipo del ruido $1/f$, o sea que el logaritmo de la intensidad de la catástrofe —medida por la energía implicada en ella— es inversamente proporcional al logaritmo de su frecuencia, medida sobre espacios y tiempos suficientemente amplios. Terremotos, erupciones volcánicas y explosiones de rayos x en el cosmos siguen, al parecer, esta misma «regularidad».

La base informática de la irreversibilidad

Llevemos la consideración de las relaciones anteriores hacia dimensiones cada vez menores. Este proceder nos aproxima a lo que puede ser lo más característico de la vida, el significado de la información y todo aquello que se refiere a las relaciones entre los organismos y su entorno, cuyo interés queda más claro en la presentación de Wagensberg, que

182

seguramente complementa de manera más formal y precisa mis puntos de vista.

El punto de partida consiste en contemplar los sistemas vivos como sistemas disipativos y autopoyéticos, es decir, capaces de organizarse a sí mismos. Son sistemas físicos abiertos, en los que la comparación entre entradas y salidas de materiales y energías demuestra un aumento de entropía en un sistema más vasto, constituido por el organismo y su entorno. Tal actividad se asocia con la realización de trabajo físico dentro del sistema vivo. Los organismos se comportan como sistemas disipativos irreversibles, en los que entran materiales portadores de energía. Unas partes del organismo incorporan materiales y aumentan su nivel de estructuración, y otra parte de los materiales que ingresaron retornan al exterior en condiciones de mayor entropía, contribuyendo a su aumento general en nuestro universo particular. A este comportamiento se aplica la expresión de Schrödinger, tan repetida, según la cual los organismos se alimentan de entropía negativa. A ello corresponde un aumento de organización expresable en términos de información.

Una dificultad y, a la vez, una puerta abierta a muchas posibilidades, se halla en que cualquier medida razonable de la información se debe relacionar con el tamaño del soporte unificado de la misma información. Tal exigencia se va haciendo obvia a toda persona mínimamente familiarizada con los tamaños y las prestaciones de los ordenadores. En el manejo de información, un ordenador de doble tamaño es más poderoso que dos ordenadores de tamaño simple. Si consideramos «unidades de información» asociables a cantidades uniformes de entropía «pagadas» por su adquisición, estas entropías se sumarán, pero la aproximación más elemental al aspecto informático es que las informaciones se potencian mutuamente, de manera que la información total de un conjunto de elementos puede ser mayor que la suma de las informaciones que podrían estar asociadas con cada uno de dichos elementos tomados por separado. Recordemos, simplemente, que dos «bits» definen una entre cuatro alternativas, tres bits definen una entre nueve, etc.

En los sistemas disipativos y autopoyéticos (= autoorganizativos), las entropías que crecen en el entorno, como resultado del funcionamiento de la parte disipativa, simplemente se suman; pero la información persistente a la que alimenta dicho consumo de «entropía negativa» tiende a potenciarse a sí misma, entrando en una especie de carrera competitiva por aumentar a expensas de la entropía, tendiendo así un puente muy efectivo sobre el tiempo. La relación entre el incremento de la información usable y el incremento de la entropía, para todo el sistema, es un buen evaluador de la eficiencia de dicho sistema, seguramente mucho mejor que el número de descendientes que puede dejar, si se trata de un organismo. Esto se debería a que, mientras que las entropías se van sumando, la información total es proporcional a una potencia superior a uno de la capacidad de cada uno de sus depósitos funcionalmente unificados.

Esto da razón, en los sistemas que manejan información, de la ventaja que una entidad unificada grande puede tener sobre un conjunto de entidades menores y separadas, en que aquélla se puede imaginar subdividida. Se puede suponer que la evolución por selección natural en sistemas vivos ha de primar la «estrategia» de construir entidades unificadas relativamente grandes, más efectivas a la hora de almacenar y manejar información, un rasgo que podría ser consustancial con la vida. Aunque, por supuesto, cualquier accidente que le ocurra a un depósito grande portador de información lo dañará de manera probablemente irreparable. Aquí aparece la necesidad de mecanismos de copia baratos que tienen la ventaja suplementaria de «equivocarse» de vez en cuando.

Llegados a este punto se puede suponer que la cuestión decisiva se halla en que un sistema que ha acumulado organización (= información), no se puede simplificar de manera ordenada ni puede desandar el camino seguido durante su proceso de enriquecimiento. La forma como actúa y se almacena la información es de tal naturaleza que no se puede simplificar paso a paso y permanecer funcional, como no es posible, en general, la recuperación funcional de un fermento desnaturalizado.

Se comprende el frecuente aumento de tamaño a lo largo de series filéticas. Aumento de tamaño que puede tener otras consecuencias, por ejemplo, imponer primero la homeotermia, lo cual puede convertirse pronto en una característica positiva (por permitir el ajuste común de muchos enzimas a una temperatura constante que pasa a ser óptima) y favorecida en la evolución, o bien tener signo negativo, si aumentara el tamaño de los organismos hasta dimensiones que implican dificultades mecánicas o que son imposibles de sustentar con los recursos disponibles.

Aun con estas y otras limitaciones, un sistema disipativo-autopoyético tiene gran capacidad de creación, y es natural que se pueda considerar como esencialmente «progresivo», lo cual no excluye su fragilidad frente a lo imprevisto. El grado de independencia puede ser proporcional a la información efectiva que se posee sobre el entorno, pero si es tanta que todo —la repetición de lo pasado— resulta previsible, se habrá cerrado la capacidad de explorar, lo cual puede resultar catastrófico cuando aparece un reto totalmente nuevo. Me gusta dar el nombre de *principio de Patten* (1961) a esta especulación sobre la fragilidad de la adecuación perfecta.

Consideraciones finales

Si no para otra cosa, la noción de progreso ayuda a descomponer un proceso en segmentos que se pueden caracterizar, respectivamente, con signo positivo o con signo negativo. En lo que concierne a organismos vivos y a sistemas formados por organismos vivos, el contraste se establece entre: (*1*) segmentos con acumulación gradual, continuada y organizada, de información, y (2) segmentos con pérdida rápida por deterioro contagioso de la información. Intuyo que se podría ser más riguroso, cuando las relaciones se establecen a través de la mecánica de la información, cuantificada de manera apropiada, aunque siempre insuficiente, en función de su soporte material o del coste incurrido (en términos de aumento de entropía) en la edificación histórica de dicho soporte. Es una manera atractiva de verlo, porque no anticipa nada respecto al futuro —contrariamente a lo que se suele aceptar en la relación con la voz progreso— sino sólo a posibilidades de futuro, que dependen también del entorno dentro del cual deberán desplegarse las capacidades del sistema portador de información.

Una aproximación variacional, como la de Volterra (1937), que en realidad es la única existente dentro de este contexto, permitiría racionalizar la forma en que procede el desarrollo de un organismo o la sucesión ecológica, con un ritmo inicial aparentemente más rápido. Es posible que este mismo principio pudiera iluminar también alguno de los aspectos de la marcha de la evolución, no particular a ella, sino consecuencia de principios fatalmente válidos en el desarrollo de sistemas autopoyéticos relacionados entre sí.

REFERENCIAS

Margalef, R., «Mode of evolution of species in relation to their places in ecological succession», *XV Intern. Congress Zool.*, Londres, 1959, sec. X, pag. 17.
Margalef, R., *Teoría de los sistemas ecológicos*, Publ. Univ. Barcelona, 1991.
Patten, B. C., «Competitive exclusion» *Science*, 134 (1961), págs. 1599-1601.
Salo, J., et al., «River dynamics and the diversity of Amazon lowland forest», *Nature*, 322 (1986), pags. 254-258.
Volterra, V., «Principes de biologie mathématique», *Acta Biotheoretica*, 3 (1937), págs. 1-36.

Coloquio

Jorge Wagensberg: Lo que más me ha sorprendido es la idea de una distribución de catástrofes según su frecuencia e intensidad. Esto hace que la probabilidad de una catástrofe de una intensidad acotada sea perfectamente medible. Lo que me gustaría saber es si la distribución es canónica.

Ramón Margalef: He visto trabajos recientes sobre terremotos y volcanes, explosiones de rayos gamma, etc., pero en ningún caso queda explicitada la frecuencia de cada catástrofe sobre un largo intervalo de tiempo. Si se pudiera hacer esto obtendríamos una distribución perfecta, pero esto es para filósofos y matemáticos, no para naturalistas.

Jorge Wagensberg: Yo apostaría a que es una distribución canónica, y que además hay una regla económica con la energía puesta en juego como ligadura.

Ramón Margalef: Quizá sí, pero no se puede decir nada en este sentido.

Jordi Agustí: Si he entendido bien, el progreso es en cualquier caso un proceso gradual, lento, regular, mientras que las catástrofes, obviamente, son todo lo contrario. Pero entonces, examinando más de cerca este proceso direccional de construcción progresiva, pudiera ser que en realidad esté compuesto a su vez de pequeñas catástrofes. Por ejemplo, la selección natural no deja de ser una catástrofe para los no favorecidos. Y el proceso de reorganización del ecosistema, la sucesión, supone que unas especies son reemplazadas por otras. El progreso, por lo tanto, es también una sucesión de pequeñas catástrofes, pero en este caso lo que para unos es una catástrofe para otros es el éxito, nunca hay una catástrofe global. La pregunta sería si las grandes catástrofes son cualitativamente diferentes de las pequeñas, si tras ellas hay fuerzas diferentes de las que actúan durante la reorganización del sistema, o bien se explican simplemente por la actuación de estas mismas fuerzas a mayor escala. En términos de selección natural, ¿son las grandes catástrofes episodios donde las presiones selectivas se hacen especialmente intensas o bien entran en juego fuerzas cualitativamente diferentes?

Ramón Margalef: Yo personalmente no haría distinciones a rajatabla entre una cosa y la otra. Pensemos en la sucesión ecológica. Se quema un bosque. Después se reorganiza un nuevo sistema a partir de las especies que han sobrevivido (en forma de semillas, por ejemplo) y las colonizadoras, un sistema que no es exactamente igual al anterior, pero que parte de materiales preexistentes. Es decir, con el paso de los milenios el mundo viviente ha ido madurando y ahora dispone de una cantidad enorme de recursos. Es una especie de desván con cantidad de juguetes de los que se puede hechar mano si hace falta, y que viven como pueden en ciertas condiciones. Esta manera de ver las cosas no es, creo yo, incompatible con la visión dual de un sistema que proporciona energía para un funcionamiento, y que se resume en un balance de entropía. Lo que sí vemos es que estos cambios se pueden expresar como adquisición de una información, y esta información equivale a una potencia de su extensión, lo cual hace que los bloques grandes quizá valgan más que los pequeños. En realidad este valer más es una simple consecuencia de que han invertido más tiempo en la adquisición de estas características. La integración de un chimpancé, por ejemplo, no se podía realizar al día siguiente de la aparición de la vida, hubo que esperar mucho tiempo. Pero a partir de ahí la evolución lo ha tenido más fácil, pues disponía ya de un programa muy complejo del que tocando apenas cuatro teclas ha salido el hombre diciendo: «¡Aquí estoy!». Esto es una exageración, por supuesto, pero no creo que sea necesario establecer discontinuidades marcadas. Lo único, diría yo, es la asimetría del tiempo. Esto es fundamental. Si los filósofos que se ocupan de la biología hablaran un lenguaje más entendedor para el científico medio (me refiero a Whitehead y otros por el estilo) posiblemente se habrían captado mejor algunas de las cosas sensatas que han dicho acerca de la vida como proceso. En el fondo lo que hacen es asociar la vida con el tiempo, con esta capacidad de los seres vivos de acumular información siempre que dispongan de una maquinita que funcione al menos a ratos.

Jorge Wagensberg: No quería dejar pasar la ocasión, ahora que ha salido a relucir este concepto tan interesante de catástrofe, de relacionarlo con la idea que he propuesto antes. Con nuestro formalismo queda muy bien definido (y respondo a la pregunta de Agustí), porque una catástrofe siempre es relativa a un sistema respecto de su entorno y todo lo que contiene. Si el sistema (bien porque carece de la necesaria capacidad de anticipación, bien porque no dispone de información suficiente para conducir su futuro, o bien porque el entorno cambia demasiado bruscamente) no puede mantener la igualdad fundamental y desborda un cierto límite, entonces fenece. Esto se puede ver en la propia evolución del progreso humano. Nos hemos independizado de casi todo: no se nos comen los animales por la calle, el aire acondicionado nos protege de las temperaturas extremas, etc. Pero todavía hay terremotos y volcanes, y a esas cosas las llamamos catástrofes. Un huracán ha dejado de serlo, porque ya tenemos la capacidad de anticipación suficiente para avisar a todo el mundo, clavar las ventanas, meternos debajo de la cama y esperar a que pase. Así pues, creo que la idea de catástrofe queda perfectamente definida en este marco.

Jordi Bascompte: Hay un trabajo muy interesante de Jablonski en el que llega a la conclusión de que los episodios de extinción en masa son algo diferentes, tanto cuantitativa como cualitativamente, de los periodos de extinción normal. Es decir, que las reglas que en los periodos de extinción normal orientan la evolución en una cierta dirección a través de la selección de determinadas propiedades se perderían en los episodios de extinción masiva. Eso no quiere decir que no haya reglas, pero éstas pueden apuntar en otra dirección, lo cual es tremendamente interesante porque, a una escala muy amplia, la evolución se canaliza hacia direcciones insospechadas. Es como un motor que genera una riqueza tremenda de posibilidades.

Jordi Agustí: Efectivamente, pero entonces el problema es por qué siguen existiendo direcciones privilegiadas a pesar de las catástrofes. Si de verdad las reglas cambian....

Jorge Wagensberg: Antes de seguir aclaradme qué reglas son esas.

Jordi Bascompte: Lo que dice Jablonski es que durante los periodos de extinción normal las especies que tienen un rango de distribución más amplio, o las que tienen fases larvarias ampliamente distribuidas, son las que tienden a seleccionarse, de manera que su frecuencia va aumentando. Son estas reglas las que cambiarían durante los periodos de extinción en masa.

Jorge Wagensberg: Pero la selección natural nunca puede ser un motor, en todo caso es un filtro de situaciones que han trascendido. Remitiéndome obsesivamente al es-

190

quema que he propuesto, yo creo que las catástrofes sí se pueden considerar en muchos casos un estímulo, un forzamiento. Ante la crisis, el sistema se descompone, tienen que inventarse nuevos pactos entre las unidades residuales, y casi siempre, cuando el humo se disipa, lo que aparece es una nueva idea. Las catástrofes sí son un generador de nuevas ideas y de evolución.

Ramón Margalef: Lo que esto me sugiere es que si la idea de progreso ha tenido tanto éxito es porque las catástrofes nunca han sido absolutas. Incluso las civilizaciones desaparecidas siempre han dejado textos y algo de ellas ha persistido a través del tiempo. En los sistemas orgánicos esto es más acusado, y no digamos en los sistemas geológicos. No se puede inventar una cosa totalmente nueva. Una catástrofe es catastrófica en el sentido de que es imprevisible dentro del sistema. Cuando se hace previsible todo marcha perfectamente, y esto se ve bien en la adaptación de los organismos a los ritmos diario y anual. A mí me parece que hoy día se están desaprovechando enormemente las posibilidades de la informática en lo referente a la educación de los jóvenes, porque se les enseña a manejar problemas, pero no se entra en el análisis externo de los sistemas informáticos como si fueran organismos, y se desaprovechan las enseñanzas que pueden ofrecer en ese sentido. Cuando los sistemas informáticos —que son sistemas muy conectados— se estropean, lo mejor es tirarlos y hacerse con una copia. La vida ha hecho esto mismo. Hay muchas analogías de éstas, y todas se basan en la consideración de sistemas disipativos (evidentemente, porque nada funciona sin transformación de energía en trabajo y producción de entropía), pero también capaces de acumular información, de complicarse. Yo creo que si el cosmos se sostiene y la vida ha tenido tanto éxito es simplemente porque la información juega con ventaja frente a la entropía, en parte porque la información organiza un espacio material que contribuye a su propia acumulación. Pero el precio que hay que pagar es que esta organización no es desmontable. Es decir, de alguna manera hay que volver a empezar, y aquí entran en escena el progreso y la catástrofe, la vida y la muerte. Nacemos y crecemos, pero no «descrecemos». En vez de eso nos morimos.

El concepto de progreso y la búsqueda de teorías generales en la evolución
Pere Alberch

Pere Alberch *(Badalona, 1954) es licenciado en biología y estudios medioambientales por la Universidad de Kansas. Doctor en zoología por la de California (Berkeley), ha sido profesor en las universidades de Harvard, Berkeley y Cambridge. En 1989 fue nombrado director del Museo de Ciencias Naturales de Madrid y profesor en investigación del CSIC. Sus investigaciones se han ocupado de las relaciones de tamaño y forma en los procesos de evolución y desarrollo embrionario.*

La ciencia es ante todo un modo de «ver» el mundo. Es decir, una forma de interpretar el comportamiento y dinámica de los procesos naturales a través del conocimiento de sus mecanismos. A diferencia de otras explicaciones del mundo natural, la ciencia utiliza una metodología específica, basada en la observación contrastable y la verificación experimental (Jacob, 1977). Pero es imposible que este ejercicio de «ver» no esté mediatizado por las preconcepciones del científico (observador), quien ineludiblemente se enfrenta a lo desconocido en términos de unas expectativas derivadas tanto de una experiencia personal como de una visión colectiva, al ser producto intelectual de un entorno socio cultural. Aunque en un siglo donde la filosofía de la ciencia tiene a Whitehead o a Popper entre sus máximos exponentes sea ya casi innecesario justificar la subjetividad inherente de la ciencia, esta faceta adquiere una especial relevancia cuando el objeto de estudio es un ente con un alto grado de abstracción pero, al mismo tiempo, cercano al individuo y a sus prejuicios ideológicos. El ejemplo por excelencia de este fenómeno es el estudio del cerebro y sus funciones, especialmente la inteligencia. Otro ejemplo lo encontramos cuando el científico se adentra en el estudio de facetas como la sexualidad, o las diferencias raciales, que tocan prejuicios tan establecidos que a menudo ni el mismo sujeto es consciente de estar influido por ellos. La idea de «progreso» forma parte de una visión de la vida cuya larga tradición en la historia de las ideas que definen la cultura occidental denota sus profundas raíces en la mente humana (Lovejoy, 1936). Por ello, el análisis del concepto de progreso en la evolución está dificultado por posturas antropocéntricas y connotaciones ideológicas alejadas de la objetividad que se le supone a la ciencia (Nitecki, 1988). Por razones que trascienden este artículo, la naturaleza humana parece mostrarse impelida a buscar explicaciones causales a los procesos vitales. «Las cosas ocurren por una razón» o «se lo habrá buscado» son frases hechas que denotan esta necesidad de creer en un mundo de claras relaciones causa-efecto. Por ello es difícil aceptar una evolución sin propósito explícito. Pero la noción de «progreso», íntimamente asociada a la filosofía religiosa, ofrece no solamente un mundo gobernado por leyes universales a las que atenerse, sino que la naturaleza de estas leyes es provocar un proceso caracterizado por el avance y la mejora en la calidad de la existencia. Esta irracional esperanza de vivir en un mundo gobernado por leyes universales y, supuestamente, garantes de un futuro mejor, pretende encontrar su justificación en la interpretación «progresista» de las transformaciones registradas en los estratos fósiles y en los patrones de diversidad biológica que constituyen la base de datos de la evolución biológica. Al menos ésta es la postura de los críticos más radicales de la noción de «progreso evolutivo», como el filósofo Hull, uno de los ponentes en este volumen.

Sin embargo, la ideología predominante en una sociedad cambia en función del tiempo, y con ella la popularidad de ciertos conceptos. El «progreso» es uno de estos casos. La noción de una evolución progresiva encajaba en la ideología de la Inglaterra de la revolución industrial y de la época dorada de su supremacía colonial, que coincide con los años en los que Darwin construía, con sus escritos, los cimientos de la teoría moderna de la evolución biológica. También coincide la construcción de la síntesis neodarwinista —que define el marco conceptual de la actual teoría evolutiva— con unos años (finales de los cuarenta) en los que la ciencia, a través del Proyecto Manhattan, había desequilibrado la balanza de la contienda mundial, lo que inspiraba un enorme respeto por parte de la sociedad hacia la ciencia y su poder para cambiar el futuro. Una atmósfera de optimismo que continuaría por algunas décadas. Así, cuando, a finales de los cincuenta, la sociedad veía con esperanza los preparativos para conquistar el espacio, el futuro ofrecía un potencial aparentemente ilimitado para el progreso. Un progreso que se conseguía a través de la superioridad en la competencia tecnológica. Una experiencia en cierta forma engañosa: el desarrollo tecnológico que resulta de la competencia económica es probablemente el mejor ejemplo de evolución por medio del mecanismo de la selección que se conoce (Basalla, 1988). De igual forma, la ciencia es probablemente una excepción, al ser una actividad dominada por el progreso. Cada descubrimiento, o nueva teoría —por ejemplo, el descubrimiento de la estructura de la molécula de ADN o la teoría de la relatividad— significan un avance en el conocimiento científico y sus aplicaciones (véase Ruse, 1988, para una elaboración de este argumento y sus efectos sobre el científico a la hora de analizar el concepto de progreso).

Sin embargo, la idea de «progreso» tiene connotaciones distintas en la actualidad, una época en la que se tiende a enfatizar el deterioro del medio ambiente y los valores sociales, a la vez que gana terreno una filosofía relativista sobre la ciencia y su potencial. Pero, principalmente, el progreso tiene poco atractivo en un entorno pesimista sobre la naturaleza humana y su capacidad de controlar el destino de la especie. Quizá se deba a un espíritu «fin de siglo», pero la cultura posmodernista ha desterrado de su ideología el componente determinista que inspiró al modernismo, así como también su fe en la bondad innata del desarrollo tecnológico e industrial.[1]

1. El único reducto que conozco de ilimitado optimismo hacia la tecnología se encuentra en las publicaciones de divulgación sobre informática. Allí encontrará el lector una visión dorada de un mañana en el cual los productos siempre serán más eficaces, más baratos y con unas prestaciones difíciles de imaginar en un pasado que se mide por meses.

Como espejo del nuevo entorno ideológico, el positivismo que alentaba las teorías evolutivas de hace sólo unas décadas abandona su protagonismo y cede su lugar a una filosofía centrada en la subjetividad y la contingencia. Por ello, defender la existencia de un «progreso» en la evolución biológica es poco popular en el contexto de las tesis predominantes en la biología evolutiva contemporánea. Por ejemplo, Gould (1996) introduce un reexamen de uno de los más extraordinarios procesos evolutivos, la explosión de formas biológicas que aparecen en el registro fósil del Cámbrico. En su narración prima la contingencia histórica y el azar como principales agentes causales involucrados en el fenómeno. En este contexto la evolución deja de ser un proceso donde sobrevive el mejor, o el más adaptado, para ceder el protagonismo a un proceso donde el éxito evolutivo se basa fundamentalmente en la suerte, y por lo tanto es imprevisible e inaccesible al estudio científico basado en la propuesta de hipótesis verificables a través de la posibilidad de reiterar el proceso. La evolución se ha convertido en una lotería donde la especie humana ha tenido la suerte del superviviente, en lugar de la tradicional presentación de la evolución humana como el último capítulo de la evolución biológica, que con ello prueba la excelencia del proceso de evolución por selección natural. Esta visión del mundo afecta a otros ámbitos científicos, como lo evidencia la actual popularidad de las teorías del caos determinista en disciplinas como la ecología (véase Flos, 1995, para un repaso reciente del tema).

1. Progreso: definición

Para definir el concepto de «progreso» suele asociársele a un componente de temporalidad, y explicarlo generalmente en relación a una secuencia de eventos. Esta definición puede ilustrarse con un ejemplo, que al mismo tiempo demuestra la larga tradición de la idea, así como sus profundas raíces en la interpretación del mundo natural dentro de la cultura judeocristiana: la narración bíblica recogida en el libro del Génesis, donde se describe la creación del mundo. Es paradójico en este relato el hecho de que, aunque Dios todopoderoso podía haber creado el mundo en un acto instantáneo, haciendo aparecer simultáneamente todas las formas orgánicas (incluyendo al hombre) sobre la faz de la Tierra, no escogiese esta alternativa. Aun a costa de representar a Dios como «limitado» en su capacidad creativa cotidiana, el Génesis nos presenta la creación del mundo como producto de un proceso temporal. El mundo natural se estructura paulatinamente, de forma «progresiva». Partiendo del «caos» y la oscuridad inicial, cada día el Creador incrementa el nivel de complejidad del mundo. Primero aparecerá la luz, luego moldeará las montañas, los mares y los ríos. Sobre este paisaje inorgánico, el Creador dedicará unos días a poblarlo de plantas, de peces, anfibios, y así, de forma sucesiva, el mundo se transforma en un medio ambiente cada vez más complejo. Durante este periodo de tiempo, Dios, cual artista que realiza bocetos preparatorios, va incrementando la complejidad de sus criaturas hasta llegar a su obra suprema: el Hombre.

La idea de «superioridad» —que junto a la noción de «proceso temporal» componen las dos propiedades que definen el progreso— en el proceso de creación divina que caracteriza al Hombre es su semblanza con el Ser Supremo (la Biblia dice que fue creado «a imagen y semejanza del Creador»). En este contexto recomiendo el libro de Rudwick (1992), donde repasa las ilustraciones gráficas de esta narrativa bíblica, que se transforma, con los inicios de la paleontología a partir del siglo XVIII, en reconstrucciones del mundo «antediluviano». Este exhaustivo estudio de la iconografía de la «Creación» constata la importancia de la «secuencia de eventos» en la composición del mundo.

En resumen, la definición más genérica de «progreso» reúne los requisitos siguientes: (*1*) la presencia de una *se-*

cuencia de eventos que se desarrollan en un orden determinado e invariable: (2) la existencia de *una métrica universal* que permita comparar los eventos entre sí, según un parámetro de «calidad», «nivel de perfección» o similar. Para que exista «progreso», *cada evento en la secuencia deberá ser superior a su antecedente, e inferior a su sucesor.* Por esta razón, Dios no podía crear el mundo «de un plumazo» ya que sin la existencia de una secuencia en el proceso creativo no podríamos hablar de progreso.

No todos los autores requieren que progreso implique uniformidad en el incremento de la variable que denota el nivel de calidad en cuestión, simplemente un incremento en el promedio sería suficiente para calificar a un proceso como progresivo (Ayala, 1988). Sin embargo, lo que en principio parecía un concepto muy sencillo de definir y sobre cuya naturaleza todos teníamos una idea clara, pronto se transforma en un verdadero laberinto semántico que impide un análisis adecuado. Un repaso a los artículos publicado en Nitecki (1988) demuestra la más completa disparidad de opiniones con respecto a un concepto que hace pocos años se consideraba tan poco polémico como para utilizarlo de adjetivo en el título de un libro sobre evolución —*The Basis of Progressive Evolution* (Stebbins, 1969)— y que continúa apareciendo en los títulos de artículos de investigación.

Si se realizase un sondeo de opinión entre los evolucionistas actuales sobre la definición de progreso y su realidad, nos encontraríamos con respuestas tan dispares que abarcarían ambos extremos del abanico realidad-mito. En un polo, encontraríamos autores que, aceptando la dificultad intrínseca en la definición del concepto, argumentan que las dificultades semánticas o los problemas metodológicos en la cuantificación de progreso no deberían conducirnos a negar una realidad evidente en la naturaleza y su evolución (Ayala, 1988; Maynard-Smith y Szathmáry, 1995). La historia de la vida, desde la primera célula a la enorme diversidad de organismos generada a través del tiempo, o la evolución del cerebro humano, son algunos de los aspectos más comúnmente citados como evidencia de un «progreso» evolutivo. Ayala defiende explícitamente la existencia de progreso en la evolución biológica, aunque con algunas matizaciones. Así, este autor propone como ejemplos de progreso la tendencia positiva en parámetros como el incremento en número de especies y diversidad taxonómica, en el volumen de flujos de energía y en la capacidad de procesar información, entre otras variables. Otras secuencias de etapas, que reflejarían la presencia de progreso según sus proponentes, se pueden encontrar en Maynard-Smith y Szathmáry (1995) o en Stebbins (1969), por citar dos ejemplos recientes de obras cuyos autores son reconocidas autoridades en la biología evolutiva. Sin embargo, sus detractores (véase los capítulos de Hull y de Ruse, que representan los oponentes más radicales a la idea de progreso) niegan la realidad del concepto de forma taxativa, al caracterizar la idea como una fantasía producto de profundos prejuicios de la naturaleza humana, como los ya citados en la introducción de este ensayo. Con grandes dosis de razón, sus argumentos se basan en las características antropocéntricas de las «escalas de valores» a menudo utilizadas para definir el progreso. Por ejemplo, «la conquista de la tierra por los organismos acuáticos durante el Devónico» se considera tradicionalmente un evento clave en el progreso de la evolución, pero... ¿por qué debe considerarse así? La vida en el océano es inmensamente rica y está preñada de potencial evolutivo. ¿Por qué etiquetar como progreso la transición a la vida terrestre? Pero la colonización de la tierra es un evento en el camino de la evolución del hombre, lo que ya es suficiente para calificarlo de transición progresiva. Sin embargo, aunque la conquista de la tierra fuese un hito en el progreso evolutivo, no tiende a representarse el proceso de forma objetiva. El clásico árbol de la vida publicado por Haeckel es un típico ejemplo del antropocentrismo que ha desprestigiado el concepto de progreso: el grueso tronco conduce a la copa del árbol donde se encuen-

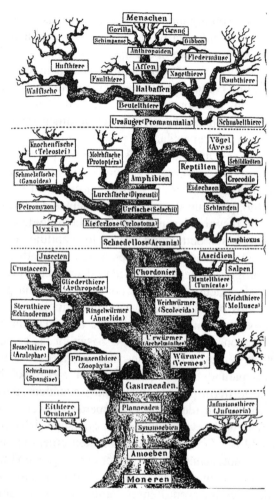

Figura 1. La metáfora de la evolución como un árbol, de Monera al Hombre, en el célebre grabado de Haeckel (1874).

tran los mamíferos y el hombre, dejando relegados los millones de insectos— mucho más exitosos en la conquista de la tierra que los vertebrados— a una diminuta rama lateral (figura 1).

202

También se ha comentado el hecho de que definir progreso como un cambio hacia niveles mejores, automáticamente implica que antes eran «peores». Dicha desigualdad adaptativa no es evidente en la evolución (véase más adelante). Todas las especies están adaptadas a su entorno, de lo contrario se habrían extinguido, por lo que comparten un mismo nivel de «adaptancia» y no pueden clasificarse en superiores o inferiores. Se ha demostrado de forma convincente que el reemplazo de dinosaurios y reptiles por mamíferos, una de las transiciones clásicas en la hipótesis progresista, no se debió a su éxito competitivo. En efecto, no parece existir ningún caso en la teoría macroevolutiva en el que la extinción de unas especies y su reemplazo por evolución gradual de un linaje se deba a superioridad adaptativa (Gould, 1989, citado en su edición castellana de 1996). Tampoco podemos utilizar definiciones de progreso basadas en parámetros, como capacidad de adaptación a distintos entornos, longevidad evolutiva o niveles de diversificación específica, ya que entonces los virus y las cucarachas aparecerían entre los organismos más funcionalmente adaptados para sobrevivir en entornos límite y los insectos serían los campeones en cuanto a número de especies. A menudo, progreso generalmente se equipara con nivel de complejidad en cuanto a diseño morfológico y organización estructural (McShea, 1996). En este contexto, un mamífero es superior a una bacteria, ya que es más complejo en su organización estructural. Ello no conlleva, sin embargo, una superioridad evolutiva, en cuanto a grado de adaptación o inferior probabilidad de extinción.

El persistente interés en la noción de progreso, y la razón de ser de este libro, se debe a la observación de tendencias evolutivas en el registro fósil (fig. 2, Lee, 1996). La documentación empírica acerca de tendencias específicas en trasformaciones evolutivas —generalmente de carácter morfológico— se caracteriza como cambio progresivo (Agustí defiende en este volumen esta aproximación al tema). La definición de di-

Figura 2. La evolución del caparazón en las tortugas (basado en Lee, 1996).

reccionalidad y la existencia de tendencias es importante en la revisión de la actual teoría evolutiva, ya que implica la presencia de un orden en el proceso de transformación y diversificación filogenéticas, a nivel macroevolutivo, que trasciende los efectos de la selección natural. Por ello, se ha propuesto una redefinición del concepto de cambio progresivo en evolución (Gould, 1988). Esto puede tener efectos perniciosos, ya que estrictamente hablando no existe nada objetivamente progresivo, por poner un ejemplo, en la adquisición de un caparazón (figura 2).

2. El fenómeno del orden y las tendencias macroevolutivas

«Progreso», con independencia de los detalles semánticos, es un concepto que en el contexto evolutivo conlleva, las siguientes implicaciones: (*1*) existen propiedades «universales» o «generales» que caracterizan el proceso evolutivo; (*2*) el proceso evolutivo es de naturaleza «determinista», lo que se evidencia en forma de patrones ordenados de variación, así como en la recurrencia de tendencias ordenadas de transformación evolutiva en distintos linajes. Como escribe Hull en este mismo libro, cualquier propuesta sobre la existencia de una tendencia en el proceso evolutivo es sensible a la escala en la que se observa dicho proceso. Por ello es necesario repasar las bases que subyacen a la aseveración de que existe un orden natural en la distribución de la variabilidad orgánica.

A pesar del actual énfasis en el azar por parte de la teoría macroevolutiva contemporánea, existe una tradición de varios siglos en los que las ciencias naturales se han concentrado en la exploración de supuestas leyes fundamentales que controlan el denominado «orden natural» (Lovejoy, 1936). La revolución linneana, uno de los mayores éxitos de la ciencia, demostró empíricamente que la enorme diversidad de formas orgánicas puede ser clasificada según un esquema universal cuya organización es jerárquica. La posibilidad de clasificar la variabilidad de la naturaleza implica que existen discontinuidades en la distribución de la variación morfológica. Para poder identificar a una especie como, por ejemplo, *Homo sapiens*, es preciso que no existan formas inmediatas entre esta especie y otras de apariencia cercana.

2a. Orden. Niveles de variación morfológica

En el ejemplo anterior se equiparaba el concepto de especie con el de clase morfológica. Esta ecuación tiende a ser cierta en paleontología, pero no es universalmente correcta. En la actualidad existen especies de idéntica morfología pero aisladas reproductivamente y diferentes a nivel molecular, mientras que en el otro extremo encontramos especies politípicas y sexualmente dimórficas. Es decir, dentro de la misma especie encontramos formas diferenciadas y estables. Por ejemplo, la posibilidad de diferenciar entre una mujer y un hombre solamente es factible por la ausencia de formas intermedias. Tanto en el caso de la especie (*Homo sapiens*) como de la identificación sexual (tipo morfológico), nos encontramos ante una estructura organizada y estable, producto de un proceso generativo. El proceso de desarrollo en un momento preciso se bifurca en la diferenciación de los caracteres sexuales masculinos y femeninos, y raramente genera formas intermedias. Aun dentro de estas formas teratológicas existe un orden (Alberch, 1989). En resumen: el «orden» del mundo natural puede reducirse a dos propiedades: (*1*) la distribución de las formas no es aleatoria, sino que existen grupos de variabilidad morfológica, separados por formas intermedias que nunca aparecen en la naturaleza; (*2*) estos vacíos en el espacio fenotípico corresponden necesariamente a formas no funcionales, es decir, a teratologías eliminadas por la selección natural.

La distribución de la variabilidad en las formas biológicas a estos dos niveles fue la base del célebre debate entre Ettiene Geoffroy St. Hilaire y Cuvier que marcó el inicio del siglo XIX, marco temporal del establecimiento de la evolución moderna (Appel, 1987), y estará presente en la mayoría de polémicas posteriores (como se repasará en el siguiente apartado de este capítulo).

2b. Direccionalidad

El orden natural no sólo se expresa en forma de distribución heterogénea de la variación morfológica, sino también en las tendencias de transformación. Como concepto histórico, este fenómeno es equivalente a uno de los preceptos básicos utilizados por los *Naturphilosophen*: la llamada «*scala naturae*» (que, básicamente, implicaba la posibilidad de organizar la diversidad del mundo natural en una jerarquía que se inicia con los seres unicelulares, simples e «inferiores», para ascender de manera *progresiva* y *gradual* hacia formas «superiores» y más complejas, hasta recalar en la especie humana, la más superior y compleja). El concepto de secuencia «progresiva» va unido al postulado de *continuidad*, conocido por el dictum de Leibnitz: «*Natura non facit saltum*». Una noción que implica, entre otras, que las transiciones entre las formas de la *scala naturae* ocurren de forma gradual, por lo que se predice teóricamente la existencia de formas intermedias entre las especies ya conocidas. Esta hipótesis contradice el postulado introducido en la sección anterior.

La dificultad en aceptar una visión discontinua y no «uniformitaria» (en refernecia a las teorías gradualistas del geólogo Lyell, quién bajo el término *uniformitarianism* postuló la constancia en los procesos a través de las edades de la Tierra) en la evolución biológica es un ejemplo de lo difícil que resulta debatir conceptos enraizados en una tradición cultural. No existe ninguna razón para tener que postular una continuidad en la expresión de la variabilidad evolutiva, especialmente cuando el proceso que genera dicha forma durante la ontogenia es un proceso claramente discontinuo.

3. Evolución: estructural frente a adaptativa

La idea de dos niveles distintos de evolución tiene su origen también en los debates Geoffroy-Cuvier antes citados, y se encuentra reflejada en la obra de Lamarck, quien directamente asocia uno de estos dos niveles de evolución con «progreso» (Corsi, 1988):

«La naturaleza ha producido una sucesión de animales y plantas, empezando por el más imperfecto, el más simple, y terminando su labor con el más perfecto, de forma que gradualmente se incrementa la complejidad en la organización (de los seres vivos)» (Lamarck, 1809; citado por Depew y Weber, 1995, pág. 46).

Apoyándose en ambiguas referencias a energías de auto-desarrollo y otras fuerzas vitales, Lamarck define la evolución orgánica como un proceso de «complejización», término que pretende describir la tendencia innata de los procesos orgánicos a evolucionar hacia sistemas de organización estructural más sofisticados en cuanto a especialización de los componentes, número de los mismos y tipo de interacción funcional entre las partes del sistema. Éste es el nivel de evolución estructural en cuanto organización del sistema biológico, que contrasta con el nivel de evolución «local» como respuesta a las demandas ambientales, su conocido «evolución por herencia de caracteres adquiridos».

3a. Ortogénesis y embriología

La evolución y la embriología comparten su interés en las transformaciones morfológicas, hasta el punto que la palabra «evolución» era inicialmente sinónimo de desarrollo embrionario. Por ello, se han propuesto numerosos paralelismos entre la evolución y el desarrollo por diferentes autores a lo largo del tiempo. El uso de argumentos «desarrollistas» es importante, ya que existe una relación fundamental entre los dos procesos: la evolución es el resultado de cambios en el proceso de desarrollo. Por esta razón puede, en principio, explicarse la evolución desde un estudio de procesos embriónicos, y es obvio que el desarrollo no está regulado por el azar. Por ello, la mayoría de los defensores de teorías deterministas de la evolución (el determinismo es un prerrequisito para una noción progresista) se han basado en propiedades de, o analogías con, el proceso de desarrollo.

En términos parecidos se han planteado las teorías ortogenéticas (Richardson y Kane, 1988). Desafortunadamente, la mayoría de estas teorías comparte con Lamarck la falta de una explicación mecanística. Por ello degeneran en una crítica a la selección natural y a la improbabilidad de que esta sea el agente causal de los patrones y tendencias evolutivas observados.

208

Haeckel y la direccionalidad del proceso evolutivo

Dentro de un repaso de la historia de las ideas de progreso y su relación con la existencia de direccionalidad en el proceso evolutivo, no se puede obviar a Ernst Haeckel y su teoría (generalmente denominada «ley») biogenética, más conocida por la frase «la ontogenia recapitula la filogenia» (Gould, 1977; Richards, 1992). A diferencia de Darwin, que abre la puerta a la contingencia histórica y el azar causado por los imprevisibles cambios del entorno, el zoólogo germano propugna una versión absolutamente progresista, y dirigida, de la evolución (a pesar de que se iba a convertir en uno de los principales divulgadores del darwinismo en la Europa continental). La evolución, para Haeckel, es el resultado de la adición de estadios terminales a la ontogenia ancestral. Junto con una aceleración del proceso, el mecanismo de adición terminal generará formas cada vez más complejas (y, por extensión, avanzadas).

Las teorías de Haeckel son la base de la heterocronía contemporánea (McKinney y McNamara, 1991). Sin embargo, los planteamientos actuales aceptan tanto la adición como la substracción terminal, por lo que no puede justificarse una tendencia progresista en base a los efectos de la heterocronía.

3b. Evolución teleológica:
progreso hacia un objetivo predeterminado

La existencia de orden y direccionalidad en la organización biológica ha conducido a posturas finalistas, que buscan un «propósito» subyacente a dicho orden. Así, cuando en el siglo XVIII la física newtoniana y la química inician su desarrollo dentro de una rigurosa epistemología científica, se plantea el debate relativo a si la vida (y sus procesos) puede reducirse a una serie de reglas fisicoquímicas. Kant, entre otros, razona que los principios mecánicos de Newton no pueden aplicarse a las propiedades regulativas de los sistemas vivos (Mainzer, 1994). Existe una clase distinta de principios y leyes que regulan la vida. Una postura que, a pesar de la ausencia de justificación mecanística, será recurrente en la interpretación de procesos de transformación morfológica, tanto en el desarrollo embrionario como en la evolución.

En un argumento que tiene resonancias en la preevolutiva «Teoría naturalista», que cuenta entre sus miembros destacados al célebre reverendo Paley,[2] se aceptan los mecanismos de la evolución biológica, pero el determinismo y el orden que la caracterizan se consideran tan extraordinarios que no pueden explicarse sobre la base de ninguno de los mecanismos conocidos. Siguiendo la tradición vitalista, se concluye que deben existir procesos adicionales que, en este caso, requieren una explicación teleológica basada en la existencia de un tipo distinto de «fuerzas» vitales de naturaleza no sólo determinista, sino finalista (en cuanto el estado final del proceso está predeterminado). Por ejemplo, el filósofo y naturalista francés de principios de siglo H. Bergson (1907) invoca un denominado *élan vital* como motor de la evolución. Este «finalismo» evolutivo lo encontramos también en los escritos de Teilhard de Chardin, conocido pensador jesuita, quien trata de fundir la evolución darwiniana con el pensamiento católico. Para ello propone la existencia de un «Punto omega», reflejo de Dios, que determina la direccionalidad del proceso, cuyo punto culminante es el ser humano (Teilhard de Chardin, 1955). Su interpretación de las regularidades y patrones observados en el registro fósil va más allá de la naturaleza del proceso, y pueden contemplarse como evidencia de un «significado» o «propósito» en el evolución orgánica.

---

2. Autor de un célebre texto que pretendía demostrar la existencia de un Creador en el exquisito diseño e integración de las formas orgánicas. Su símil era que si encontrásemos una máquina tan cuidadosamente construida como un reloj, deduciríamos a través de la calidad del diseño la presunta mano de un creador, en este caso un relojero.

Paradójicamente, estas doctrinas pseudoevolutivas han contado con una favorable aceptación entre muchos evolucionistas de reconocido prestigio, cuya fe cristiana les conducía a buscar una síntesis entre el materialismo evolutivo y el espiritualismo religioso. Por ejemplo, uno de los artífices del neodarwinismo, J. Huxley, defendió las ideas de Teilhard de Chardin. Curiosamente, su abuelo, T.H. Huxley el célebre popularizador del darwinismo, se oponía férreamente a cualquier noción progresiva de la evolución, debido a que generalmente la idea de «progreso» tiene connotaciones teleológicas.

La credibilidad otorgada a autores como Bergson o Teilhard de Chardin es un indicio de la importancia del pensamiento cristiano en la interpretación del mundo natural y, en particular, del deseo de creer en la evolución como proceso progresivo.

3c. Darwin: progreso y selección natural

En el contexto de la teoría darwinista de evolución por selección natural, el «progreso» es considerado un legado lamarckiano, asociado con los factores internos responsables del proceso de «complejización», que es imposible integrar en el neodarwinismo actual. A pesar de este taxativo rechazo, es crucial diferenciar las ideas de Darwin en relación a los factores internos postulados por Lamarck de los efectos de mecanismos darwinistas, como la competencia y la selección natural, en la generación de una tendencia progresiva en el registro fósil. Es evidente que la postura de Darwin, quien basa el origen del determinismo en la evolución en mecanismos externos al organismo, es diametralmente opuesta a los postulados internalistas de Lamarck (véase Alberch, 1989, para una comparación detallada entre las filosofías «internalista» y «externalista» en el estudio de la evolución). Pero esta diferencia en planteamiento inicial no conlleva necesariamente que Darwin se opusiese al concepto de una evolución «progresiva» (Richards, 1992).

Como analizan detalladamente Depew y Weber (1995) en su reciente libro, Darwin se opone explícitamente al concepto de progreso tal como lo concibe la escuela de la *Naturphilosophie*, con la *scala naturae* y sus derivados «internalistas» (como las teorías de Lamarck). Por ello, Depew y Weber (1995, pág. 136) citan a Darwin expresando su clara oposición a una lectura de la evolución como un proceso «dirigido» hacia estados evolutivos «más avanzados». Así, es famosa la cita de sus cuadernos donde declara: «Nunca digas superior o inferior». O el párrafo donde distancia sus ideas de los conceptos internalistas:

«Los ocupantes de cada periodo en la historia del mundo han derrotado a sus predecesores en la lucha por la vida y, en consecuencia, están en un nivel más alto de la *scala naturae*; esto podría explicar la vaga pero mal definida sensación de muchos paleontólogos de que en su totalidad existe un progreso en la organización de las formas de vida». (Darwin, *Origen de las Especies*, 1859, citado en Depew y Weber, op. cit.)

Darwin admite que la selección natural, en ciertos casos, puede generar una progresión en el nivel de adaptación de un linaje, por medio de su acción sobre el diseño del fenotipo en relación a su capacidad de sobrevivir a su entorno. Los autores que han pretendido aislar a Darwin de una visión progresista tienden a ignorar que, con independencia de las posibles interpretaciones de sus palabras, la selección natural, por definición, es un proceso de optimización cuyos efectos a largo plazo deberían incrementar la adaptancia de una especie (o un linaje evolutivo) en un proceso análogo a la selección artificial en animales domésticos. Por ejemplo, el pomposamente denominado «teorema fundamental de la selección natural» de R.A. Fisher (1930) establece que la tasa de incremento del *fitness* promedio en una población es igual a la varianza genética del *fitness* en la misma población. Como apuntan Maynard-Smith y Szathmáry (1995), al no ser posible que las varianzas sean negativas, el teorema fundamental garantiza, como mínimo, que los procesos evolutivos sólo podrán aumentar el nivel de adaptación. Sería un principio análogo a la entropía de un sistema físico.

Como defiende Ghiselin (1995) en su reciente análisis histórico, Darwin estaba influenciado por la filosofía de la revolución industrial y la competencia entre las naciones. Los avances tecnológicos y los nuevos métodos de distribución del trabajo y la riqueza eran la base del éxito de una nación imperialista como la Inglaterra de la época. Esta visión tecnológico-económica la tradujo Darwin a su teoría de la selección natural, que Ghiselin considera una teoría esencialmente económica. La variable a optimizar era la capacidad de un individuo para «competir» en la lucha por la supervivencia. Com estas aptitudes se transmitían por herencia, los organismos de aparición más reciente en el registro fósil estaban más adaptados, pues eran resultado de un proceso de selección natural más prolongado en el tiempo. Esta dependencia entre nivel de adaptación y duración de la acción de la selección natural en un linaje favorecería la aparición de diseños cada vez más complejos y más eficientes en la lucha por la supervivencia.

No pretendo con esta descripción descalificar el neodarwinismo contemporáneo ni los actuales modelos de genética de poblaciones o de morfología funcional, que se centran en el estudio de los efectos de la selección natural dentro de un sistema de restricciones. En la actualidad, sin entrar en los excesos de algunos postulados adaptacionistas, la mayoría de aproximaciones que utilizan la teoría darwinista contempla la presencia de factores limitantes en el proceso de selección y los derivados de la propia complejidad del sistema, parámetros que impiden la optimización global del resultado del proceso.

Mi objetivo aquí es resaltar que, desde la perspectiva de la selección natural podría justificarse, que la historia evolutiva revele una tendencia progresiva. No debemos olvidar que la teoría de la selección natural introduce el primer mecanismo *detallado*, y empíricamente verificable, de cambio evolutivo. De hecho continúa siendo el mejor y más operativo sistema de optimización de un proceso. Por ejemplo, el mecanismo de selección está demostrando un sorprendente éxito en el diseño de programas informáticos y otros modelos de inteligencia artificial (Holland, 1995). En la selección natural se evidencia su naturaleza probabilista, en función de las condiciones del medio ambiente, físico y biótico. Un proceso que *no* garantizará la evolución de formas más complejas. Aunque no precluye la existencia de tendencias, tampoco las exige. Su presencia en el registro fósil es un asunto empírico.

En este contexto, el paleontólogo L. Van Valen decidió estudiar el registro fósil con el objetivo de determinar la presencia de tendencias evolutivas caracterizadas por un incremento de adaptancia a través del tiempo geológico. Sus resultados, conocidos con el nombre de «hipótesis de la Reina Roja», son demoledores en relación con esta concepción clásica de la evolución como incremento de la adaptancia a través del tiempo, ya que empíricamente demuestra que la probabilidad de supervivencia de una especie, en un tiempo específico, es independiente de la longevidad previa de esta especie (Van Valen, 1973). En otras palabras, el conocimiento de los patrones evolutivos observados en el registro fósil, que caracterizan el pasado de un linaje, no nos proporciona ninguna información para determinar sus probabilidades de extinción en un futuro. Una especie de reciente aparición tiene exactamente la misma probabilidad de desaparecer que otra que lleva 20 o 200 millones de años de existencia. Es decir, según Van Valen, lo único que consiguen los organismos bajo los efectos de la selección natural es mantener su nivel de adaptación constante ante un ambiente cambiante. Un análisis paleobiológico que corrobora la tesis de que la selección natural es un agente de adaptación local y no un proceso determinista de efectos macroevolutivos.

214

4. Ausencia de una teoría de transformaciones en la actual teoría evolutiva

Muchos paleontólogos en particular y morfólogos en general se han mostrado reacios al concepto de una «lotería evolutiva» en la que solamente existe la posibilidad de ejercer de «notarios», dando fe a posteriori del ganador (= superviviente) en cada etapa del proceso evolutivo. Curiosamente, esta situación se debe a los avances epistemológicos asociados a una nueva filosofía metodológica en el estudio del registro fósil (véase por ejemplo, Gould, Gilinsky y German, 1987; Raup, 1988; Stanley, 1973). La «nueva» paleontología se plantea que los fenómenos evolutivos sean estudiados a un nivel explicativo adecuado. La estructura jerárquica de la organización biológica, caracterizada por propiedades emergentes, predica la existencia de fenómenos intrínsecos al nivel paleobiológico, a diferencia de un pasado cercano en el cual la paleontología usaba una teoría desarrollada a otro nivel de análisis (como el poblacional), con lo que quedaba reducida su capacidad teórica a la elaboración de datos descriptivos congruentes con las teorías predominantes de la época (Gould, 1995). En el intento de eludir, por una parte, la simple descripción, mientras por la otra se concentraba en el análisis riguroso de los parámetros que únicamente se obtienen a través del estudio del registro geológico, la paleobiología tiende al tratamiento estadístico de variables como la génesis y extinción de especies (o linajes) en el registro fósil. Las correlaciones con parámetros de la biología evolutiva se centran en aspectos medioambientales y ecológicos como, por ejemplo, las relaciones entre las tasas de especiación y las estrategias vitales de los taxones. Con el uso de la «especie» como variable fundamental y el análisis estadístico como método, se obvia una teoría de transformaciones fenotípicas al nivel del organismo. Los conceptos de diseño y adaptación son foráneos a la nueva macroevolución, dada su naturaleza supraorganística. Como raíces conceptuales para

215

el estudio de estos patrones de orden macroevolutivo, sería interesante rescatar una larga tradición existente en la biología evolutiva rusa que tiene su origen en las ideas de Severtsov, las cuales influyeron en importantes evolucionistas soviéticos como Schmalhausen, Yablokov o Tachtajan, por citar los más conocidos en Occidente (Urbanek, 1988). Las diferencias políticas, un exceso de neologismos y el idioma han impedido la adecuada divulgación de estas ideas en la biología evolutiva actual. A un nivel muy básico, Severtzov defiende un argumento conceptualmente similar al propuesto por Goldschmidt en defensa de la presencia de dos procesos discontinuos en la evolución —microevolución y macroevolución— sin el bagaje mecanístico que causó el desprestigio de sus teorías (Goldschmidt, 1940). Severtsov divide la evolución en dos procesos: *idioadaptación*, que fundamentalmente es el proceso ecológico de adaptación local debido al efecto de la selección natural (un proceso de cambio evolutivo que bautizó como *allomorfosis*) y el patrón de cambios estructurales a nivel morfológico, que consideraba independiente ddel proceso anterior y que denominó *aromorfosis*. Es dentro de este segundo marco donde se pueden establecer leyes de cambio macroevolutivo que demarquen el campo de análisis de procesos considerados progresivos.

Los aspectos de la evolución que generalmente se relacionan con la idea de «progreso» están íntimamente ligados a las ideas organísmicas de adaptación, diseño y complejidad, en lugar de los estudios cuantitativos al nivel poblacional. Aunque un incremento en número de especies podría considerarse una tendencia progresiva en el concepto de progreso prima generalmente el aspecto cualitativo de «calidad» o propiedad específica. Por esta razón, paleontólogos y morfólogos se han mostrado reacios a abandonar la idea de progreso, ya que la consideran equivalente al concepto de «orden»; es decir, a la existencia de tendencias de cambio en el registro fósil. En particular, se tiende a eliminar de la definición de progreso su componente «finalista», o mística, para equipararlo a un aumento en nivel de «complejidad» estructural, o a la existencia de una simple tendencia evolutiva (véase Ruse, 1988).

He seleccionado dos ejemplos ilustrativos de estudios macroevolutivos contemporáneos que describen algunos de los temas que aquí se debaten. En la figura 2, el elegante estudio sobre el origen y evolución del caparazón de las tortugas (Lee, 1996). En la figura 3 se detalla la evolución en el número de especies de algas unicelulares durante los primeros 2000 millones de años de evolución biológica. En ambos casos, dudo que la selección natural haya tenido un papel relevante en la definición de los cambios mostrados. Mi afirmación sería más polémica en el caso de la evolución del morfotipo de los quelónidos, pero tampoco el autor del trabajo citado defiende el papel de la selección natural (en su lugar elabora una hipótesis basada en una serie de correlaciones funcionales). La conclusión que quiero subrayar es la posibilidad de que exista orden (transformaciones no aleatorias, incrementos monotónicos, etc.) al nivel macroevolutivo, como problema a investigar. También propongo que el orden a dicho nivel no está relacionado con los efectos de la selección natural.

En mi opinión existen prolongados periodos de la historia evolutiva en la que el proceso consiste en la exploración de variaciones paramétricas, sin que se produzca ningún cambio cualitativo relevante en la evolución biológica (Alberch, 1991). Por ejemplo, tras el establecimiento en el Cámbrico de una serie de reglas de interacción celular que permitió la diversificación de organismos multicelulares con una organización segmentada que permite el incremento de variabilidad sin afectar la estabilidad global del sistema, la evolución ha consistido en variaciones dentro de un esquema invariante. La heterocronía ha sido el mecanismo predominante dentro de unas restricciones dictadas por un proceso de desarrollo que está ya fijado de forma permanente. La única alternativa para escapar de un ámbito evolutivo limi-

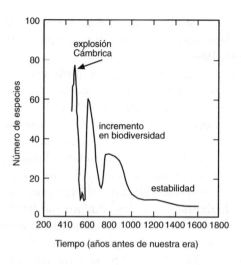

Figura 3. La evolución en número de especies de algas unicelulares. (Datos extraídos de Knoll, 1994.)

tado es la génesis de nuevas reglas de interacción, como ha ocurrido con la aparición de la evolución cultural, mediada por otro sistema de comunicación y con nuevas unidades de interacción evolutiva. Ello implica un cambio en el mecanismo evolutivo que traiciona el postulado uniformitario del darwinismo. Pero existen otros hitos en la evolución en los que igualmente se produce este cambio de proceso. Por ejemplo, la transición de la evolución molecular a la celular (donde se crea el dualismo genotipo/fenotipo). También el mecanismo de la simbiosis, predominante en el origen de la célula eucariota, representaría otro ejemplo de dicha discontinuidad. La figura 3 refleja un incremento repentino en la diver⸱idad biológica que Knoll (1994) propone estar correlacionada con la aparición del nuevo mecanismo de la reproducción sexual. Blitz (1992) elabora este proceso discontinuo, o emergente, de la evolución. Yo destacaría la teoría de Salk, en la que realiza una clasificación de los «tipos» de evolución según el nivel de interacción (Salk, 1983).

218

El concepto de progreso tiene en la actualidad mala reputación, al menos en lo referente a la biología evolutiva. Parte del problema se debe a un pasado tradicionalmente asociado a ideas teológicas y finalistas poco acordes con un evolucionismo riguroso y científico. Por otra parte, el concepto de progreso tiene el paradójico honor de haber sido atacado por los dos extremos de la ideología evolutiva. En el marco del darwinismo, el progreso solo podría justificarse con un seleccionismo a ultranza, como el defendido por Herbert Spencer, que basaba su analogía con uno de los pocos ejemplos de progreso que verdaderamente se pueden documentar, como es la evolución tecnológica.[3] Pero el neodarwinismo ha criticado el concepto de progreso asociándolo a Lamarck y a toda una tradición antidarwinista que apela a la fuerza de «factores internos» sin ofrecer una base mecanística plausible que los avale.

Sin embargo, el concepto de progreso podría legitimizarse si se define en términos de patrones ordenados a nivel global, macroevolutivo. En otras palabras, ¿existen regularidades y tendencias recurrentes en la historia de la vida? En principio, la respuesta es relativa al nivel del análisis que se realice. Pero parece indudable que existe un orden, y este orden tiene su origen en razones de naturaleza «estructural»; es decir, el orden emerge de las propiedades del sistema y no requiere un mecanismo específico para justificarlo, ni selección natural ni *élan vital* de ningún tipo. Cuando me refiero a explicaciones estructuralistas para justificar la presencia de tendencias en la evolución, ello incluye argumentos tales

---

3. Con independencia del papel del azar y la oportunidad asociada con la invención, la ciencia (y su versión aplicada, la tecnología) es el mejor ejemplo que existe de un patrón de cambio basado en la optimización de variables globales como son la eficacia y la minimización del coste (véase Basalla, 1988). A despecho del efecto negativo que pueda derivarse de su uso, la evolución de cualquier máquina o proceso industrial sigue unas reglas muy explícitas basadas en la optimización. Ruse (1988) presenta este mismo argumento como razón de la tendencia de los científicos a «ver» progreso en los sistemas naturales, ya que trabajan en una actividad claramente progresista.

como la existencia de una serie de etapas en el proceso evolutivo que pueden interpretarse como «ordenadas» (atribuirles el nombre de progreso sería ya un problema semántico) a un nivel general, lo que equivale a definir un atributo del proceso. Según Maynard Smith (1988), los principales capítulos de la evolución (origen de la vida, la célula procariota, la célula eucariota, los organismos multicelulares...) se organizan en una secuencia claramente determinada e invariable, ya que cada evento es un prerrequisito para la evolución del siguiente. En conclusión, la polémica que rodea al concepto de progreso puede generalizarse como un reflejo de la ausencia de teorías generales en la biología evolutiva actual.

REFERENCIAS

Alberch, P., «The logic of monsters: evidence for internal constraint in developmental and evolution», *Geobios*, 19 (1989), págs. 21-57.

Alberch, P., «From genes to phenotypes: dynamical systems and evolvability», *Genetica*, 84 (1991), págs. 5-11.

Appel, T. A., *The Cuvier-Geoffroy debate: French biology in the decades before Darwin*, Oxford University Press, Nueva York, 1987.

Ayala, F., «Can progress be defined as a biological concept?», en M.H. Nitecki (ed.), *Evolutionary Progress*, University of Chicago Press, Chicago, 1988, págs. 75-96.

Basalla, G., *The evolution of technology*, Cambridge History of Science Series (editado por G. Basalla y W. Coleman), Cambridge University Press, Cambridge, 1988.

Bergson, H., *L'Évolution créatice*, 1907. Trad. esp.: *La evolución creadora*, Espasa, Madrid, 1985

Blitz, D., *Emergent Evolution,* Kluwer Acad. Pub., Boston, 1992.

Corsi, P., *The age of Lamarck* (traducción de J. Mandelbaum), University of California Press, Berkeley, 1988.

Depew, D.J. y B.H. Weber, *Darwinism Evolving*, MIT Press, Cambridge, 1995.

Flos, J. (ed.), *Ordre i Caos en Ecologia*, Universitat de Barcelona, Barcelona, 1995.

Ghiselin, M., «Perspective: Darwin, Progress, and Economic Principles.», *Evolution*, 49 (6), 1995, págs. 1029-1037.

Goldschmidt, R., *The material basis of Evolution*, Yale Univ., Hanover (Massachusetts), 1940.

Gould, S.J., *Ontogeny and Phylogeny*, Harvard Univ. Press, Cambridge, 1977.

Gould, S.J., «On replacing the idea of progress with an operational notion of directionality», en M.H. Nitecki (ed.), *Evolutionary Progress*, University of Chicago Press, Chicago, 1988, págs. 319-338.

Gould, S.J., «A task for Paleobiology at the threshold of majority», *Paleobiology*, 21 (1), 1995, págs. 1-14.

Gould, S.J., *Wonderful life*, W.W. Norton, Nueva York, 1989. Hay trad. esp.: *La vida maravillosa*, Crítica, Barcelona, 1991.

Gould, S.J., N. L. Gilinsky y R. Z. German, «Asymmetry of lineages and the direction of evolutionary time», *Science*, 236 (1987), págs. 1437-1441.

Holland, J.H., *Hidden Order: How Adaptation Builds Complexity*, Addison Wesley Publishing Co., Reading, (Mass.), 1995.

Jacob, F., «Evolution and tinkering», *Science*, 196 (1977), págs. 1161-1196.

Knoll, A.H., «Proterozoic and early cambrian protists: Evidence for accelerating evolutionary tempo», *National Academy od Sciences U.S.A.*, 91 (1994), pág. 6734.

Lee, M.S.Y., «Correlated progression and the origin of turtles», *Nature*, 379 (1996), págs. 812-816.

Lovejoy, A.O., *The Great Chain of Being*, Harvard University Press, Cambridge (Ma), 1936.

Mainzer, K., *Thinking in Complexity*, Springer Verlag, Berlin, 1994.

Maynard-Smith, J., «Evolutionary progress and levels of selection. En M.H. Nitecki (ed.), *Evolutionary progress*, The University of Chicago Press, Chicago, 1988, págs. 219-230.

Maynard-Smith, J. y E. Szathmáry, *The major transitions in evolution*, W.W. Freeman, Nueva York, 1995.

McKinney, M. L. y K. J. McNamara, *Heterochrony. The evolution of ontogeny*, Plenum Press, Londres, 1991.

McShea, D.W., «Metazoan complexity and evolution: Is there a trend?», *Evolution* 50 (2), 1996, págs. 477-492.

Nitecki, M.H., *Evolutionary Progress*, University of Chicago Press, Chicago, 1988.

Raup, D.M., «Testing the fosil record for evolutionary progress», en M.H. Nitecki (ed.), *Evolutionary progress*, The University of Chicago Press, 1988, págs. 293-318.

Richards, R. J., *The meaning of evolution*, Chicago Univ., 1992.

Richardson, R. C. y T. C. Kane, «Orthogenesis and evolution in the nineteenth century» en M.H. Nitecki (ed.), *Evolutionary Progress*, The University of Chicago Press, Chicago, 1988, págs. 149-168.

Rudwick, M.J.S., *Scenes from Deep Time*, University of Chicago Press, Chicago, 1992.

Ruse, M., «Molecules to men: Evolutionary biology and thoughts of progress», en M.H. Nitecki, (ed.), *Evolutionary progress*, The University of Chicago Press, Chicago, 1988, págs. 97-126.

Salk, J., *The Anatomy of Reality: Merging of Intuition and Reason*, Columbia University Press, Nueva York, 1983.

Stanley, S. M., «An explanation of Cope's Rule», *Evolution* 27, 1973, págs. 1-26.

Stebbins, G. L., *The basis of progressive evolution*, Univ. North Carolina Press, Chapel Hill (N. C.), 1969.

Teilhard de Chardin, P., *The Phenomenon of Man*, Collins, Londres, 1955.

Urbanek, A., «Morpho-physiological progress», en M.H. Nitecki (ed.), *Evolutionary Progress*, The University of Chicago Press, Chicago, 1988, págs. 195-218.

Van Valen, L. «A new evolutionary law», *Evolutionary Theory*, 1 (1973), págs. 1-30.

Coloquio

Jorge Wagensberg: Sabemos muy bien que las reglas son bastante inalterables, sobre todo porque se basan en las leyes fundamentales de la naturaleza, la física, la química, los valores de las constantes de difusión, etc. Pero yo creo que los saltos importantes se deben en gran parte a un cambio de reglas. Un ejemplo especialmente significativo de cambio de reglas es la simbiosis. Es una manera de establecer rápidamente nuevos pactos, nuevas unidades, y en los contratos que resultan es donde pueden aparecer reglas que están por encima de la pura química de difusión. Los grandes saltos casi seguro que se deben a pactos entre nuevos mecanismos.

Pere Alberch: Sí, esto vale sobre todo para las reglas de interacción celular, que se basan en los principios de la física y la química, pero no he hablado de los modelos de generación de patrones. No sé si las reglas que especifican un gen homeótico son reducibles a un sistema tan simple como la reacción de Belousov-Zabothinski o algo parecido, pero sospecho que a muchos biólogos les costaría asumir esta extrapolación.

Jorge Wagensberg: La célula eucariota es, creo yo, un ejemplo bellísimo de pacto simbiótico que representa un salto importante. El metabolismo, por ejemplo, es una fuente muy rica de nuevas trayectorias y mecanismos.

223

Pere Alberch: Sí, probablemente la mayor parte de complejidades estaba ya presente en las macromoléculas que evolucionaron dentro de sistemas autocatalíticos.

Brian Goodwin: Yo quiero ir un poco más lejos. Me refiero a la posibilidad de una tendencia al incremento de la complejidad en el dominio inanimado. Si partimos del escenario de la gran explosión, energía pura en forma de radiación que luego se condensa en los quarks y éstos en los elementos, después viene la evolución de sistemas planetarios, etc., este proceso recuerda, al menos en ciertos aspectos, el incremento de la complejidad biológica. Naturalmente, todo depende de cómo se defina la complejidad, pero pienso que se puede hacer uso de los criterios que estás aplicando implícitamente a los organimos, de manera que se haga evidente un tipo similar de proceso en la naturaleza inanimada. Me pregunto si estarías de acuerdo con la idea de que existe una especie de cuarta ley de la termodinámica, como algunos han sugerido, una tendencia natural hacia un incremento de la complejidad en determinadas circunstancias.

Pere Alberch: No sé, Brian, para mí esto es un enigma. ¿Por qué aumenta la complejidad? No hay razón para ello. Si aceptamos que los organismos complejos no son más progresivos ni están funcionalmente mejor adaptados, ni burlan mejor las leyes termodinámicas, ¿por qué debería aumentar la complejidad? No hay razón, a menos que se asuma que los organismos complejos son funcionalmente superiores o algo por el estilo. O que se asuma que hay una suerte de ley adicional. Pero esto es como la ley de Haeckel de la complejidad creciente en la ontogenia. ¿Por qué? No lo sé.

Brian Goodwin: Por supuesto. Esto es precisamente lo que plantea Paul Davies cuando contempla la evolución cosmológica y llega a la conclusión de que en el dominio de la materia inanimada parece existir una complejidad creciente, pero a escala local, y por lo tanto no viola el segundo principio de la termodinámica.

Pere Alberch: ¿Pero es esto cierto, es algo ampliamente aceptado por los físicos?

Brian Goodwin: No, claro, es simplemente una observación que ha llevado a algunos físicos a sugerir que quizá necesitemos otra ley que venga a complementar las tres leyes de la termodinámica que conocemos. Prigogine, Davies y otros físicos se han tomado esto muy en serio. Así, los procesos biológicos que conducen a un incremento de la complejidad podrían ser la manifestación de una ley ya presente en el dominio inanimado. Pero en el dominio biológico esto se acelera o se amplifica.

Pere Alberch: Estoy de acuerdo contigo en que si se elimina la selección natural hay que asumir que existen otros mecanismos, de lo contrario no se puede explicar nada.

Jorge Wagensberg: Esta es una buena ocasión para señalar que aquí hay dos cosas diferentes. Una es la variación de la complejidad, su incremento, que esto sí que se puede dar en el mundo físico simplemente cambiando las reglas de juego o yendo a demarcaciones donde eso es más posible (Prigogine diría muy lejos del equilibrio, donde el sistema disipa mucho, o, según la teoría del caos, en el entorno de un atractor extraño). Otra cosa distinta es la idea de progreso con respecto a alguna convención, como por ejemplo que una parte del sistema consiga independizarse del resto en alguna medida. Como me hizo ver el profesor Goodwin dando, creo, muy bien en la diana, cuando dijo que un aumento de complejidad se puede dar en el mundo físico sin mayor problema, pero yo creo que el primer sistema que se independizó a sí mismo hasta cierto punto fue la célula procariota.

Pere Alberch: Y la evolución cultural, que representa la adición de un nuevo mecanismo.

Jesús Mosterín: El comentario del profesor Brian Goodwin sobre la semejanza entre el incremento de complejidad en el mundo físico y el que existe en el mundo biológico me ha acabado de sublevar, porque pienso que esto del constante incremento de complejidad es una especie de mito y de dogma. En el mundo biológico a veces hay incremento de complejidad y a veces no; los virus, por ejemplo, son desde cualquier punto de vista menos complejos que las bacterias de las que proceden. En cuanto al mundo físico, bueno, la palabra complejidad se está empleando, aquí y en todas partes, con veinte mil sentidos distintos. Se puede entender como dificultad de computación, como entropía o como lo que sea, pero si se emplea la palabra complejidad en el sentido que se está aplicando aquí en referencia a los organismos, entonces muchísimos procesos físicos no suponen ningún incremento de complejidad. Toda la complejidad que hay en nuestra galaxia, en todos los planetas qe contiene y en todos los seres vivos que pueda haber en ella acabará seguramente colapsando en un gran agujero negro que se la tragará toda, un agujero negro que después se irá evaporando lentamente en forma de radiación de Hawking y ahí se acabará todo. En cualquier caso, estos procesos se dan, y acaban devorando muchas complejidades. Creo que la cuestión de si la complejidad aumenta o no, tanto a nivel biológico como a nivel físico, debería ser un tema empírico en el que investigar, definiendo claramente en cada caso qué se entiende por complejidad y mostrando empíricamente que en efecto la complejidad aumenta, en vez de usar el incremento de complejidad como una especie de eslogan o de dogma.

Pere Alberch: No tenemos por qué asumir un incremento monotónico de complejidad, desde luego que no, pero el hecho es que, en promedio, la complejidad biológica aumenta.

Si partimos de un estado inicial sin vida, la complejidad tiene que aumentar por fuerza, aunque haya fases de decremento.

Jesús Mosterín: En el campo biológico sí, pero esta mañana Jorge dijo, con más razón que un santo, que a él Shakespeare le parecía más complejo que una ameba. A mí también, lo que pasa es que hay muy pocos Shakespeare y en cambio hay muchísimos miles de millones de bacterias. En la medida en que la noción de complejidad se localice, que se trate a nivel local, creo que es susceptible de respuestas a la vez claras y empíricamente responsables, pero todos tendemos a extrapolar con demasiada ligereza procesos que ocurren localmente.

Jorge Wagensberg: No entiendo lo que te angustia, ni sé de qué mito hablas. Hay sistemas más complejos y menos complejos, pero nadie ha afirmado, creo, que haya una dirección inviolable en el aumento de complejidad.

Jesús Mosterín: No, lo que me ha acabado de angustiar es lo que ha dicho Goodwin acerca del aumento de la complejidad cósmica, a no ser que la complejidad se entienda como entropía, en cuyo caso lo que tenemos es un incremento de entropía. Pero claro, este incremento de entropía sólo puede acabar en una especie de estado de radiación global muy fría que no sé si alguien consideraría complejo en algún sentido intuitivo. A no ser que se considere que complejidad es lo mismo que entropía, me parece que no se puede afirmar, en ningún sentido razonable, que cada vez hay más complejidad en el universo físico. Es cierto que en la evolución de las galaxias se forman sistemas planetarios a partir de nubes de polvo, pero al final estas estructuras acaban destruyéndose.

Jorge Wagensberg: En cualquier caso, no creo que la complejidad del universo en su totalidad tenga demasiado interés en relación con lo que estamos discutiendo. Pero la complejidad de un sistema físico sí, y la complejidad de un sistema físico es perfectamente definible y se sabe cuándo aumenta y cuándo disminuye, y ninguna de las dos cosas es obligada.

Brian Goodwin: Sólo quiero reiterar lo que Pere y Jorge acaban de decir. Si queremos hablar de un proceso de complejidad creciente tendremos que precisar con extremo cuidado las condiciones en las que estemos definiendo dicho proceso (también hay que ser muy cuidadoso en lo que respecta a las condiciones cuando se trata de procesos de entropía creciente), porque, como bien sabes, en ciertas condiciones la complejidad de un sistema puede decrecer. Los seres vivos no son en absoluto sistemas aislados, son sistemas locales con un flujo de energía a través de ellos, así que no veo que haya ningún problema aquí. La cuestión es ¿hay alguna clase de cuarta ley de la termodinámica, como han propuesto algunos físicos, o no? El único problema que puede haber aquí es que la cuestión no se esté abordando de manera científica. Y quienes la están tratando están siendo muy rigurosos en cuanto a las condiciones en que se intenta definir el proceso.

Jordi Bascompte: La primera pregunta que debemos hacernos es ¿ha aumentado la complejidad orgánica a lo largo de la evolución? La respuesta, obviamente, es sí. En un principio la vida era muy sencilla, ahora tenemos formas más complejas. La segunda pregunta que surge inmediatamente es si este incremento de complejidad se debe a un proceso activo, que podría ser la selección natural empujando a las especies a aumentar su complejidad, o bien a un proceso pasivo, es decir, se parte necesariamente de formas muy sencillas, de manera que al principio hay mucho espacio para explorar los incrementos de complejidad. Recogiendo un poco el desafío de Jesús Mosterín, me viene a la memoria un trabajo de McShea que intenta responder de manera objetiva a la pregunta de si la complejidad morfológica ha aumentado a lo largo de la evolución, para lo cual se centra no en las formas de vida más sencillas, sino en organismos de complejidad intermedia. Lo que hace es un estudio comparativo de la complejidad de la columna vertebral de los mamíferos, y observa que unas veces aumenta y otras disminuye. Se puede concluir, pues, que ha habido un incremento de complejidad, pero que no necesariamente ha sido debido a un mecanismo activo.

Pere Alberch: Creo que la pregunta no estaba bien enfocada. Lo que he tratado de decir es que tenemos que centrarnos en los momentos de transición, y en términos de complejidad no ha pasado nada interesante en los últimos 600 millones de años. Bueno, aquí gente como Francisco Ayala diría que me olvido del cerebro humano, pero se trata de una complejidad que se genera a través de variaciones de parámetros ya existentes. Para observar incrementos de complejidad yo escogería los organismos multicelulares más primitivos. Es ahí donde probablemente vamos a encontrar más procesos de interacción multicelular, más diferentes grados de organización, y no en sistemas ya perfectamente estructurados y canalizados como son los vertebrados.

Jordi Bascompte: Sí, estoy de acuerdo, pero cuanto más sencillas son las formas de vida más acotada tienen la posibilidad de reducir su complejidad. Si de entrada son muy sencillas hay más posibilidades de explorar los incrementos de complejidad, como un proceso de difusión pasivo.

Pere Alberch: Pero es que en los mamíferos no hay ningún incremento de complejidad. Para mí todos los mamíferos son igualmente complejos, desde un ornitorrinco hasta un ser humano.

229

Jordi Agustí: Uniéndome al coro de reacciones a la intervención de Jesús Mosterín, yo diría que el verdadero problema no es la existencia de una direccionalidad o un progreso. Creo que en un sentido relativo se puede hablar de progreso, al menos desde el punto de vista empírico. El problema es cómo explicarlo, porque existe la sospecha generalizada de que el mecanismo de la selección natural en el seno de un sistema puramente darwiniano es insuficiente para dar cuenta de él. Nuestro problema son los datos empíricos, no las ideas. Existe una evidencia empírica que tenemos que explicar de manera satisfactoria.

Otra cuestión. Según Pere Alberch no ha pasado nada en este «corto» periodo de 600 millones de años...

Pere Alberch: Como paleontólogo tendrías que estar de acuerdo en que 600 millones de años son una nimiedad.

Jordi Agustí: Bien, pero yo trabajo con organismos más recientes y me siento afectado. Yo diría que sí han pasado cosas. Cuando leo todos estos trabajos sobre genes básicos y demás, me pregunto qué es lo que de verdad interesa. Sabemos que el chimpancé y el hombre comparten el 98% del genoma, pero, sinceramente, en este caso no me interesa demasiado este 98% de genes compartidos. Lo que más me interesa es precisamente ese 2% que nos diferencia. Es lógico y esperable que exista una información genética básica, pero para mí el mensaje de este 2% sería algo así como *¡vive la différénce!* Es este 2% capaz de producir en un caso un chimpancé y en otro un Shakespeare lo que a mí me parece realmente interesante.

Pere Alberch: Sí, pero todo depende del contexto del problema. Para quien se interese por la estructura de los sistemas y el cambio cuántico de la complejidad de esta estructura (un ejemplo sería el origen simbiótico de la célula eucariota), lo único que estoy diciendo es que los cambios de complejidad se limitan a estos cambios cualitativos en los mecanismos del sistema. Cuando hablamos de la diferencia entre un chimpancé y un humano hablamos de procesos de regulación, que ciertamente pueden generar una enorme diversificación, tienen un gran potencial evolutivo y desde luego son muy interesantes (y yo soy el menos indicado para negarlo porque he trabajado principalmente en este tema). Pero si lo que nos interesa es la evolución del desarrollo embrionario, no nos sirve de nada estudiar columnas vertebrales de mamífero, por ejemplo.

La paradoja del progreso evolutivo
Jordi Agustí

Jordi Agustí *(Barcelona, 1954) es paleontólogo. En 1981 se doctoró en biología por la Universidad de Barcelona y actualmente es director del Instituto de Paleontología «M. Crusafont». Ha centrado su investigación paleontológica en el estudio de la fauna de mamíferos ibéricos, especialmente en los micromamíferos y su relación con los cambios evolutivos y climáticos. Ha dirigido diversos proyectos de investigación estatales y europeos y ha escrito más de un centenar de estudios especializados, publicados en revistas de difusión internacional. Coordinador de obras colectivas sobre la evolución de las faunas europeas y del volumen* La lógica de las extinciones *(Tusquets Editores, Metatemas 42), es autor de* La evolución y sus metáforas *(Tusquets Editores, Metatemas 33),* Fossils, a la recerca del temps perdut *(Edicions de la Magrana) y* Memoria de la Tierra *(Ediciones del Serbal).*

La idea de progreso biológico suscita hoy un rechazo generalizado entre los biólogos evolutivos, aunque en muchos casos se admite la existencia de una cierta tendencia al progreso que se hace difícil de definir en términos verificables. Buena parte de los que rechazan la idea de progreso biológico consideran que se trata de un concepto fuertemente teñido de contenidos culturales e ideológicos sin base científica. En general, se le considera una herencia indeseable de las primeras etapas de la teoría evolutiva, cuando se veía a la evolución como un proceso constante, gradual y progresivo que finalmente culminaba en el hombre. La evolución del mundo orgánico aparecía entonces como el correlato biológico del progreso de la humanidad preconizado por los ideólogos de la primera revolución industrial (de la misma manera que las revoluciones planetarias de Cuvier aparecen como el correlato geológico de las profundas revoluciones sociales de finales del siglo XVIII). La idea de progreso evolutivo, pues, ha sido ruidosamente desterrada del pensamiento biológico actual a causa de sus innegables connotaciones ideológicas.

Por lo mismo, sin embargo, no puede evitarse la impresión de que este rechazo frontal no es tampoco inmune a una cierta carga ideológica, aunque de sentido opuesto al anterior, y que desemboca en afirmaciones categóricas del tipo de «el progreso es una idea nociva, culturalmente influenciada, incontrastable, inoperativa e intratable» (Gould, 1988). Pero puede resultar que el tema del progreso evolutivo, pese a los

235

argumentos de autoridad de Gould, constituya a la postre un problema interesante desde el punto de vista de la propia biología evolutiva, una vez despojado de toda la carga cultural de uno u otro signo que gravita sobre el tema. Evidentemente, hoy en día ya no puede plantearse una discusión ingenua sobre el progreso biologico, en la medida en que este término pueda involucrar juicios de valor sobre la realidad empírica del tipo de «mejor que» o «peor que». Pero de lo que sí cabe hablar es de la direccionalidad de los procesos evolutivos, es decir, de la existencia de direcciones que, por alguna razón, son reiteradamente privilegiadas por la evolución. Es en este contexto que es lícito preguntarse por la existencia de una «progresión» o «progresividad» evolutiva (si es que el término «progreso» hace demasiado daño a los oídos). El planteamiento de este artículo se basa en dos puntos básicos:

1. ¿Existe el llamado «progreso evolutivo»? Si la respuesta es sí, entonces nos encontramos ante un problema biológico de la mayor importancia, a saber,

2. ¿Cómo explicar la existencia de este progreso evolutivo a lo largo del tiempo? ¿Pueden los mecanismos normales de la evolución biológica (esto es, selección natural, mutación y deriva genética) explicar unas tendencias que en la mayor parte de los casos se extienden a lo largo de millones de años?

En las últimas décadas ha cobrado vigor el punto de vista auspiciado por la paleontología y la biología del desarrollo según el cual la evolución es un proceso jerárquico cuyas propiedades al nivel de la especie, por ejemplo, no siempre son directamente reducibles a los mecanismos que operan al nivel intrapoblacional. Estos puntos de vista han revalorizado la distinción que G.G. Simpson propusiera en su momento, entre microevolución, macroevolución y megaevolución. Simpson acuñó el término *microevolución* para referirse a aquellos procesos evolutivos que comportaban una mera variación en las frecuencias génicas y genotípicas por la acción de la selección natural dentro de las poblaciones. A otro nivel se situaría la *macroevolución*, es decir, aquellos procesos asociados a la generación de nuevas especies. Finalmente, Simpson reservó el término *megaevolución* para aquellos procesos evolutivos excepcionales que debían dar cuenta de las grandes radiaciones evolutivas y que implicaban la aparición múltiple y abrupta de numerosas innovaciones anatómicas y tipos biológicos nuevos (como en el caso de la «explosión evolutiva» del Cámbrico). No cabe duda de que, a pesar de esta triple distinción, Simpson tenía una visión claramente reduccionista del problema. Aunque mantenía algunas reservas hacia el tema de la megaevolución, para él los procesos microevolutivos permitían explicar todos los procesos macroevolutivos o, lo que es lo mismo, la selección natural era el mecanismo que estaba en el origen de cualquier cambio evolutivo. En los últimos años, sin embargo, autores como Steven Stanley, seguidos de cerca por Stephen J. Gould y Elisabeth Vrba, han retomado la división de Simpson pero poniendo de relieve la autonomía de cada nivel evolutivo, de manera que la selección natural por sí sola no podría explicar los fenómenos ligados a la especiación y a la competencia entre especies a lo largo del tiempo. El problema no es sólo jerárquico, sino que afecta también a la escala temporal de los fenómenos analizados: los procesos microevolutivos guiados por la selección natural pueden dilatarse a lo largo de miles de años, pero difícilmente su margen de acción se extenderá initerrumpidamente a lo largo de millones de años. Cuando se habla de «progreso evolutivo», por tanto, es fundamental distinguir a qué nivel jerárquico de la evolución nos estamos refiriendo, ya que es posible que los mecanismos que generan la direccionalidad (o progresividad) sean distintos en cada caso.

La existencia de series evolutivas progresivas es bien conocida desde los albores de la teoría evolutiva, y ha sido uno de los argumentos más utilizados por los paleontólogos a la hora de defender la idea del progreso biológico. En algunos casos, como el de la evolución de los caballos, estas series evolutivas sirvieron para reforzar la incipiente teoría evolucionista, cuando la creencia en el progreso evolutivo no sólo no se ponía en duda, sino que se consideraba un requisito mismo de la evolución. En otros casos, como el de la evolución humana y el aumento lineal del volumen cerebral, la carga ideológica subyacente ha sido mucho más importante y ha viciado desde la base este tipo de discusiones. Esta faceta extracientífica del tema, unida a la fragilidad y deficiente documentación paleontológica de muchos de los casos propuestos, ha permitido a Gould y otros autores negar la existencia misma de estas series evolutivas progresivas. Sin embargo, existen algunos ejemplos más «inocentes» en los que el registro paleontológico es óptimo y permite un análisis detallado de dichas series. Tal es el caso, por ejemplo, de diversas familias de roedores.

Los roedores constituyen un material zoológico interesante desde el punto de vista de la biología evolutiva, pues su alta tasa de renovación, tanto en número de camadas al año como en el número de crías por camada, les permite adaptarse rápidamente a los diversos cambios del ambiente. Desde el punto de vista paleontológico, sus elementos esqueléticos más característicos tanto taxonómica como funcionalmente, los dientes, aparecen muy bien representados en los yacimientos, llegando a constituir muestras de centenares a millares de ejemplares. Además, una formación geológica puede llegar a presentar decenas de niveles fosilíferos con roedores, en tanto que la localización de un solo yacimiento de grandes vertebrados es mucho más infrecuente. De esta manera, dentro de la misma serie geológica es posible seguir detalladamente el cambio de una especie nivel por nivel.

Casos de evolución progresiva y unidireccional se han documentado en diversas familias de roedores, como los teridómidos en el Oligoceno (Vianey-Liaud, 1979), los eómidos en el Mioceno (Fahlbusch, 1970) y los arvicólidos del Plioceno y del Pleistoceno. Esta última familia de roedores, los conocidos topillos y ratas de agua de nuestros prados y marismas, es la que ha proporcionado los ejemplos más detallados de evolución progresiva. Los rasgos generales de esta evolución pueden describirse como sigue (figura 1):

1. Los molares se simplifican, perdiendo elementos accesorios (como pequeñas cúspides y crestas) y adquiriendo un diseño formado por una sucesión de prismas cortantes que actúan, diente contra diente, como los filos de una tijera.

2. Al mismo tiempo, sin embargo, el número de estos prismas en el primer molar inferior y en el tercer molar superior tiende a aumentar.

3. A su vez, la talla general tiende también a aumentar, al tiempo que los molares se hacen cada vez más altos, un fenómeno conocido con el nombre de «hipsodontia».

Este tipo de evolución ha sido documentado en diversas líneas de arvicólidos, como es el caso de los géneros *Mimomys* (Chaline y Laurin, 1986), *Ondatra* (Martin, 1975) y *Kislangia* (Agustí et al., 1993). Las tendencias evolutivas antes reseñadas son todas ellas claramente interpretables en términos funcionales como adaptaciones a un régimen alimentario basado en gramíneas. Los tallos de las gramíneas están silicificados y son muy abrasivos, por lo que si los molares de estos roedores no hubiesen aumentado de altura el desgaste prematuro habría acabado con ellos en muy poco tiempo. Esta evolución en paralelo de diversas líneas de arvicólidos a lo largo del Plioceno y el Pleistoceno se interpreta como una respuesta adaptativa a la extensión de las praderas herbáceas y la regresión de las masas boscosas asociadas a los cambios ambientales de estos periodos (durante el Plioceno se inician los ciclos glaciar-interglaciar que caracterizarán toda la evolución climática del Pleistoceno). El problema, sin embargo, reside en el hecho de que los cambios antes mencionados se produjeron en las distintas líneas de arvicólidos *de una manera progresiva a lo largo de millones de años*. Desde un punto de vista estrictamente darwiniano, el proceso descrito se encuadraría sin dificultad dentro de lo que se ha denominado «selección direccional», esto es, la presión de la selección natural se habría mantenido reiteradamente en el mismo sentido. La selección direccional permite explicar procesos cuya escala temporal se ciñe a cientos o miles de años; ahora bien, el problema surge cuando este mecanismo debe extrapolarse a millones de años, como es el caso de los arvicólidos. ¿Cómo concebir que un mismo tipo de presión selectiva haya actuado progresivamente, de una manera constante, sobre unas poblaciones de roedores, durante buena parte del Plioceno y todo el Pleistoceno, a lo largo de unos 4 millones de años? Así pues, al nivel microevolutivo el problema no reside tanto en aceptar la existencia de series evolutivas progresivas como en encontrar una explicación para este fenómeno.

Macroevolución

Ya desde los mismos orígenes de la teoría sintética de la evolución, en los años treinta y cuarenta, el tema de la especiación y del papel de la especie en la evolución fue objeto de debate. En este terreno se enfrentaban dos puntos de vista divergentes. De un lado estaban los genéticos de poblaciones como Theodosius Dobzhansky, para quienes la especiación era ya, desde el principio, un proceso adaptativo: las futuras

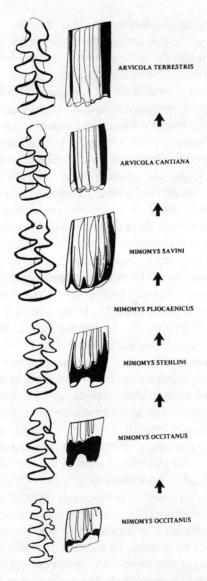

Figura 1. Tendencia al aumento de talla y altura de la corona dentaria (hipsodontia) en los molares del género *Mimomys* (Arvicolidae, Rodentia) del Plioceno de Europa (modificado de Chaline et al., 1993).

especies divergían gradualmente unas de otras porque se adaptaban progresivamente a medios o nichos ecológicos distintos. El punto de vista opuesto, sustentado por Ernst Mayr en su obra *Systematics and the origin of species* (1942), concebía el origen de las especies como un proceso aleatorio: barreras geográficas aparecidas al azar separarían diferentes poblaciones de una misma especie, que a partir de ese momento comenzarían a divergir genéticamente (la denominada «especiación alopátrica»). Desde el punto de vista de Dobzhansky, que era también el de Simpson y la mayor parte de géneticos de poblaciones, la especiación era reducible al conjunto de procesos que gobiernan la microevolución y sería un aspecto más de la adaptación de las poblaciones al medio por selección natural. El modelo alopátrico de Mayr suponía, por el contrario, que la especiación es un proceso aleatorio y adireccional. El modelo alopátrico de especiación fue ampliamente aceptado por la mayor parte de biólogos naturalistas (zoólogos, botánicos, biogeógrafos y ecólogos), que veían en él un mecanismo mucho más acorde con sus observaciones de campo. En el terreno de la paleontología, su influencia no se dejó sentir hasta que Stephen J. Gould y Niles Eldredge propusieron en 1972 su modelo del «equilibrio puntuado». Este modelo suponía que los aparentes hiatos que con frecuencia se observan en el registro fósil no eran achacables a la imperfección del mismo (la explicación más extendida) sino que constituían una consecuencia lógica de la extensión del modelo alopátrico de especiación en el tiempo. En efecto, si las nuevas especies se originan abruptamente a partir de pequeñas poblaciones aisladas (de las que, probablemnte, nunca existe constancia paleontológica), estas quedarán registradas a la escala del tiempo geológico como aparentes saltos evolutivos. El modelo de evolución gradual y progresivo sería una imposición que, desde el campo neodarwinista, habría contaminado la interpretación del registro fósil. Sin embargo, dado que Eldredge y Gould descartaron cualquier posibilidad de cambio gradual a nivel macroevolutivo, hacía falta un mecanismo que proporcionase una explicación para los numerosos casos de tendencias evolutivas lineales que se habían descrito para diversos grupos zoológicos (especialmente vertebrados, tal como se ha reseñado en el apartado anterior).

Es así como nació el concepto de «selección de especies» *(species selection)*. Tal como fuera definido por Stanley, la selección de especies implica la existencia de propiedades emergentes al nivel de cada especie que darían lugar a una auténtica selección entre ellas. Desde la perspectiva neodarwinista clásica, la selección de las distintas especies es una consecuencia de la selección natural que se produce entre las propiedades de los individuos que la forman. La diferencia en este caso estribaría en que la evolución al nivel de especie no sería un resultado indirecto de la selección natural de los individuos, sino que las especies mismas serían seleccionadas por sus propios atributos como tales (dispersabilidad, distribución geográfica, estructura poblacional, etcétera). Tendríamos, por tanto, un nivel de selección autónomo e independiente de la selección natural que actúa sobre los individuos. En términos lógicos, supone aceptar que las especies no son sólo agregados de individuos que intercambian información genética, sino que también ellas son, en sí mismas, individuos sujetos a selección.

Al nivel macroevolutivo, por tanto, se superpondrían dos procesos de signo opuesto. De un lado tendríamos la especiación, que sería un proceso estocástico adireccional, y de otro estaría la selección al nivel de especie, que impondría finalidad al proceso evolutivo. De hecho, de acuerdo con las ideas de Gould, Eldredge, Stanley, Vrba y otros, la selección de especies sería el *único* mecanismo que impartiría direccionalidad al proceso evolutivo a lo largo de lapsos de tiempo prolongados. Hay que decir que el concepto de selección al nivel de especie ha encontrado una gran resistencia incluso entre numerosos paleontólogos, que ven en él un recurso superfluo que complica, más que clarifica, el proceso

243

evolutivo (algo así como «una teoría en busca de fenómenos que explicar», al decir de Hoffman, 1989).

Por sí mismo, el proceso de especiación imprime ya una diferencia cualitativa con respecto a la dinámica evolutiva del apartado anterior. En efecto, como ha señalado Douglas J. Futuyma y recordado Stephen J. Gould, la especiación permite fijar una determinada asociación genotípica, un determinado acervo genético que, de otro modo, podría desaparecer durante el cruce con otras poblaciones de la misma especie. La especiación, por tanto, establece un punto de partida en la irreversibilidad del proceso evolutivo. La partición del paquete genético en bloques discretos es una primera condición del progreso biológico, ya que, de otro modo, cualquier nueva combinación o innovación evolutiva podría ser reabsorbida.

El problema, sin embargo, estriba en que, pese a su heterodoxia, el proceso de selección entre especies mantiene una profunda lógica darwinista. En otras palabras, la selección a nivel de especie es un mecanismo tan seleccionista como la propia selección natural. En este sentido, adolece de los mismos problemas que se presentan a la hora de explicar la existencia de tendencias progresivas a lo largo de millones de años: ¿cómo concebir que el mismo tipo de selección (de especies) se haya mantenido unidireccionalmente durante tanto tiempo? Existe, sin embargo, una situación en la que la selección entre especies puede haber desempeñado un papel activo en el establecimiento de tendencias progresivas en organismos complejos. Así, puede ocurrir que algunos caracteres con valor adaptativo al nivel individual aparezcan a su vez asociados a determinadas propiedades emergentes de la especie. Este es el caso, por ejemplo, del progresivo aumento de talla que se observa en numerosos grupos y que normalmente ha sido interpretado en términos de selección natural (por ejemplo, en el caso de los roedores del parágrafo anterior). Así, las especies asociadas a una estrategia de tipo k suelen presentar tallas superiores dentro del espectro de tamaños de un mismo clado. Sus poblaciones están compuestas por individuos más longevos, con comportamientos más sofisticados e historias vitales más complejas. Ser más longevo, presentar un comportamiento sofisticado y una historia vital compleja son todos ellos atributos que pueden facilitar en un momento dado el aislamiento genético frente a otras poblaciones, ya que aumentan las probabilidades de que aparezcan factores que impidan el cruzamiento (por ejemplo, ligados al comportamiento o a la ocupación de habitats diferentes). Las especies dotadas de estas características, por tanto, pueden presentar una mayor capacidad de especiación frente a otros grupos próximos. Al aumentar la capacidad de especiación, se aumenta la probabilidad de supervivencia y de persistencia del clado lo que, a largo plazo, resultaría en una tendencia al aumento de talla y de todas aquellas características individuales que tiendan a favorecer este proceso.

Megaevolución

Más allá de la existencia de tendencias progresivas en algunas especies o grupos de especies y de su explicación en términos microevolutivos o macroevolutivos, *el auténtico tema* del «progreso biológico» ha sido siempre la existencia a gran escala de tendencias generales que habrían guiado la evolución en la optimización de algunos parámetros. Esta es la idea clásica que subyace en las obras de la mayor parte de progresionistas de este siglo y del siglo pasado, desde H. Spencer a T. Dobzhansky, pasando por J. Huxley y P. Teilhard de Chardin. Aunque definido de muy diferentes maneras, es curioso constatar la rara unanimidad que ha existido en aceptar que a lo largo de la evolución biológica ha persistido una tendencia general hacia el aumento de complejidad. Esta idea se ha mantenido con diversas variantes, desde las formulaciones más o menos filosóficas de Spencer (tendencia a pasar de la homogeneidad a la heterogeneidad) hasta aquellas más recientes de los grandes autores de la teoría sintética, como L. Stebbins: «Una tendencia al aumento de complejidad del desarrollo y del grado de integración del fenotipo para conferir una mayor capacidad de explotar ambientes nuevos» (Stebbins, 1974). Sin embargo, esta concepción del progreso biológico ha tropezado reiteradamente con la dificultad de encontrar un parámetro que permitiese definir el aumento de complejidad en términos contrastables.

Complementaria a la idea de complejidad creciente, está también la idea de que la evolución ha comportado una progresiva independización del medio: a medida que se ascendía en la escala de complejidad, los organismos se habrían dotado de mecanismos cada vez más efectivos a la hora de sortear las variaciones ambientales. En estos términos se han interpretado innovaciones tales como las cutículas de las plantas, la aparición de las semillas, el huevo amniótico o la placenta. Esta idea puede rastrearse en la obra de autores finalistas como Teilhard de Chardin, y fue ampliamente desarrollada *a posteriori* por alguno de sus discípulos (por ejemplo, M. Crusafont). Sin embargo, no es ajena en absoluto a los padres de la teoría sintética, como lo demuestra el texto de Stebbins antes reseñado. Es más, el propio T. Dobzhansky trató extensamente el tema en una obra cuyo título es altamente significativo: *Las bases biológicas de la libertad humana*. La idea de que la evolución ha favorecido aquellas formas dotadas de una mayor resistencia frente a las fluctuaciones ambientales ha sido otra de las constantes de los partidarios del progreso evolutivo. Sin embargo, como sucedía con la complejidad biológica, la mayor dificultad con que se encontraron sus defensores fue la de formular esta progresiva independización del medio en términos contrastables.

Más recientemente, el tema del progreso biológico ha derivado hacia planteamientos más realistas y contrastables, como es el caso de la diversidad biológica: a lo largo del tiempo, la diversidad de formas biológicas se habría incre-

246

mentado progresivamente hasta llegar a las cotas actuales. Ciertamente, cuando se observa la pauta general de la diversidad en la historia de la vida, medido en número de familias, se constata un incremento neto en el número de éstas a lo largo de la escala temporal (figura 2). Sin embargo, este argumento tiene un punto débil. En efecto, aunque es evidente que existe un aumento neto en el número de familias a lo largo del tiempo, este no es exactamente lineal, ya que en el curso de la historia de la vida se observan continuos altibajos; y a una tendencia que se suponga progresiva en términos absolutos se le debe exigir linearidad en el tiempo. Así, se constata que el registro de familias marinas sufre un incremento explosivo a principios del Cámbrico y, sobre todo, durante el Ordovícico. Sin embargo, a partir del Silúrico se produce una cierta estabilización que, con variaciones, se mantiene en torno a las 500 familias. Posteriormente tiene lugar una abrupta caída de diversidad a finales del Pérmico, coincidiendo con la extinción en masa del límite Paleozoico-Mesozoico. Después, a principios del Triásico, se inicia una clara recuperación que prosigue de una manera casi constante hasta nuestros días, y que las sucesivas recaídas debidas a extinciones en masa (Triásico terminal, Cretácico medio, Cretácico-Terciario) no consiguieron quebrar. El otro problema que surge en este caso es lo que David Raup ha llamado «el influjo de lo reciente». Es decir, el efecto que sobre los cálculos de la diversidad en el pasado tiene el hecho de que cuanto más ascendemos hacia el presente más completo es el registro fósil (debido a la cantidad de sustrato rocoso no destruido), lo que puede crear un falso efecto de «aumento de diversidad».

Sin embargo, ha sido S.J. Gould quien se ha opuesto de una manera más firme a la idea de que la evolución ha comportado un aumento de tipos biológicos a lo largo del tiempo. Para este paleontólogo, lo que realmente se ha producido es una disminución del número de tipos biológicos: el llamado «árbol de la vida», la clásica metáfora del pro-

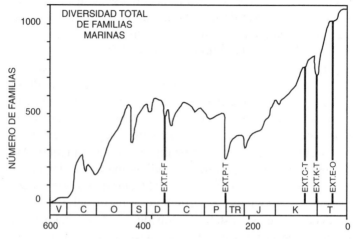

DIVERSIDAD DE FAMILIAS MARINAS A TRAVÉS DE LOS TIEMPOS
(Modificado de Sepkoski, 1993)

TIEMPO GEOLÓGICO (millones de años antes de la actualidad)

Figura 2. Registro de la diversidad de familias marinas durante los últimos 600 millones de años. A pesar de los sucesivos eventos de extinción masiva que se han sucedido desde entonces (Frasniense-Fameniense, Pérmico-Triásico, Cenomaniense-Turoniense, Cretácico-Terciario, Eoceno-Oligoceno), se aprecia un incremento general de la diversidad general a lo largo del tiempo. Modificado de Sepkoski (1993) en Kauffman (1996).

greso biológico, no se corresponde con un frondoso roble que progresivamente multiplicase sus ramas hacia el cielo, sino más bien un seto mal podado del que sólo sobresalen una pocas ramas (fig. 3). En otras palabras, la máxima diversidad biológica se habría dado en el Cámbrico, con una extraordinaria profusión de tipos biológicos (como los que recoge el yacimiento de Burgess Shale en Canadá). Posteriormente, la extinción en masa del final del Cámbrico habría dejado el número de tipos biológicos reducidos a poco menos que los tipos actuales. Por tanto, difícilmente se podría hablar de aumento de diversidad biológica sino, más bien, de regresión.

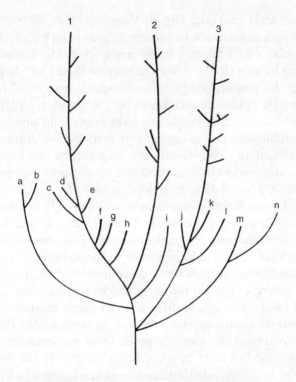

Figura 3: El «árbol de la vida», de acuerdo con las ideas de S.J. Gould, donde se muestra que a partir del periodo Cámbrico se produjo una disminución de diversidad de tipos biológicos, y no un aumento progresivo (como preconizaban los árboles evolutivos de principios de siglo).

Sin embargo, en este caso la argumentación de Gould se debilita si, en lugar de tipos zoológicos, consideramos el número de innovaciones evolutivas o bien el número de tipos celulares (Bonner, 1993; Valentine et al., 1994). Así, ha sido John T. Bonner, entre otros, quien ha puesto de manifiesto que existe una escala progresiva de aumento de tipos celulares a lo largo de los distintos tipos zoológicos. Además, en este caso la correlación es casi perfecta, ya que se observa un aumento lineal de la diversidad celular a lo largo

249

de la escala geológica (fig. 4; Valentine et al., *op. cit.*). Sin embargo, la discusión ha surgido cuando se ha tratado de interpretar esta tendencia como aumento de diversidad. De nuevo ha sido Gould, junto a la microbióloga Lyn Margulis, quien ha proporcionado los argumentos más incisivos en contra de la idea de una escala progresiva de complejidad. En efecto, aun admitiendo que haya existido un aumento en la complejidad de los organismos definible en términos de tipos celulares, para Gould ello no significa que haya habido una tendencia unidireccional en ese sentido, sino un aumento general de la diversidad *en todos los sentidos posibles*. Lo que habría aumentado en realidad es la variabilidad de las especies que pueblan la Tierra. La diversificación habría afectado tanto a organismos complejos como a formas unicelulares, y en todo momento se sucederían tanto incrementos como disminuciones de complejidad (figura 5). Lo que ocurre es que las formas procariotas tienen una limitación básica y es que la diversidad no puede entenderse por debajo de ciertos niveles mínimos de complejidad (lo que actuaría como un «muro» o prohibición que impediría progresar por la vía de la simplificación). Por la vía del aumento de complejidad, en cambio, el crecimiento podría ser ilimitado, y el simple proceso de adición de nuevas formas daría como resultado un aumento neto de diversidad. En realidad no existiría un mecanismo activo que favoreciese particularmente la existencia de organismos más complejos: se trataría simplemente de un proceso pasivo de difusión asimétrica.

Sin embargo, de nuevo aquí Gould pasa por alto el problema de fondo. Si la biosfera, con todos sus ecosistemas, constituye finalmente un sistema cerrado, entonces la consecuencia previsible de la evolución es la tendencia al equilibrio, no la sucesiva producción de nuevas formas biológicas, ya se trate de especies, órganos o tipos celulares. ¿Por qué, entonces, se han alcanzado en la Tierra tales niveles de diversidad biológica y gozamos de una biosfera compuesta por

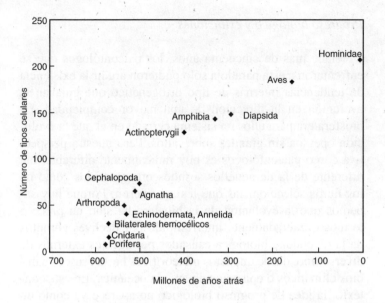

Figura 4: Aumento de diversidad de tipos celulares en los últimos 600 millones de años (modificado de Valentine et al., 1994).

algo más que eficientes y laboriosas bacterias? La selección natural y la competencia entre especies puede promover la ocupación de nuevos nichos y espacios ecológicamente vacíos, pero por mucho que se prolongue este juego el resultado final debe ser forzosamente el equilibrio y, por tanto, la estabilidad biológica. Pero esta no es, ni mucho menos, la imagen que arroja la historia de la vida sobre el planeta y que aparece como una escala progresiva de tipos biológicos. Si existe el progreso biológico (y es difícil negar que, por activa o por pasiva, ha existido un incremento en la diversidad biológica), entonces los biólogos evolutivos tenemos un problema que explicar.

Progreso biológico y extinciones

Hace más de cincuenta años, los paleontólogos que se enfrentaron a esta paradoja sólo pudieron argüir la existencia de tendencias internas de tipo ortogenético que guiaban la evolución en la dirección de una mayor complejidad. La biosfera era para ellos un sistema cerrado en el que la evolución operaba sin grandes sobresaltos. Pero nuestra perspectiva como paleontólogos es hoy radicalmente diferente, tan diferente de la de aquellos sesudos ortogenetistas como de los fieros seleccionistas que les sucedieron. Porque hoy sabemos que la evolución de la biosfera ha sido un proceso tortuoso reiteradamente interrumpido por declives abruptos de la diversidad biológica causados por agentes externos de diverso tipo, desde impactos meteoríticos hasta bruscos cambios climáticos o episodios de anoxia oceánica. En este contexto, la idea de progreso biológico no aparece ya como un elemento extraño a la evolución sino, tal vez, como un corolario necesario de la misma.

En efecto, supongamos un planeta sucesivamente puntuado por catástrofes más o menos periódicas. Supongamos ahora que estas catástrofes sucesivas no provocaron la extinción completa de toda la fauna, sino que una pequeña porción de la biosfera fue capaz de sobrevivir a cada episodio catastrófico. Ha sido David Jablonski quien ha mostrado que las características que imparten resistencia a la extinción en periodos de estabilidad no son las mismas que imparten resistencia a la extinción durante las extinciones en masa (Jablonski, 1987 y, 1996). Estas características serían diferentes en cada caso, variando de extinción en extinción. Ahora bien, supongamos, contra Jablonski, que sí, que algunos atributos que se han preservado a lo largo de las distintas extinciones masivas sí proporcionan una mayor resistencia frente a la extinción en aquellas especies que los poseen. Este escenario no es imposible y ha sido reconocido por el mismo Jablonski (1995), sobre todo si se tiene en cuenta que este pa-

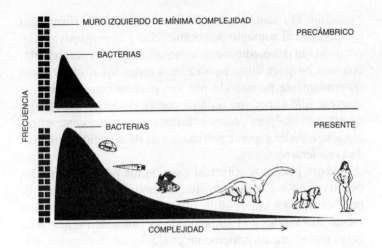

Figura 5: Para S.J. Gould no existe el llamado «progreso evolutivo». La escala ascendente de complejidad no sería sino un efecto del aumento asimétrico de diversidad a lo largo del tiempo. Mientras que por un lado existe un «límite inferior de complejidad» que difícilmente puede ser sobrepasado, por el otro, la complejidad se incrementa de manera pasiva por la adición de nuevas especies (modificado de Gould, 1994).

leontólogo basó su formulación en una división excluyente entre eventos de extinción masiva y periodos estables con extinción «normal». Pero, de hecho, la escala de eventos más o menos catastróficos que han afectado a la biosfera es continua, desde los factores estacionales a la caida de meteoritos pasando por las fases glaciares. Curiosamente, como también ha mostrado Margalef (1986), la probabilidad de cada evento es inversamente proporcional a los efectos que produce en la biosfera (figura 6). Todo funciona, por tanto, como si a lo largo de la evolución hubiese habido una suerte de «acostumbramiento» a los eventos de menor entidad, como si los sucesivos episodios climáticos y de todo tipo que han puntuado la historia de la Tierra hubiesen seleccionado aquellas características que favoreciesen la resistencia a la extinción. Por tanto, la tendencia al aumento de diversidad (incluyendo el aumento de complejidad y la progresiva independización del medio) sería compatible (y *sólo* compatible) con una biosfera cuyo equilibrio, a todos los niveles, fuese reiteradamente perturbado por abruptas entradas de energía externa. Ello supondría admitir que la evolución necesitaría de un «motor» para producir formas progresivamente eficaces a la hora de superar pertubaciones de duración e intensidad crecientes.

Ahora podemos volver al caso de los pequeños topillos del Plioceno y Pleistoceno. Recordemos que en muchas líneas evolutivas era posible observar una tendencia al aumento de tamaño y al aumento de la altura de sus molares. Este cambio era aparentemente gradual y unidireccional. Recordemos también que esta tendencia unidireccional no podía ser explicada por la acción de la selección direccional actuando a lo largo de millones de años. Pero si ahora analizamos el contexto climático de la parte superior del Plioceno y del Pleistoceno, se observa que los últimos 3 millones de años han constituido uno de los periodos con mayores fluctuaciones climáticas de todo el Cenozoico (figura 7). Estas fluctuaciones llegaron a ser extraordinariamente rápidas, incluso en términos biológicos (pocos miles de años). La continua ruptura del equilibrio establecido entre las diferentes especies pudo muy bien actuar como motor de su evolución, favoreciendo una permanente selección de aquellas poblaciones cuyos atributos les permitían sobrevivir a los sucesivos declives climáticos. El aumento de talla, la aparición de lóbulos dentarios suplementarios y el aumento de altura de las coronas de los molares son todas ellas características que se habrían seleccionado positivamente en este contexto.

Conclusiones

Así pues, esta ponencia se vertebra sobre tres tesis:

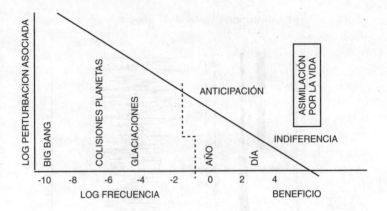

Figura 6. Relación inversa entre la frecuencia de las perturbaciones naturales y su intensidad, donde se comprueba que no existe solución de continuidad entre aquellas de mayor intensidad y baja frecuencia («catástrofes») y aquellas otras que han sido asimiladas por la evolución (de Margalef, 1986).

1. Efectivamente, el progreso biológico es una realidad sustentada por el registro fósil, incluso si se le define en sus términos más restrictivos (aumento de diversidad biológica por difusión pasiva).

2. La existencia del progreso biológico constituye, en sí misma, una paradoja y un problema para el biólogo evolutivo, ya que la selección natural por sí sola no puede dar cuenta de este fenómeno a largo plazo.

3. Sin embargo, la existencia del progreso biológico es compatible con una concepción de la biosfera como sistema abierto sometido a fluctuaciones permanentes. Estas entradas periódicas de energía externa provocarían la selección reiterada de aquellas innovaciones evolutivas que facilitasen la supervivencia durante los sucesivos periodos de crisis. Por el contrario, la existencia del progreso evolutivo sería incom-

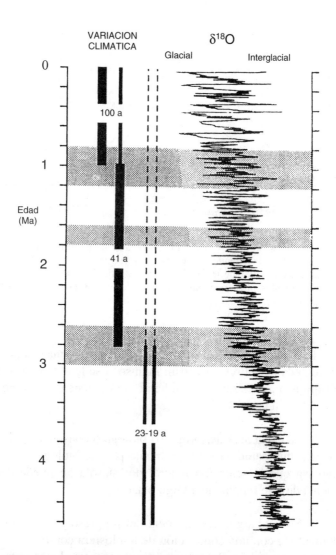

Figura 7: Oscilaciones climáticas en los últimos 14 millones de años, basadas en el registro oceánico del isótopo $\delta^{18}O$ (a la izquierda, duración de los ciclos climáticos en miles de años).

patible con un modelo de biosfera concebido como un sistema cerrado en el que la evolución fuese el resultado único de la autorregulación del sistema (como en el caso de la hipótesis de Gaia).

REFERENCIAS

Agustí, J., Castillo, C. y Galobart, A., «Heterochronic evolution in the late Pliocene-early Pleistocene Arvicolids of the Mediterranean area», *Quaternary International* (Oxford), 19 (1993), págs. 51-56.

Bonner, J.T., *Life cycles. Reflections of an Evolutionary Biologist*, Princeton Univ. Press, Princeton, 1993. Traducción española: Alianza Editorial, Madrid, 1995.

Chaline, J. & Laurin, B., «Phyletic gradualism in a European Plio-Pleistocene *Mimomys* lineage (Arvicolidae, Rodentia)», *Paleobiology*, 12 (2) (1986), págs. 203-216.

Chaline, J., Laurin, B., Brunet-Lecomte, P. y Viriot, L., «Morphological trends and rates of evolution in arvicolids (Arvicolidae, Rodentia): towards a punctuated equilibria/disequilibria model», *Quaternary International*, 19 (1993), págs. 27-39.

Fahlbusch, V., «Populationsverschiebungen bei tertiaren Negtieren, eine Studien an oligozanen und miozanen Eomyidae Europas», *Bay. Akad. Wissench. Mat.-Naturw. k.*, Abh. N.F. (Munich), 145 (1970), págs. 1-136.

Gould, S.J., «On replacing the idea of progress with an operational notion od directionaly», en M. H. Nitecki, ed., *Evolutionary progress*, The Univ. of Chicago Press, Chicago, 1988.

Gould, S.J., «La evolución de la vida en la Tierra», *Investigación y Ciencia*, 219 (1994), págs 55-61.

Hoffman, A., *Arguments on Evolution*, Oxford Univ. Press, Oxford, 1989.

Jablonski, D., «Heritability at the Species Level: Analysis of Geographic ranges of Cretaceous Mollusks», *Science*, 238 (1987), págs. 360-363.

Jablonski, D., «Extinction in the fossil record», en J.H. Lawton & R.M. May, eds., *Extinction rates*, Oxford Univ. Press, Oxford, 1995, págs. 25-44.

Jablonski, D., «Extinción de fondo frente a extinciones en masa», en

Jordi Agustí, ed., *La lógica de las extinciones*, Tusquets Editores (Metatemas 42), Barcelona, 1995, págs. 65-91.

Kauffman, E.G., «Las consecuencias de la extinción en masa», en Jordi Agustí, ed., *La lógica de las extinciones*, Tusquets Editores (Metatemas 42), Barcelona, 1995, págs. 65-91.

Margalef, R., «Sucesión y evolución: su proyección biogeográfica», *Paleontologia i Evolució* (Sabadell), 20 (1986), págs. 7-26.

Martin, L.D., «The biostratigraphy of arvicoline rodents in North America», *Transactions of the Nebraska Acad. of Sciences*, 7 (1979), págs. 91-100.

Stebbins, G.L., «Recursos adaptativos e innovación evolutiva: un enfoque composicionista», en F.J. Ayala y T. Dobzhansky, eds., *Estudios sobre la Filosofía de la Biología,* Ariel, Barcelona, 1983.

Valentine, J.W., Collins, A.G. y Porter Meyer, C., «Morphological complexity increase in metazoans», *Paleobiology*, 20 (2) (1994), págs. 131-142.

Vianey-Liaud, M., «Evolution des rongeurs à l'Oligocène en Europe occidentale», *Palaeontographica*, Abr. A. Band., 166 (1979), págs. 136-236.

Coloquio

Jordi Bascompte: David Hull ha dicho que para que haya progreso tiene que haber en primer lugar cambio y en segundo lugar algún juicio de valor. Me da la sensación de que no has tenido en cuenta este segundo aspecto. Es decir, identificas progreso con un cambio direccional mantenido durante un lapso de tiempo suficientemente largo.

Jordi Agustí: Evidentemente no hay progreso si no se pasa de menos a más respecto de algo, o de más a menos. Otra cosa es que eso constituya una mejora o un empeoramiento. En algunas formas insulares, por ejemplo, se observa una disminución de tamaño. Pero yo creo que lo fundamental aquí es la direccionalidad del cambio.

Jordi Bascompte: Otra cuestión. Si consideramos las tendencias evolutivas como un cambio lineal filético es fácil que haya una adherencia al concepto de progreso, pero en uno de sus artículos Gould reinterpreta las tendencias evolutivas como un cambio de variancia. Uno de los ejemplos que reexamina es el de la evolución del caballo. La realidad es que hubo una gran diversidad de caballos primitivos. Algunas líneas ciertamente muestran un incremento de tamaño, pero en otras no cambia y en algunas incluso disminuye. Lo que ocurre es que la mayoría de estas formas se extinguieron y sólo han quedado unas pocas. Lo que quiero decir es que quizá la idea de tendencia lineal es más un producto de nuestra forma de reconstruir el pasado, de unir mediante una lí-

259

nea recta una serie de formas, que del proceso evolutivo mismo.

Jordi Agustí: Puede ser. Pero, si nos fijamos bien, lo sorprendente es que determinadas tendencias se den de forma independiente en distintas líneas. El aumento de la altura de la corona de los dientes se da también en otras líneas de roedores que no tienen nada que ver con la que he presentado aquí. Es ahí donde creo que hay que escarbar para encontrar algo interesante.

Ángeles Sacristán: Una cosa que no hemos tocado aquí es la economía. ¿Cuánto se ahorra en el proceso que estamos siguiendo? Seguramente es mucho más barato tener dientes más largos, que duren más tiempo, que producir dientes de recambio. Esto lo vemos constantemente en la naturaleza, y sugiere una línea de progreso. También la asociación y el trabajo en equipo tienen en última instancia una motivación económica. Un roedor es un animal que gasta muchísima energía, tiene que pasarse el día comiendo. En la serie que nos has mostrado yo diría que la tendencia es hacia una reducción del gasto de energía. Un animal más grande tiene más capacidad para acumular energía y no necesita pasarse el día comiendo como hacen los roedores e insectívoros más pequeños.

Jorge Wagensberg: Estoy de acuerdo. Yo creo que, en efecto, la eficacia es una de las cosas más progresivas, en el sentido de que contribuye a independizarse del entorno.

Ángeles Sacristán: Sí, pero yo no hablo tanto de eficacia biológica como de ahorro de energía. La estrategia de la k, por ejemplo, es más ahorrativa que la estrategia de la r.

Jorge Wagensberg: Para mí el ahorro también es una estrategia que contribuye de manera directísima a independizarse del entorno, a amortiguar las fluctuaciones, y lo mismo se puede decir de la eficacia. Yo creo que ambas cosas son claramente progresivas según nuestra definición de progreso.

Ambrosio García Leal: Tengo que discrepar en eso. La definición formal que propones identifica el progreso con la independencia de la *incertidumbre* del entorno, y eso no tiene nada que ver ni con la eficacia biológica ni con la economía, y sí con la complejidad. Para mí la justificación de la tendencia evolutiva hacia una mayor complejidad hay que buscarla no en la eficacia biológica, sino en la internalización de las fluctuaciones ambientales. Y esto no se consigue simplemente aumentando la eficiencia. Eso sería especializarse, es decir, una forma de adaptarse. Pero adaptarse no es lo mismo que progresar, al menos no según tu definición. Para mí el motor del progreso biológico sería más bien la inestabilidad ambiental. Pienso que la manera en que se distribuyen las perturbaciones favorece de algún modo la evolución de formas cada vez más capaces de absorber las fluctuaciones del entorno. Y eso no se consigue de cualquier manera, se consigue procesando más información e incrementando la complejidad.

Jorge Wagensberg: O simplificándose.

Ambrosio García Leal: No, porque cuando uno se simplifica es para adaptarse de manera más económica, más eficaz si se quiere, a un entorno básicamente predecible. Es lo que hacen los parásitos. En cambio, cuando se trata de absorber fluctuaciones el hecho de ser más grande, por ejemplo, constituye una especie de preadaptación, pero no al nivel de la selección natural darwiniana, sino a otro nivel más alto, macroevolutivo.

Jordi Agustí: Completamente de acuerdo.

Jesús Mosterín: Yo supongo que cuando uno discute sobre si hay o no progreso en la evolución biológica se está refiriendo a un progreso global. Es obvio que localmente y en periodos de tiempo limitados siempre se puede encontrar algo que cambie hacia arriba o hacia abajo. Los dinosaurios fueron aumentando de tamaño durante un tiempo, pero a partir del Jurásico lo cierto es que disminuyen. De mi visita al Museo de Historia Natural de Atenas recuerdo los numerosos restos de huesos procedentes de islas del Mediterráneo. Los elefantes y caballos se habían adaptado al medio insular haciéndose más pequeños. Las mismas líneas que en otras circunstancias habían aumentado de tamaño, aquí se habían reducido. Nos has mostrado una evolución en la que hay un aumento de tamaño de los dientes, pero hay otras líneas, la nuestra misma, en las que ha habido una disminución del tamaño dental. Por eso me parece una extrapolación un tanto gratuita decir que, puesto que localmente y en un periodo de tiempo limitado una cierta magnitud ha aumentado o ha disminuido, existe un progreso global. Lo único que se puede decir que ha progresado es la adaptación al medio en el que uno se encuentra, y esta adaptación progresiva cambia de dirección como una veleta en función de los cambios del entorno. Fuera de este contexto ambiental, por lo tanto, yo no entiendo muy bien qué significa esto del progreso.

Jordi Agustí: Para empezar, no es una veleta lo que se observa, y esto es lo interesante. La tendencia al aumento de tamaño se observa en muchas líneas de mamíferos. El caso de las islas es extraordinariamente interesante porque constituyen auténticos laboratorios evolutivos. ¿Por qué se hacen pequeños los elefantes en las islas? ¿Quién es aquí el monstruo, el gigante o el enano? La explicación es que en las islas no hay depredadores. Lo que obliga a los elefantes a convertirse en gigantes en el continente es la presión de los depredadores. En las islas no hay depredadores, de manera que los

262

elefantes se quedan en un tamaño más óptimo desde el punto de vista metabólico. El monstruo no es el elefante de un metro de altura, sino el de tres metros. Con los roedores pasa lo contrario. En ausencia de depredadores se hacen gigantes. Unos y otros tienden a una relación superficie/volumen óptima.

Ramón Margalef: Es interesante señalar que en los mamíferos el tamaño sustituye la capacidad de vuelo cuando se trata de animales que están obligados a migrar de alguna forma. Ciertamente los mamuts debían migrar, y también los elefantes actuales se mueven mucho de un sitio a otro. En cambio, los intentos de migrar de los roedores son encomiables pero no han llegado a gran cosa.

María José Prieto: Parece que una de las tendencias evolutivas más claras es hacia el aumento de complejidad, pero yo me pregunto si hay algún ejemplo de simplificación eficaz. ¿Hay algún caso en que, en lugar de tenderse a la complejidad, se haya tendido a la simplificación y esto haya sido eficaz?

Jordi Agustí: Todo depende de cómo definamos la complejidad. En principio es posible. Un mecanismo es la pedomorfosis, es decir, la juvenilización del estadio adulto. En este caso el crecimiento se detiene en una fase juvenil —progénesis— o bien persisten caracteres juveniles en la fase adulta —neotenia—. Este es un mecanismo evolutivo recurrente. La evolución dispone de toda la ontogenia de un organismo para tomarla como fuente de variabilidad si hace falta.

Jesús Mosterín: La complejidad es, por supuesto, una noción muy relativa, pero parece ser que en muchos casos los organismos pierden estructuras y funciones cuando dejan de ser adaptativas, y por lo tanto su complejidad disminuye en este sentido. Un ejemplo son los animales que viven en cuevas, muchos de los cuales han perdido el sentido de la vista, o los animales que han vuelto al mar y han perdido miembros y estructuras que ya no tienen función en el agua. Así pues, tampoco se puede decir que el aumento de complejidad sea una ley general.

Jorge Wagensberg: Tienes toda la razón. No son leyes generales, son leyes particulares interesantísimas para las generalizaciones que queremos hacer aquí sobre la adaptación y todas estas pseudodefiniciones de progreso. El aumentar de tamaño puede ser progresivo en muchos casos y regresivo en otros. Reglas de ese talante no se pueden hacer generales. Pero precisamente eso es lo interesante, es decir, dadas unas condiciones cuáles son las reglas que intervienen. Lo único que es general es la física y la química.

Jordi Agustí: Pero, atención, hay que contar con que existe una información ya acumulada a nivel genético que no se ha perdido.

Jorge Wagensberg: A la pregunta que se ha formulado yo respondería que sí, que es perfectamente posible una disminución de complejidad si es para independizarse del entorno.

Ambrosio García Leal: Yo creo que sí se puede hacer una generalización. No se me ocurre ninguna disminución significativa de complejidad que no vaya ligada a un aumento de la predictibilidad del entorno. Para mí lo que favorece el incremento de complejidad es el independizarse de las perturbaciones ambientales, pero no de las predecibles, sino de las impredecibles.

Jorge Wagensberg: Ni siquiera eso es general, creo.

264

Jordi Agustí: Lo cierto es que las especies cavernícolas que hemos citado como ejemplo de simplificación sí que viven en un medio bastante más estable y predecible que el medio exterior.

Vicente Solé: Me pregunto si a lo largo del proceso evolutivo considerado a largo plazo existe, en un número estadísticamente significativo de líneas evolutivas, una tendencia hacia la captación, almacenamiento y elaboración de la información en los seres vivos, en aras de una mayor eficacia.

Jorge Wagensberg: Yo creo que hay indicios suficientes para afirmar que desde los primeros procariotas hasta ahora ha habido un progreso importante en el manejo y almacenamiento de la información. Lo difícil es cuantificar el aspecto semántico de toda esa cantidad de información. Pero sí que podemos observar el comportamiento de los individuos, y yo sigo manteniendo que entre un procariota y Shakespeare hay una clarísima diferencia. Y no hace falta saber mucho para verla.

La escalera estadística de la evolución: el desarrollo embrionario como generador de complejidad

Michael L. McKinney

Michael McKinney *(Baton Rouge, EE UU, 1953) se doctoró en geología por la Universidad de Yale y ha sido profesor de geología, geología histórica, mineralogía y estratigrafía en varias universidades como Yale y Florida. Es profesor titular en la Universidad de Tennessee, Knoxville, y miembro de varios organismos profesionales. Es conocido por sus investigaciones en el análisis y la clasificación de las heterocronías y en las causas e importancia evolutiva de tales fenómenos. También ha estudiado las tendencias evolutivas en el caso de los cambios de tamaño.*

Introducción

No hace mucho el paleontólogo británico Simon Conway Morris, en lo que seguramente es su mejor frase, hizo este comentario: «Está claro que ahora no está de moda hablar del progreso evolutivo». ¿A qué se debe esta situación? La razón es en parte cultural. Muchos analistas han señalado que las ideas científicas están influidas por su contexto cultural. En particular, la popularidad del progreso evolutivo en el siglo XIX y principios del XX se atribuye a menudo a la gran expansión económica y tecnológica de la época. Y más de un observador ha señalado que el declive en la popularidad del progreso evolutivo tiene que ver con la actual inquietud económica y social de la civilización occidental, sobre la que tanto se lee en estos días. La excelente antología de lecturas sobre el progreso evolutivo de Matthew Nitecki (1988) comienza con la frase: «El pesimismo prevalece en nuestro mundo...». Al lado de estas influencias pasivas sobre nuestra percepción del progreso, hay críticos que de forma estentórea atacan el concepto mismo. Stephen Jay Gould (1988a), por ejemplo, ha escrito que «el progreso es una idea nociva, culturalmente implantada, no comprobable, no operativa e intratable que debe ser reemplazada...»

Aparte de las influencias culturales que hacen del progreso evolutivo una idea anacrónica, hay también razones científicas. Ahora se sabe que muchas de las cosas que se dijeron sobre el progreso evolutivo son inexactas. Las nociones simplistas de ortogénesis y teleología son ahora rebatidas de un plumazo hasta en los libros de texto más elementales. Como era de esperar, el péndulo de la opinión científica se ha desplazado hacia el otro lado, y muchos observadores ven ahora la evolución como un proceso aleatorio sin ninguna dirección (Gould, 1989, 1995), dominado por eventos catastróficos que «borran» la pizarra evolutiva (Raup, 1991).

Pero, a pesar de todas estas influencias culturales y científicas, la idea del progreso evolutivo dista mucho de estar muerta o siquiera dormida. De hecho, estoy de acuerdo con Michael Ghiselin (1992) cuando escribe que la mayoría de biólogos evolutivos cree que el progreso es un fenómeno real. Parece que muchos biólogos lo reconocen en privado, pero son reacios a discutir la cuestión. Michael Ruse (1993) ha sugerido que la idea del progreso evolutivo sigue resurgiendo porque, al menos en parte, es seductora. En este artículo argumentaré que si resurge es porque el progreso evolutivo es real a muchas escalas de observación. Es más, defenderé una herejía aún más vilipendiada: que existe un progreso evolutivo esencial, absoluto. Hasta los críticos más vehementes admiten que hay multitud de tendencias progresivas «locales» que afectan sólo a unos pocos linajes, como el incremento del tamaño corporal o el grosor de conchas y caparazones (Hull, 1988; Gould, 1988b). Este progreso está relativamente bien documentado (Ruse, 1993).

Pero aquí voy a defender la existencia de lo que Ruse (1993) llama progreso absoluto, es decir, el mejoramiento según una escala de valor fija. Primero, quiero abolir la palabra «mejoramiento», porque está cargada de connotaciones. «Mejoramiento» deriva de «mejor», y no quiero hacer juicios de valor. En su lugar emplearé la palabra «incremento». Así que redefiniré el progreso absoluto como un incremento según una escala de valor fija. La escala de valor que quiero emplear es la de complejidad (cosa que quizá no sorprenda). La complejidad es un tema enormemente complicado que últimamente ha producido una abundante bibliografía. En el contexto de este artículo, la complejidad tiene la importante ventaja de que puede medirse de varias maneras. Esto es crucial si pretendemos hacer una valoración objetiva del cambio progresivo en la evolución.

La complejidad tiene otra ventaja: es un rasgo general que, a diferencia por ejemplo del tamaño del cerebro, puede medirse en muchas clases de organismos, de las bacterias a los humanos. También, al ser lo opuesto de la simplicidad estructural, punto de partida de la vida, parece la métrica más lógica para el progreso global de la biosfera como un todo. Así, en contraste con los progresos «locales» antes mencionados, podemos intentar identificar cualquier tendencia general de la complejidad en la historia de la vida. En palabras de Daniel Dennett (1995), la complejidad representaría un progreso «global», mientras que para David Hull (1988) representa una «gran» dirección frente a las muchas «pequeñas» tendencias direccionales restringidas en el tiempo y en el espacio a unos pocos linajes evolutivos y a ciertos periodos.

Una defensa de la evolución de la complejidad

En este artículo discutiré los siguientes puntos principales concernientes al incremento de complejidad:

1. El *límite superior* de la complejidad morfológica y comportamental en el seno de la biosfera ha aumentado a lo largo del tiempo geológico. Esto ha llevado también a un incremento en la complejidad ecológica, porque las interacciones organísmicas están determinadas en gran medida por la morfología y el comportamiento.

2. Un mecanismo clave que impulsa este incremento de complejidad es la selección natural de *ontogenias modificadas*, especialmente las mutaciones que afectan la ontogenia tardía, que pueden ampliar la trayectoria del desarrollo. Rechazo la expresión «adición terminal», porque el desarrollo es un proceso no lineal que no se amplía de manera aditiva. Yo prefiero el término «extensión terminal».

3. El progresivo aumento del límite superior de complejidad no es un simple incremento monotónico, sino un proceso de *difusión estadística* en clases más complejas de morfología y comportamiento. Es característico, pues, que haya muchas reversiones y demoras, pero en la evolución existe una tendencia episódica hacia la complejidad.

4. La tasa de incremento de la complejidad morfológica ha descendido; en cambio, el incremento en la complejidad comportamental *se ha acelerado*. Para mí esto refleja una diferencia cualitativa entre adaptaciones morfológicas y adaptaciones comportamentales. Estas últimas representan formas de superar las severas restricciones físicas inherentes a la adaptación morfológica. El comportamiento está sujeto a muchas menos ligaduras.

Ninguna de estas ideas es nueva. John Bonner (1988), por ejemplo, ha argumentado extensivamente en favor de la mayoría de ellas. Pero pienso que estoy en condiciones de refinar y extender sustancialmente los argumentos de estos autores. La razón es que en los últimos años ha habido avances teóricos y empíricos significativos, especialmente en paleontología, que confirman estos puntos.

Antes de comenzar con mis argumentos y datos en favor de la evolución de la complejidad a través de los cambios en el desarrollo, me gustaría responder brevemente a la crítica de que estas ideas son anacrónicas desde el punto de vista ideológico e ingenuas o aburridas desde el punto de vista científico. En cuanto a la ideología, simplemente quiero hacer notar que, si bien es cierto que los políticos pueden haber abusado de una idea como el progreso evolutivo, también lo es que los políticos han demostrado a través de la historia que son capaces de abusar con la misma facilidad de ideas científicamente aceptadas. La selección natural, por ejemplo, es una noción claramente válida cuando se aplica a la evolución biológica, y su extendido abuso para justificar la opresión y otras formas de darwinismo social no disminuye su importancia en la historia de la vida. Como nos ha enseñado la controversia creacionista, la corrección científica suele dejarse de lado cuando hay necesidades emocionales en juego, pero esto no debería hacernos temer que el progreso evolutivo pueda ser una «ley» de la naturaleza.

En cuanto a la crítica de que estas ideas son simplemente versiones disfrazadas de especulaciones ya descartadas, revisaré aquí la bibliografía en rápido crecimiento sobre la evolución del desarrollo y las pautas fósiles de la evolución de la complejidad, una bibliografía que apoya estas ideas con más claridad que nunca. La evolución de la complejidad está lejos de seguir una pauta lineal y determinista basada en simples adiciones terminales a la ontogenia, como propusieron Haeckel y otros autores clásicos (Gould, 1977; Richards, 1992). Pero, a muchas escalas, la evolución también está lejos de ser un proceso aleatorio carente de dirección.

Por último, me gustaría contestar a la crítica de que la evolución de la complejidad es «aburrida», empleando el calificativo de Maynard Smith (1988). Algunos autores han expresado que, puesto que la vida comenzó en forma de organismos simples, la evolución de la complejidad se produce simplemente porque no hay otro sitio adonde ir. Esta idea ha adoptado diversos nombres, como los procesos de «ascensión obligada» (McKinney, 1990; McShea, 1994) y de «expansión de la variancia» (Gould, 1988b) que luego discutiremos. La idea es correcta, pero pienso que estos procesos difícilmente se pueden considerar aburridos. Es más, si son predecibles es sólo porque estamos aquí para constatar que han tenido lugar. Estos argumentos omiten el hecho clave de que la vida podría haberse quedado en su estado simple inicial. Puesto que la complejidad nunca surge de la nada, sino que resulta del ensamblaje de unidades más simples, es obvio que tanto la complejidad ontogénica como la complejidad evolutiva están ensambladas de esta manera. Pero esto no explica por qué evolucionó la complejidad a partir de la simplicidad. ¿Qué impulsó la expansión de la variancia, la innovación genética y/o ontogénica intrínseca o la selección

273

ambiental extrínseca? La respuesta a esta cuestión es la clave para comprender la evolución de la complejidad.

Evolución de la complejidad ontogénica

Revisaré ahora brevemente el significado de la complejidad. A continuación discutiré los mecanismos que generan la complejidad biológica. Por último examinaré la complejidad como proceso de difusión y discutiré cómo encaja la evolución humana en todo esto.

¿Qué es la complejidad? Se trata de un concepto difícil pero esencial. Al revisar la vasta y creciente literatura sobre la complejidad me viene a la mente aquel juez del tribunal supremo estadounidense que dijo que, aunque no podía definir la pornografía, sí podía reconocerla cuando la veía. Lo mismo pasa con la complejidad. Muchas definiciones detalladas han demostrado ser inadecuadas en algún sentido (Horgan, 1995). El esfuerzo de Brooks y Wiley (1988) para cuantificar la evolución de la complejidad en los términos de la teoría de la información ha sido también objeto de críticas similares por las mismas razones, es decir, demasiado abstracto y por lo tanto difícil de someter a prueba.

Para minimizar el problema de la abstracción, discutiré la complejidad de una forma muy específica. Por lo general la complejidad se refiere a «más clases» de algo (O'Neill et al., 1986). Así, la implicación general para la complejidad morfológica es que hay un incremento del número de partes estructurales. De modo similar, el incremento de la complejidad comportamental implica más formas de conducta, aunque, obviamente, el registro fósil conserva mejor la evolución morfológica.

Una de las formas de medir la complejidad morfológica más ampliamente analizadas ha sido la diversidad de tipos celulares. Bonner (1988), por ejemplo, representó el número de tipos celulares de los organismos más complejos a lo

274

largo de la historia geológica y encontró que el límite superior de la complejidad biosférica ha aumentado. Esta aproximación ha sido refinada recientemente por Valentine y colaboradores (1994), que registraron una tasa promedio de un nuevo tipo celular cada tres millones de años (figura 1). Obviamente, el número de tipos celulares es una estimación muy tosca de la complejidad. Entre muchas otras cosas, como ha señalado Michael Ruse (1993), da la misma importancia a todas las diferencias entre tipos celulares. Pero seguramente es mejor que el tamaño corporal (véase Bonner, 1988). Reducir toda la complejidad estructural a un peso en kilogramos es una forma aún más burda de nivelar diferencias muy grandes.

Otra aproximación consiste en estimar la complejidad tabulando las partes morfológicas. Por ejemplo, John Cisne (1974) encontró que el número medio de apéndices en los artrópodos acuáticos se ajustaba a una curva logística, con un rápido ascenso en la era Paleozoica y relativamente pocos cambios a partir del Mesozoico. Nótese que, como en todos los casos discutidos hasta ahora, la evolución de la complejidad según una curva logística es lo que predicen muchos modelos teóricos del desarrollo como un sistema de partes interactuantes que rápidamente quedan «congeladas» o canalizadas de manera que cada vez son más difíciles cambios significativos ulteriores (véase Kauffman, 1993). Estas partes interactuantes incluyen genes, células y tejidos, entre otras. Pero reitero que tales pautas no son leyes deterministas. Más bien son patrones estadísticos que reflejan probabilidades sesgadas que son la suma de un conjunto muy complejo de dinámicas que interactúan a muchas escalas de tiempo y espacio.

Un punto clave en mi discusión es que lo más determinante en el sesgo de estas probabilidades quizá sean las diversas contingencias medioambientales que se acumulan al principio de la ontogenia, promoviendo así la extensión terminal de trayectorias ontogénicas preexistentes. La complejidad ontogénica es una medida mucho mejor de la compleji-

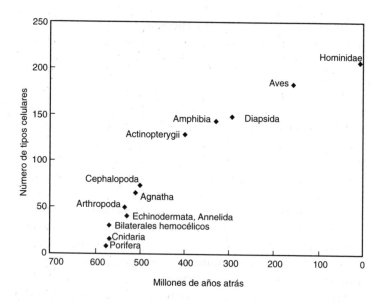

Figura 1. Incremento de la complejidad máxima en la biosfera, medida por el número de tipos celulares. (Modificado de Valentine et al. 1994.)

dad de las especies que la complejidad genética, dado que, por ejemplo, la especie humana tiene menos complejidad genómica que muchas otras (Bonner, 1988; Maynard Smith, 1988).

Un último punto sobre la complejidad es que, cualquiera que sea su definición, hay una tendencia en favor de una retroacción positiva que genera mayor complejidad a medida que progresa la ontogenia y evoluciona filogenéticamente. La idea básica es que cuantas más partes tiene algo más rápido evolucionará, porque hay más partes alterables. Vermeij (1973) lo ha llamado «ley de las partes independientes», pero también es una noción bien conocida en muchas teorías de jerarquías (O'Neill et al., 1986) y en la ingeniería (Casti, 1995). En términos evolutivos, muchos investigadores, como Stanley (1990), han señalado que el incremento de la complejidad morfológica y comportamental se correlaciona con el incremento de las tasas de evolución. Esto incluye tasas crecientes de especiación y extinción acompañadas de un incremento de complejidad.

Evolución ontogénica por extensión terminal

Así como el abuso de la noción de progreso evolutivo en el pasado ha confundido las discusiones modernas sobre el tema, lo mismo se puede decir acerca del concepto de evolución ontogénica. Desde principios del presente siglo los biólogos están de acuerdo en que la recapitulación haeckeliana estricta no se da nunca. Pero aquí reúno evidencias de que la conservación de los procesos ontogénicos tempranos promueve una tendencia estadística hacia las modificaciones tardías del desarrollo. Estas pueden llevar a pautas recapitulatorias generalizadas en el desarrollo, así como a la evolución de la complejidad.

Quiero destacar que esta concepción moderna reconoce dos procesos importantes que la distinguen de otras versiones más simplistas del recapitulacionismo que a menudo han dominado debates pasados. Una es que la ontogenia evoluciona no sólo mediante adiciones terminales, sino a través de muchos otros cambios; sabemos que se producen sustracciones terminales, inserciones no terminales y hasta cambios en las fases iniciales del desarrollo. Más aún, esta concepción moderna reconoce que incluso en los casos en que tiene lugar una extensión del desarrollo, raramente se trata de un proceso aditivo simple. La expresión «adición terminal» implica un proceso lineal, mientras que el desarrollo es un proceso altamente complejo y no lineal, caracterizado por numerosos tipos de interacciones tisulares y cambios de forma alométricos (no lineales) incluso cuando el desarrollo simplemente se extiende o se trunca. Así pues, emplearé la expresión *extensión terminal*, que indica la prolongación de un proceso ontogénico complejo no necesariamente aditivo. En el contexto de la «ley de las partes independientes», los organismos más complejos tienen más vías ontogénicas extensibles. Los mecanismos responsables de la extensión terminal suelen ser heterocrónicos, implicando cambios de ritmo o duración en el desarrollo tardío (McKinney y McNamara, 1991). Los ejemplos incluyen un incremento en la velocidad del desarrollo o una duración acrecentada del mismo.

Dado que la adición terminal haeckeliana universal nunca se da, obviamente no podemos esperar que la ontogenia recapitule la filogenia en todos sus detalles. Sin embargo, si el desarrollo temprano en general se conserva y la extensión terminal es una pauta estadísticamente favorecida, entonces podemos esperar ver pautas generales de recapitulación del árbol filogenético de la vida a muy grandes rasgos. También podemos esperar ver atisbos de recapitulación a menor escala, pero hay que asegurarse y especificar de qué estamos hablando: qué se recapitula exactamente, qué células, qué tejidos, qué comportamientos. La recapitulación no es un fenómeno de «todo o nada». La evolución en mosaico se conoce desde hace tiempo, y esto solo ya nos dice que algunos órganos y vías ontogénicas pueden truncarse o extenderse mientras otros quedan inafectados.

La biología evolutiva está experimentando un renovado interés en el desarrollo. Douglas Futuyma (1988), en su discurso de toma de posesión de la presidencia de la Sociedad para el Estudio de la Evolución, señaló que la comprensión de la influencia de la dinámica del desarrollo en los ritmos y dirección de la evolución es quizá la deficiencia más manifiesta de la moderna teoría evolutiva. O, como dijo Mary Jane West-Eberhard (1992) en un reciente homenaje a J.T. Bonner, los biólogos han padecido una «ceguera colectiva» en lo que respecta al papel del desarrollo en la evolución. Pero después de décadas de pensamiento evolutivo basado en genes e individuos adultos, los evolucionistas están volviendo a comprender que es el desarrollo individual (es decir, la ontogenia) lo que evoluciona, no los genes o los adultos. Tras la evolución ontogénica subyacen mutaciones genéticas, y el producto son adultos modificados. Sin embargo, contemplar la evolución como adaptación a través de una ontogenia alterada proporciona muchas intuiciones, lo cual ha generado una literatura en rápido crecimiento (véase Arthur, 1988; Levinton, 1988; McKinney y McNamara, 1991; y Hall, 1992).

Se suele reconocer que el actual renacimiento del interés por la ontogenia en evolución parte del prolijamente citado *Ontogenia y filogenia* de Gould (1977) (McKinney y McNamara, 1991, Hall, 1992). Aunque Gould enfatizó considerablemente el papel de la juvenilización, también ofreció una detallada discusión acerca del «superdesarrollo» y dejó abierta la posibilidad de que haya sido importante en la historia de la vida. Desde entonces, durante los años 80 y 90, una bibliografía creciente, de la que ya hemos citado algunos ejemplos, ha perseguido comprender el papel del desarrollo en la evolución. Una proporción significativa de esta literatura ha producido y discutido evidencias de que las modificaciones terminales de la ontogenia, como el «superdesarrollo» por extensión terminal, han tenido un papel protagonista en la evolución de la vida y la especie humana. Probablemente no es una coincidencia que este renacimiento del interés en la recapitulación haya tenido lugar cuando ya ha pasado un tiempo suficiente para que se hayan desvanecido de la memoria reciente los excesos ideológicos y científicos del recapitulacionismo en el pasado.

Evidencia de la evolución de la complejidad
vía extensión terminal

Está claro que el desarrollo influye tanto en el ritmo como en la dirección de la evolución (véase Levinton, 1988; McKinney y McNamara, 1991; Hall, 1992; para desarrollo y ritmos evolutivos véase Wray, 1992). Mucho menos clara es la magnitud de esta influencia, es decir, hasta qué punto el desarrollo solo puede explicar los ritmos y las tendencias direccionales que se observan en la evolución. Un factor de confusión básico a la hora de determinar dicha influencia es que el desarrollo difiere de manera fundamental entre los diversos grupos de organismos (Larsen, 1992). Las ligaduras ontogénicas se definen aquí como «sesgos en la producción de variantes fenotípicas o limitaciones en la variabilidad fenotípica causadas por la estructura, carácter, composición o dinámica del desarrollo» (Maynard-Smith et al., 1985).

Evidencia fósil. La lógica de la recapitulación se ha basado tradicionalmente en el hecho de que el desarrollo está altamente condicionado por las contingencias de la interacción: los cambios en las fases iniciales del desarrollo embrionario no serían posibles porque tendrían efectos en cascada. La evidencia paleontológica implica que, en efecto, los patrones de desarrollo de todas las formas de vida en la Tierra se han ido haciendo más restrictivos. Levinton (1988), McKinney y McNamara (1991), Hall (1992) y Erwin (1993), entre otros, han reunido una considerable evidencia ontogénica y paleontológica en favor de que el diseño corporal de los diversos grupos de organismos se ha ido congelando gradualmente tras un periodo inicial de relativa plasticidad. Los niveles taxonómicos superiores, que representan de forma ostensible las variantes ontogénicas y evolutivas más novedosas, se agolpan al principio de la era Paleozoica (figura 2). Esta asimetría en el origen de las morfologías básicas suele atribuirse a una ontogenia menos constreñida en los organismos pluricelulares primigenios (Erwin, 1993; Larsen, 1992). La evolución subsiguiente ha producido muchos menos «saltos» básicos en el morfoespacio ontogenético, aunque: (1) la diversidad global de familias y géneros probablemente ha aumentado (Sepkoski, 1992), y (2) la extinción permotriásica, la mayor de todas las extinciones en masa, podría haber eliminado más del 90% de las especies paleozoicas, lo que

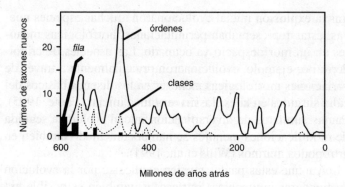

Figura 2. Orígenes de nuevos taxones superiores. La mayoría, especialmente tipos morfológicos y clases, se concentran al principio del tiempo geológico. (Modificado de McKinney y McNamara, 1991.)

indica que la innovación del Paleozoico inferior no se habría debido por entero a la existencia de nichos ecológicos vacíos (Erwin et al., 1987). El hecho de que no aparezcan taxones superiores después del límite permotriásico implica que las áreas principales del morfoespacio estaban aún ocupadas por representantes de taxones superiores ya existentes (por ejemplo, ningún tipo morfológico se extinguió, y sólo unas pocas clases desaparecieron; véase Erwin, 1993).

El reciente trabajo de Mike Foote en la Universidad de Chicago ha refinado aún más esta idea. El análisis morfológico de blastoideos (Foote, 1992) y crinoideos (Foote, 1995) muestra que estos grupos filogenéticos básicos se originaron en una explosión de diversificación morfológica acelerada, con saltos relativamente grandes en el morfoespacio durante un breve periodo de tiempo al principio del Paleozoico. Tras esta explosión, la diversificación morfológica se hizo mucho más lenta y consistió esencialmente en la aparición de clados secundarios dentro de los blastoideos y crinoideos, ocupando gradualmente áreas menores del morfoespacio que ya habían sido «repartidas» en la explosión inicial. Así, aunque tras la explosión inicial evolucionaron muchas especies nuevas, éstas representaban permutaciones morfológicas menores en un morfoespacio ya ocupado. Las especies de crinoideos, por ejemplo, evolucionaron principalmente a través de variaciones morfológicas menores en los diseños básicos del cáliz surgidos en la explosión evolutiva inicial (Foote, 1995). Pautas similares de diversificación inicial acelerada seguida de modificaciones menores se han documentado también en artrópodos marinos (Wills et al., 1994).

Aunque estas pautas pueden explicarse por la evolución de ligaduras ontogénicas intrínsecas, también es posible explicarlas por factores extrínsecos. Concretamente, algunos han argumentado que las ligaduras ecológicas aumentarían a medida que se fueran ocupando los nichos ecológicos básicos. Esto reduciría las oportunidades para la evolución de morfologías verdaderamente nuevas. Obviamente, es muy difícil comprobar esta posibilidad, aunque hay algunas evidencias en contra. Un estudio de Hugues (1991) sugiere que los trilobites del Cámbrico mostraban un desarrollo menos canalizado que los del Devónico. Otro estudio más ambicioso y bastante ingenioso de Wagner (1995) examina los gasterópodos del Paleozoico inferior y pone de manifiesto que la variación de la morfología de la concha relativa a la estrategia alimentaria y otros factores ecológicos extrínsecos apenas disminuye a lo largo del tiempo geológico; por contra, la variación de la anatomía interna de la concha muestra una disminución mucho más significativa. Wagner infiere que las crecientes ligaduras filogenéticas tuvieron un papel más importante en la evolución temprana de los gasterópodos que el aumento de las ligaduras ecológicas.

Datos de organismos vivos. Los datos evolutivos procedentes de organismos vivos revelan pautas similares. La «congelación» evolutiva de ligaduras ontogénicas se manifiesta en que los rasgos definitorios que caracterizan los actuales grupos taxonómicos superiores (tipos y clases) tienden a aparecer pronto en la ontogenia y muestran poca variación si se comparan con rasgos ontogénicos más tardíos (véase especialmente Hall, 1992). La reciente síntesis de Stearns (1992) sobre las teorías históricas de la vida contempla las presentes ligaduras filogenéticas como el resultado de adaptaciones pasadas que se han integrado progresivamente en una vía ontogénica. De acuerdo con Stearns, la clásica caracterización «*r-k*» es visible en las comparaciones entre niveles taxonómicos superiores (entre insectos y mamíferos, por ejemplo) a través de patrones de desarrollo integrados hace largo tiempo. Las muchas intuiciones evolutivas que ofrece el «método comparativo» (Harvey y Pagel, 1991) vendrían a corroborar esto, porque en última instancia se basa en cambios filogenéticos anidados a partir de modificaciones ontogénicas anidadas (McKinney y Gittleman, 1995).

Kirschner (1992), tras revisar la evolución celular en el desarrollo, ha señalado que los patrones básicos han sido «extremadamente» conservadores en vertebrados e insectos. De hecho, casi todos los metazoos comparten muchos procesos embrionarios básicos que se remontan a un patrón ancestral común en el Precámbrico tardío (Davidson et al., 1995; Valentine et al. *en prensa*). En concreto comparten los mismos mecanismos de «formación del patrón» que parcelan regiones indiferenciadas del embrión asignándoles destinos morfogenéticos (celulares) específicos (Davidson et al., 1995), así como muchos otros productos génicos (Valentine et al. en prensa). El conservadurismo ontogénico entre los taxones superiores se está haciendo también evidente en el nivel subcelular y genético. La evidencia reciente muestra que la evolución de los metazoos ha implicado en gran medida cambios en la expresión de series de genes homeóticos y otros muchos genes regulados por ellos que intervienen en el desarrollo (Carroll, 1995; Valentine et al. *en prensa*). Los genes homeóticos son genes de activación temprana que determinan el diseño corporal básico de estos animales vía los mencionados procesos de formación del patrón. Igualmente, hay mucho conservadurismo evolutivo en los mecanismos subcelulares que controlan el ciclo celular en los organismos pluricelulares (Kirschner, 1992) y la comunicación intercelular (Valentine et al. *en prensa*).

De acuerdo con la «ley de von Baer» (Hall, 1992), el conservadurismo ontogénico es incluso mayor entre taxones más estrechamente relacionados. En otras palabras, los taxones inferiores comparten pautas ontogénicas similares incluso en fases del desarrollo posteriores al establecimiento del diseño corporal básico. Por ejemplo, la formación del esbozo de los miembros anteriores es similar en peces, aves y mamíferos, hasta el punto de que el proceso de formación del patrón es controlado por los mismos genes homeóticos (Davidson et al., 1995). Sólo en el desarrollo tardío las extremidades se diferencian en aletas, alas o patas. Sordino y colaboradores (1995) han demostrado que el origen evolutivo de los dedos a partir de las aletas de los peces se puede explicar por una proliferación celular desigual fruto de cambios terminales mediados por alteraciones menores en genes reguladores. También en taxones inferiores de insectos se observan pautas similares en la formación de patas y alas (Davidson et al., 1995).

*Causas de la evolución de la complejidad mediante
extensión terminal*

La evidencia fósil y viviente de las ligaduras ontogénicas se ha utilizado a menudo para apoyar la idea de que la extensión terminal del desarrollo es tan frecuente porque los procesos iniciales del desarrollo embrionario quedaron «congelados». Las explicaciones de tal congelación ontogénica parten de la base de que, dado que el desarrollo es un proceso altamente orquestado de partes interactivas, las interacciones iniciales son menos susceptibles de alteración. La modificación de estas interacciones iniciales tendería a tener efectos en cascada sobre demasiadas interacciones posteriores. Kaufman (1993) ha elaborado una justificación teórica muy general de esto con modelos que muestran cómo incluso sistemas cuyas partes interactúan aleatoriamente se congelan rápidamente adoptando pautas de interacción altamente no aleatorias.

Otras explicaciones más específicas se centran en las diversas clases de interacciones que tienen lugar en la ontogenia temprana. Levinton (1988) ha revisado los conceptos de · carga genética y carga epigenética, derivadas de la interdependencia de interacciones genéticas y tisulares, respectivamente, durante la ontogenia temprana. Larsen (1992) discute ejemplos específicos de esto último. Hall (1992) ha revisado estas y otras ligaduras de tipo estructural, celular y funcional que pueden limitar la variación en las primeras fases del desarrollo. Las limitaciones que tales ligaduras ontogenéticas imponen sobre el cambio evolutivo han recibido diversos nombres: cargas, trampas epigenéticas, cascadas epigenéticas, trincheras generativas y redes genéticas (revisiones en McKinney y McNamara, 1991; Hall, 1992; Wills et al., 1994). Erwin (1993) discute esta restricción creciente en términos de una estabilización ontogénica subsiguiente a innovaciones clave de los metazoos, como nuevas clases de células y tejidos.

Estas restricciones crecientes causan un «trinquete epigenético», una expresión usada por algunos para referirse a una tendencia evolutiva hacia la complejidad a medida que se añaden nuevas vías ontogénicas (Levinton, 1988) o, como yo prefiero, a medida que las vías se extienden. Valentine (1995) sugiere que estas ligaduras ontogénicas crecientes se deben principalmente a interacciones contingentes biomecánicas o de otro tipo en el nivel celular y tisular más que a interacciones genéticas, que él considera que han permanecido relativamente flexibles a lo largo del tiempo geológico.

Causas medioambientales extrínsecas. Al lado de las ligaduras intrínsecas que se acumulan en las fases iniciales del desarrollo, otros factores que podrían promover la tendencia

285

observada hacia la extensión terminal son de carácter medio-ambiental. Hay una literatura sustancial (revisada en Valentine 1995, Valentine et al. *en prensa*) donde se sugiere que, tras la «explosión» de diseños corporales de metazoos en el Paleozoico inferior (véase figura 2), la mayor parte del morfoespacio disponible estaba esencialmente lleno. Esta idea se remonta a Darwin y Huxley, para quienes la evolución iba «llenando el barril» de los nichos ecológicos disponibles. En esta visión, el entorno biótico pronto se habría hecho tan competitivo que no habría nichos disponibles para las nuevas morfologías. Incluso tras las extinciones en masa, como en la catástrofe del límite permotriásico, hubo supervivientes de sobra en cada uno de los taxones superiores (tipos, clases, órdenes) que rápidamente se rediversificaron ocupando nichos vacíos y excluyendo cualquier posibilidad de nuevos diseños corporales (Valentine, 1995).

Si estos factores extrínsecos fuesen la causa primaria de la restricción sobre la innovación ontogénica, entonces la extensión terminal habría sido principalmente una manera de escapar a la competencia. El incremento de la complejidad morfológica (y comportamental) ha servido para encontrar nuevos nichos y nuevos modos de vida en una biosfera competitiva.

Dada la evidencia disponible, estoy de acuerdo con Valentine (1995, Valentine et al. *en prensa*) en que es imposible determinar si son intrínsecos o extrínsecos los factores dominantes que subyacen tras la tendencia evolutiva hacia la complejificación vía extensión terminal. Es tremendamente difícil discernir entre unos y otros. Es más, ambas dinámicas no son excluyentes. Nada impide a priori que tanto las restricciones ontogénicas incrementadas como la ocupación creciente del morfoespacio (nichos) puedan haber tenido papeles importantes. De hecho, es casi seguro que la importancia relativa de estos papeles ha variado a lo largo del tiempo, y según el taxón involucrado. Algunos tipos morfológicos, por ejemplo, parecen haber retenido más flexibilidad ontogénica que otros a lo largo de la evolución (Larsen, 1992).

286

Difusión de complejidad y el mito del «azar»

Sean intrínsecas o extrínsecas las fuerzas responsables de la extensión terminal de las ontogenias, parece claro que ésta ha incrementado progresivamente el límite superior de la complejidad morfológica en la biosfera, tanto si se mide por el número de células (figura 1) como por el número de partes corporales o cualquier otra métrica. De forma similar, la complejidad comportamental y cognitiva se ha incrementado también vía extensión terminal, lo cual es una forma de superar los límites de la complejidad morfológica. La extensión terminal a través de procesos heterocrónicos tales como la aceleración del ritmo del desarrollo o la prolongación del mismo conducirá a órganos mayores, más diferenciados o «superdesarrollados».

Pero quiero subrayar que este proceso de complejidad creciente es sólo una *tendencia estadística* en la biosfera, lejos de la adición terminal determinista que se ha asociado a menudo con el «recapitulacionismo». En otras palabras, las fuerzas intrínsecas y extrínsecas que gobiernan la evolución causan muchos otros cambios en la ontogenia además de la extensión terminal. En la evolución se pueden dar cambios en las fases tempranas del desarrollo, como ha reportado Wray (1992) en una especie joven de equinoideo. Shubin (1994) ha analizado otros ejemplos en el desarrollo de los miembros de los tetrápodos. Es más, incluso en las fases tardías es frecuente que se produzcan cambios distintos de las adiciones o extensiones terminales. Los ejemplos incluyen inserciones preterminales, sustituciones y truncamientos terminales (Hall, 1992; Mabee, 1993).

Los truncamientos terminales («subdesarrollo») son especialmente comunes, probablemente porque estas supresiones al final del desarrollo no afectan etapas posteriores. Pueden resultar de una variedad de cambios en la cronología del desarrollo (heterocronías) opuestos de los que causan extensiones terminales. Los ejemplos incluyen la deceleración o

287

terminación prematura del crecimiento, lo que origina la reducción de un tejido u órgano, o incluso la supresión de órganos terminales o fases enteras del desarrollo. Juvenilización y pedomorfosis son términos comunes tradicionalmente aplicados al subdesarrollo (McKinney y McNamara, 1991). La «juvenilización» puede aplicarse a un solo órgano o al individuo como un todo. Esta clase de reducción terminal es una tendencia evolutiva común en muchos órganos y linajes (Fong et al., 1995).

También puede ocurrir que algunos órganos exhiban extensión terminal mientras otros experimentan cambios de distinta naturaleza, como inserciones subterminales, truncamientos terminales, etc. Tales cambios «disociados» (McKinney y McNamara, 1991) producen lo que tradicionalmente se conoce como «evolución en mosaico».

Así pues, como recientemente ha señalado Mayr (1994), «la recapitulación, bien entendida, es simplemente un hecho». Pero Mayr también hace notar lo que se acaba de discutir, que la recapitulación es irregular, en algunos caracteres se manifiesta y en otros no. La cuestión básica entonces es la siguiente: ¿cuál es la frecuencia de la recapitulación? La evidencia fósil y viviente de la evolución de ligaduras vía fuerzas intrínsecas y extrínsecas implica que los cambios terminales en el desarrollo serían más frecuentes que los cambios tempranos. Pero la evidencia más clara de que el cambio terminal es más frecuente es el exhaustivo estudio filogenético de Mabee (1993) sobre especies vivas de peces, en el que demuestra que la adición terminal puede dar cuenta de hasta el 51,9% de la evolución de los caracteres de los centrárquidos; cuando se incluyen otros cambios terminales (supresiones, sustituciones) se puede explicar hasta el 75% de la variación.

Difusión evolutiva. Con independencia de las fuerzas específicas responsables, la extensión terminal es el principal mecanismo para la producción de complejidad morfológica, comportamental y ecológica. Esto también debe ser cierto con independencia de la frecuencia de la extensión terminal,

288

pues cuando una especie ha alcanzado un nivel de complejidad puede mantenerse en ese nivel siempre que la selección
favorezca su supervivencia.

Una forma excelente de cuantificar y visualizar esto es
como un proceso de difusión: la evolución cladogénica (ramificación) produce ontogenias que pueden hacerse más
complejas mediante extensión terminal, o pueden simplificarse por truncamiento terminal u otros mecanismos ya
mencionados (McKinney, 1990). Esta aproximación ha sido
discutida recientemente por Dan McShea (1994). Con datos
fósiles y modelos de ordenador, McShea demuestra que las
pautas morfológicas durante la ramificación evolutiva se deberían a dos procesos básicos: difusión pasiva y sesgo direccional. En la difusión pasiva, la diversificación de las especies se ajusta a un modelo de movimiento aleatorio en el
morfoespacio. Las especies vagan por el morfoespacio de
manera análoga a las partículas de gas en una nube en expansión (figura 3). Un ejemplo sería la «expansión de la varianza» en el tamaño corporal (Stanley, 1973) o la complejidad dentro de clados (Gould 1988b). De manera alternativa,
fuerzas direccionales actúan desviando el movimiento de las
partículas de gas individuales, que en este caso son especies
en el morfoespacio (figura 3). Un ejemplo serían las tendencias progresivas comparativas discutidas por Ruse (1993),
como las carreras de armamentos. En éstas hay una fuerza
externa sistemática, por ejemplo unos predadores cada vez
más eficientes, que actúa sobre gran número de especies en
el clado para desviar su movimiento en el morfoespacio.

El artículo de McShea (1994) es especialmente valioso
porque ofrece métodos rigurosos para discriminar entre tendencias difusivas y tendencias direccionales. Se necesita una
gran cantidad de información morfológica (o comportamental), y obviamente nunca obtendremos todos los detalles a
partir del registro fósil solo. Pero el patrón evolutivo general
de la complejidad morfológica a escala biosférica parece
ajustarse a un modelo difusivo. Esto ya ha sido señalado por

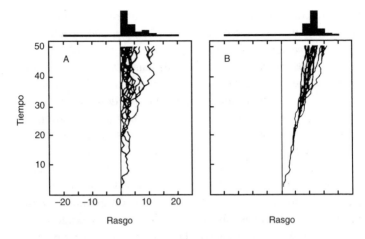

Figura 3. A) En una tendencia pasiva, un rasgo evoluciona en un patrón filogenético aleatorio que se difunde hacia la derecha. *B*) En una tendencia activa, el rasgo evoluciona en un patrón filogenético ramificado que muestra un sesgo hacia la derecha. (Modificado de McShea, 1994.)

diversos autores, como en el modelo de la «varianza incrementada» de Gould (1988b), excepto que aquí se aplica a la biosfera entera. Las especies pequeñas y relativamente simples siguen siendo hoy las más abundantes, y lo que quizás es más importante, el límite superior de la complejidad morfológica parece seguir una pauta asintótica, tal como sugiere la figura 1. Esto es porque la difusión de partículas que se mueven aleatoriamente siempre muestra una tasa de incremento en el límite exterior de la nube de gas que decrece monotónicamente con el tiempo para producir un patrón asintótico similar al mostrado aquí (McKinney, 1990). En otras palabras, la tasa de incremento de la complejidad parece haber descendido a un ritmo similar al predicho por un modelo de difusión simple.

A escalas más reducidas, la difusión simple dentro de los taxones secundarios también parece aplicarse a menudo. En el ejemplo de los artrópodos marinos (Cisne, 1974) el límite superior de la complejidad parece seguir también un patrón asintótico. Los datos de foraminíferos planctónicos presentados por Gould (1988b) sobre el incremento de tamaño muestran un patrón similar. Ninguno de estos patrones aparentemente aleatorios entran en conflicto con el modelo del «trinquete ontogenético». Simplemente indican que el cambio evolutivo vía el incremento de la complejidad ontogénica mediante extensión terminal («superdesarrollo») es tan frecuente como el cambio a través del «subdesarrollo», es decir, la simplificación morfológica (o comportamental). Tampoco entran necesariamente en conflicto con mi sugerencia de que hay un sesgo estadístico, al menos en muchos grupos, hacia un movimiento ascendente por extensión terminal. Si tales extensiones fuesen favorecidas por un sesgo estadístico mínimo, entonces el patrón resultante parecerá superficialmente difusivo, especialmente a escalas grandes, de baja resolución, y cuando los datos son pobres, como ha demostrado McShea (1994).

El mito del «azar». Es de gran importancia clarificar un término muy mal comprendido, el de «azar» o «aleatoriedad». Históricamente, la paleontología ha sido a menudo fuente de ideas antidarwinistas. Esta tradición ha sido especialmente reavivada en las últimas décadas por un puñado de paleontólogos estadounidenses, entre los que destacan Gould y Raup. Este último (véase Raup, 1991) ha desarrollado la idea de que las extinciones en masa son tan catastróficas que la supervivencia es aleatoria. Gould (véase Gould, 1995) ha criticado con vehemencia la idea del progreso evolutivo, señalando que la evolución se caracteriza por cataclismos episódicos, las puntuaciones, y es predominantemente aleatoria. Pero el uso de la palabra «azar» por Gould siempre ha sido informal y muy poco riguroso, pues raramente ha hecho uso del contraste estadístico. Como ha señalado el propio Raup (1977), las pautas aleatorias no reflejan una ausencia de causas. Lo que indican es que se desconocen los procesos subyacentes, procesos que a menudo implican muchas interacciones complejas que imposibilitan un conocimiento pleno de los mismos.

En otras palabras, la aleatoriedad o «azar» no es más que una *confesión de ignorancia* por parte del observador (McKinney, 1990). Nuestra percepción del azar no nos dice nada sobre las verdaderas fuerzas responsables de las pautas evolutivas. Decir que la complejidad progresiva se ajusta a un modelo difusivo de movimiento aleatorio de partículas no significa que el movimiento de las partículas no obedezca a fuerzas específicas intrínsecas y extrínsecas. Significa más bien que la totalidad de las fuerzas que determinan la evolución del morfoespacio, incluyendo la extensión terminal, no puede especificarse completamente.

Además, nuestro grado de ignorancia depende de la escala de observación. La escala a la que analizamos las pautas evolutivas tiene una importancia tremenda en nuestra percepción de las mismas. Como ha hecho notar Raup (1988), si uno contempla la historia de la vida desde una gran distancia, existe una obvia direccionalidad. Y, como he argumentado, también existen patrones toscos de evolución ontogénica como los que hay en el origen de los tipos morfológicos. Pero a escalas más finas las pautas del progreso evolutivo se hacen mucho menos claras. En términos de Raup, la direccionalidad reconocible se hace elusiva cuando acortamos la escala temporal. Y lo mismo ocurre con las ligaduras ontogénicas: a una escala evolutiva reducida, como en el origen de las especies modernas, está claro que no hay un proceso evolutivo determinista simple mediante adición terminal universal a la ontogenia. En vez de eso, he abogado por una concepción estadística del cambio ontogénico que hace hincapié en los sesgos probabilísticos que determinan la evolución de la ontogenia, sesgos que sólo se hacen evidentes a largo plazo y que incluyen muchos eventos de especiación intracladística.

Pero la cuestión entonces es: ¿a qué escala comienza a desaparecer el patrón de extensión terminal sesgada? El origen asimétrico a principios del Paleozoico de taxones por debajo del nivel de tipo morfológico, incluyendo clases y órdenes (figura 2), indica que este patrón sigue apareciendo a escalas más finas que el simple «de microbio a mamífero» al que suele reducirse (Gould, 1988a). La evidencia antes citada de ligaduras ontogénicas crecientes dentro de tipos morfológicos tales como los clados de gasterópodos (Wagner, 1995) y entre los crinoideos y blastoideos (Foote, 1995) del Paleozoico inferior es una confirmación de esto. Hay muchos otros ejemplos específicos de pautas similares a escalas temporales relativamente finas dentro de taxones inferiores, como los artrópodos estudiados por Cisne (1974).

Para resumir, la evidencia y la teoría que aquí presento se opone con firmeza a la idea de que la evolución es predominantemente azarosa en sentido científico. El «azar» es una función directa de: (1) nuestra capacidad limitada de conocer todo lo que pasa, y (2) la escala de observación. Los patrones estadísticamente aleatorios a una escala pueden ser progresiva o regresivamente no aleatorios a otra. La preocupación paleontológica por el «azar» puede ser interesante desde el punto de vista filosófico, pero no tiene nada que ver con análisis estadísticos rigurosos o pautas paleontológicas empíricas, incluyendo las muchas tendencias progresivas que se observan en el registro fósil.

Cerebro y evolución del comportamiento
por extensión terminal

En esta última sección intentaré demostrar que la evolución del linaje primate y humano no es una excepción dentro de las pautas biológicas en la historia de la vida. El «superdesarrollo» vía extensión terminal de las ontogenias ha producido muchas tendencias estadísticas progresivas, incluyendo el incremento en tamaño y complejidad del cerebro. Una vez más, no está claro si esta tendencia, incluida nuestra propia evolución mental, obedece fundamentalmente a ligaduras ontogénicas sobre el desarrollo inicial del cerebro o a una selección medioambiental que favorece el aumento de las capacidades mentales (o ambas cosas).

Quizás más importante es mi sugerencia, discutida más adelante, de que la extensión terminal del cerebro y la ontogenia comportamental es un mecanismo fundamental para *superar las limitaciones de la complejidad morfológica.* En la lucha perpetua por encontrar nuevas maneras de sobrevivir en un entorno biótico en continua evolución, el incremento de la complejidad cerebral y comportamental tiene muchas ventajas dadas las limitaciones físicas y la marcha generalmente más lenta de la evolución de la complejidad morfológica. Una interesante consecuencia secundaria de esto es que muchos aspectos del desarrollo humano, incluyendo el comportamiento, constituyen una recapitulación de los cambios evolutivos de nuestro linaje. Esta idea se remonta a Darwin, quien ya especuló con la idea de que los niños exhiben muchas conductas similares a las de la especie humana ancestral (Morss, 1990).

Los humanos como simios «superdesarrollados»

Desde Darwin, las discusiones sobre la evolución ontogénica humana han producido un profundo cisma entre dos escuelas de pensamiento diametralmente opuestas: quienes piensan que los humanos surgieron a partir de un «subdesarrollo» de tipo neoténico frente a quienes atribuyen nuestros rasgos distintivos a un «superdesarrollo» de la ontogenia primate ancestral. Esto se ha convertido en mucho más que una batalla sobre los mecanismos subyacentes tras la evolución humana. Montagu (1981), por ejemplo, quiso explicar la mayor parte de nuestros atributos sociales y psicológicos como una consecuencia de nuestra condición de «individuos juveniles perpetuamente curiosos».

Por contra, hay una ingente literatura que ofrece evidencias de que los humanos somos primates «superdesarrollados», que hemos evolucionado a través de la extensión terminal de capacidades físicas, comportamentales e intelectuales. Parker (en prensa), Shea (1989), Gibson (1991) y McKinney (en prensa) son algunos de los autores que han contribuido a esta idea. En la tabla 1 he intentado organizar esta literatura en un sumario coherente de la evidencia disponible.

Gibson (1991) discute la responsabilidad de demoras secuenciales en diversas etapas del desarrollo humano en la génesis de un cerebro más grande y complejo como el nuestro. La demora en la terminación del crecimiento fetal, cuando se originan todas las células de la corteza cerebral, conduce a un cerebro mayor. Finlay y Darlington (1995) han dado apoyo a esta idea al mostrar que la neurogénesis se prolonga en una amplia gama de animales, lo que lleva a un crecimiento desproporcionado en estructuras cerebrales de generación tardía. Según Finlay y Darlington, en el crecimiento cerebral hay un alto grado de restricción ontogénica. Su conclusión es que «la secuencia de sucesos altamente conservadora en la neurogénesis proporciona una razón por la cual la selección de cualquier facultad podría causar de forma paralela una mayor capacidad de procesamiento para todas las demás». Esto significa que «un cambio en la duración o el ritmo de la neurogénesis en el cerebro entero... abriría la posibilidad de efectos pleiotrópicos extensivos sobre muchas capacidades comportamentales consecuentes a la selección de un rasgo de conducta» (Finlay y Darlington, 1995). En otras palabras, es probable que la selección favorable a la extensión terminal en una parte del cerebro mamífero promueva extensiones similares en otras partes debido a las pautas de crecimiento covariantes determinadas por las ligaduras ontogénicas.

Demoras similares se observan en la terminación de la infancia, y las fases juveniles extendidas de crecimiento dendrítico conducen a un cerebro más complejo. Esto explica por qué las neuronas del cerebro humano se interconectan mucho más que en los otros primates. Hay más tiempo para la sinaptogénesis, la mielinización y el crecimiento de las células gliales y los vasos sanguíneos. También hay más tiempo para aprender durante la fase juvenil o infantil extendida, que es cuando el aprendizaje tiene lugar más rápidamente (Bogin, 1988).

Estas extensiones terminales en el crecimiento cerebral, la infancia, la fase adulta y todas las etapas del desarrollo humano permiten un desarrollo cerebral «más allá» de la etapa juvenil en cuanto a tamaño y complejidad . En consecuencia, esto hace que vayamos «más allá» que los otros primates (y que nuestros ancestros) también en facultades cognitivas. Nuestra capacidad para las construcciones mentales, por ejemplo, parece ser que subyace tras nuestro lenguaje complejo, nuestra fabricación de herramientas y otras facultades relacionadas en la tabla 1 (Gibson, 1991; Langer, 1993). La posesión de un neocórtex mayor y más interconectado permite un mayor almacenamiento de información y una mayor capacidad de asociación para la construcción mental.

Perspectivas de la evolución comportamental y cerebral

Las especulaciones sobre el futuro deben tomar en consideración las dinámicas del pasado. Las pautas futuras de fenómenos complejos, sean mercados de valores o tendencias evolutivas, raramente son simples extrapolaciones del pasado. Pero el pasado proporciona estimaciones mensurables sobre la probabilidad de los sucesos. En este caso, aun cuando las dinámicas de la biosfera sean enormemente complejas (como en los procesos de especiación y extinción), la suma a largo plazo de estas dinámicas da un patrón estadístico no aleatorio a escala geológica. La vida en la Tierra muestra una tendencia a hacerse más compleja. Es más, una fuerza impulsora fundamental de este incremento de com-

Evidencias de «superdesarrollo» en el hombre	Fuente
Demora secuencial de etapas de la historia	Bogin 1988, Smith 1992 vital
Crecimiento morfológico (somático)	Shea 1989
Crecimiento y maduración cerebral	Gibson 1991
Desarrollo cognitivo	Parker (en prensa)
Lenguaje	Greenfield 1991
Manufactura y uso de herramientas	Gibson e Ingold 1993
Complejidad psicológica	Konner 1991
Historia de la innovación	Ekstig 1994
Aprendizaje	Gibson 1991
------------------------------> Construcción mental	

Tabla 1. Lista parcial de artículos generales que discuten la evolución humana vía «superdesarrollo» (peramorfosis). La mayor parte de los datos se refieren a la comparación entre ontogenias de homínidos y primates modernos y la ontogenia humana actual. Todos rechazan explícitamente el cuadro de la juvenilización como determinante de la evolución humana.

plejidad es el desarrollo embrionario: las ontogenias (no los genes ni los individuos adultos) evolucionan de manera que las tendencias en el desarrollo tardío resultan a menudo favorecidas. La extensión terminal del desarrollo morfológico es una tendencia común.

Pero virtualmente todas las tendencias alcanzan un límite superior. Cesare Marchetti ha pasado más de 20 años analizando las pautas estadísticas de la evolución de la complejidad en cientos de fenómenos de la fisiología, la sociología y la tecnología (recopilados y suplementados por Casti, 1995). Marchetti documenta la «curva en S» que caracteriza la evolución de estos fenómenos y la razón de su forma: cualquier novedad o innovación pasa por un periodo inicial de rápido crecimiento exponencial, pero las inevitables limitaciones acaban causando una reducción del incremento de complejidad. Dichas limitaciones suelen reflejar en última instancia una ligadura estructural. A medida que una máquina, por ejemplo, se hace extremadamente compleja (y grande) es más proclive a un mal funcionamiento, porque hay más cosas que pueden estropearse. La única forma de soslayar esta «disminución de rendimiento» es innovar, crear una clase fundamentalmente nueva de dispositivo.

En la figura 1 vemos que esta «curva en S» se manifiesta en la evolución biológica cuando se mide la complejidad ontogénica en la biosfera por la diversidad de tipos celulares. Dado que las células son la base de la complejidad de tejidos y órganos, la figura 1 constituye una aproximación de la evolución de la complejidad morfológica. Esta misma «curva en S» se observa también cuando se estima la complejidad morfológica por el tamaño corporal (Bonner, 1988) y por la complejidad genómica (Brooks y Wiley, 1988).

La figura 4 muestra por qué el estudio del comportamiento y la función cerebral (cognición) es tan importante para la biología evolutiva. Una premisa básica de la selección darwiniana es que favorece «nuevas formas de hacer cosas» que permitan una reducción de la competencia y la explotación de nuevos recursos; hacerse más complejo es una manera de conseguirlo. Este es un factor extrínseco que promueve la tendencia difusiva hacia la complejidad en la biosfera. La evolución de la complejidad genética y morfológica vía extensión terminal parece haberse encontrado con la clase de limitaciones estructurales ya mencionadas, como muestran las «curvas en S» observadas. En contraste, la evolución comportamental y cognitiva exhibe una pauta de complejidad creciente (véanse Bonner, 1988, Dennet, 1995).

Como ya he dicho, la única manera de superar las ligaduras estructurales inherentes al diseño de un dispositivo o cualquier entidad funcional es crear un diseño fundamentalmente nuevo. Así, podríamos inferir que el comportamiento y la cognición representan un «nuevo diseño» para superar las ligaduras estructurales inherentes al ensamblaje morfoló-

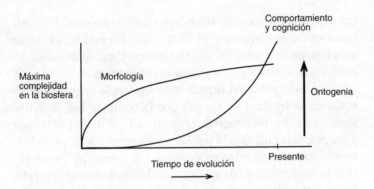

Figura 4. La extensión terminal de la ontogenia ha incrementado la complejidad máxima de la morfología en la biosfera a lo largo del tiempo geológico. Pero el aumento de la complejidad morfológica se ha frenado a causa de ligaduras intrínsecas de construcción, funcionales y demás. La complicación del comportamiento y el pensamiento (cognición) vía extensión terminal del desarrollo cerebral es una solución evolutiva favorecida por la selección natural en respuesta a estas ligaduras morfológicas. El incremento de la complejidad comportamental y cognitiva no ha mostrado hasta ahora signos de haber comenzado a frenarse.

gico (celular) de un individuo. La capacidad de aprendizaje acrecentada, por ejemplo, permite al organismo superar sus limitaciones morfológicas mediante, digamos, el uso de herramientas. El comportamiento complejo implica nuevas maneras de utilizar la variación morfológica de la biosfera, pues a fin de cuentas el comportamiento es lo que uno hace con los caracteres morfológicos propios.

La evidencia empírica de esto es que, en general, el tamaño cerebral relativo de los mamíferos se ha incrementado a lo largo de la mayor parte del Cenozoico (Bonner, 1988). Además, el examen de los datos de Jerison sobre tamaños cerebrales (Gould 1988b) parece indicar que, al menos en carnívoros y ungulados, ésta ha sido una tendencia activa más que una difusión pasiva. También el clado primate ha experimentado un incremento general del tamaño cerebral, pero no sé de ninguna colección de datos que indique si se trata de una difusión pasiva o una tendencia activa. En cualquier caso, es obvio que el linaje humano está en el límite superior de la evolución del tamaño cerebral, y la causa inmediata de esto ha sido un cambio ontogénico.

Una extrapolación simple de la tendencia cognitiva mostrada en la figura 4 implicaría que la complejidad cognitiva continuará su incremento exponencial. Wills (1993), por ejemplo, especula que la población humana actual probablemente contiene un número sustancial de genes que promoverían la prolongación de la vida humana y, presumiblemente, de la gestación, la infancia y demás. Pero, si bien los genes para una gestación más larga (y por lo tanto una mayor proliferación neuronal) probablemente existen, los infantes con cerebros mayores incrementarían aún más la distensión del canal materno del parto, ya de por sí cerca de su máximo aparente (Wills, 1993). Para la evolución cognitiva humana esto parece representar una limitación impuesta por el diseño biológico, y uno estaría tentado de ver en la curva cognitiva de la figura 4 el inicio de una «curva en S». Pero, dado que los humanos tenemos ahora la capacidad de superar los diseños biológicos de diversas maneras (por ejemplo mediante ADN recombinante, cesáreas y hasta la gestación extrauterina en potencia), no parece que haya una restricción inmediata claramente visible sobre la cognición. Esta idea se refuerza aún más cuando incluimos las potenciales interacciones con los ordenadores. Donald (1991), entre muchos otros, describe una evolución futura de la complejidad cognitiva que implicará el uso de ordenadores y otros dispositivos de almacenamiento de información no biológicos.

Resumen

He intentado justificar los siguientes puntos principales concernientes al incremento de complejidad en la evolución biológica.

1. El *límite superior* de la complejidad morfológica y comportamental en la biosfera ha aumentado a lo largo del tiempo geológico. Dado que las interacciones organísmicas están determinadas en gran medida por la morfología y el comportamiento, esto también ha conducido a un incremento de la complejidad ecológica.

2. Un mecanismo clave de este incremento de complejidad es la selección natural de *ontogenias modificadas*, especialmente mutaciones que afectan las fases tardías del desarrollo embrionario y que pueden extender la trayectoria ontogénica. Rechazo la expresión «adición terminal» porque el desarrollo es un proceso no lineal y por lo tanto no aditivo. Prefiero la expresión «extensión terminal».

3. El incremento progresivo del límite superior de complejidad no ha sido un incremento monotónico, sino un proceso de *difusión estadística* en clases más complejas de morfología y comportamiento. Se caracteriza, pues, por muchos retrocesos y demoras, pero la evolución tiene una tendencia episódica hacia la complejidad.

4. La complejidad morfológica ha disminuido su tasa de incremento, pero, a diferencia de la morfología, *la complejidad comportamental ha acelerado* su incremento. Mi propuesta es que esto refleja una diferencia cualitativa entre las adaptaciones morfológicas y comportamentales. Estas últimas representan formas de superar las severas limitaciones físicas inherentes a la adaptación morfológica. El comportamiento está en última instancia mucho menos constreñido.

En conclusión, la evolución ha mostrado una persistente, aunque irregular, tendencia al incremento de complejidad. Inicialmente, este incremento ha sido morfológico, en los niveles genético, celular y tisular de la ontogenia. Mientras que la complejidad morfológica ha alcanzado sus límites, la complejidad comportamental ha mostrado un crecimiento exponencial. Los actuales avances tecnológicos

representan extrapolaciones de tendencias pasadas hacia
una complejidad comportamental incrementada, tras la que
subyace una capacidad de procesamiento complejo de la información.

REFERENCIAS

Arthur, W., *A Theory of the Evolution of Development*, Wiley, Nueva
    York, 1988.
Bogin, B., *Patterns of Human Growth*, Cambridge University Press,
    Cambridge, 1988.
Bonner, J.T., *The Evolution of Complexity by Means of Natural Selec-
    tion*, Princeton University Press, Princeton, 1988.
Brooks, D.R. y E.O. Wiley, *Evolution as Entropy*, University of Chi-
    cago Press, Chicago, 1988.
Carroll, S.B., «Homeotic genes and the evolution of arthropods and
    chordates», *Nature*, 376 (1995), págs. 479-485.
Casti, J.L., *Complexification*, Harper, Nueva York, 1995.
Cisne, J.L., «Evolution of the world fauna of aquatic free-living arth-
    ropods», *Evolution*, 28 (1974), págs. 337-366.
Davidson, E.H., K. Peterson y R. Cameron, «Origin of bilaterian body
    plans: Evolution of developmental regulatory mechanisms»,
    Science, 270 (1995), págs. 1319-1324.
Dennett, D.C., *Darwin's Dangerous Idea*, Simon & Schuster, Nueva
    York, 1995.
Donald, M., *Origins of the Modern Mind*, Harvard University Press,
    Cambridge, Massachusetts, 1991.
Ekstig, B., «Condensation of developmental stages and evolution»,
    Bioscience, 44 (1994), págs. 158-164.
Erwin, D.H., «The origin of metazoan development: A paleobiologi-
    cal perspective», *Biol. J. Linnean Soc.*, 50 (1993), págs. 255-274.
Erwin, D.H., J.W. Valentine y J.J. Sepkoski, jr., «A comparative study
    of diversification events: The early Paleozoic versus the Meso-
    zoic», *Evolution*, 41 (1987), págs. 1177-1186.
Finlay, B.L. y R.B. Darlington, «Linked regularities in the develop-
    ment and evolution of mamalian brains», Science 268 (1995),
    págs. 1578-1584.
Fong, D.W., T.C. Kane y D.C. Culver, «Vestigialization and loss of
    nonfunctional characters», *Ann. Rev. Ecol. System.*, 26 (1995),
    págs. 249-268.

Foote, M., «Rarefaction analysis of morphological and taxonomic diversity», *Paleobiology*, 18 (1992), págs. 1-16.

Foote, M., «Morphological diversification of Paleozoic crinoids», *Paleobiology*, 21 (1995), págs. 273-299.

Futuyma, D., «Sturm und Drang and the evolutionary synthesis», *Evolution*, 42 (1988), págs. 217-226.

Ghiselin, M. (reseña bibliográfica), *Syst. Biol.*, 41 (1992), págs. 497-499.

Gibson, K.R., «New perspectives on instincts and intelligence: Brain size and the emergence of hierarchical mental construction skills», en S.T. Parker y K.R. Gibson, eds., *«Language» and Intelligence in Monkeys and Apes*, Cambridge University Press, Cambridge, 1990, págs. 97-128.

Gibson, K.R., «Myelination and behavioral development: A comparative perspective on questions of neoteny, altriciality and intelligence», en K.R. Gibson y A.C. Petersen, eds., *Brain Maturation and Cognitive Development*, De Gruyter, Nueva York, 1991, págs. 29-64.

Gibson, K.R. y T. Ingold, eds., *Tools, Language, and Cognition in Human Evolution*, Cambridge University Press, Cambridge, 1993.

Gould, S.J., *Ontogeny and Phylogeny*, Harvard University Press, Cambridge, Massachusetts, 1977.

Gould, S.J., «On replacing the idea of progress with an operational notion of directionality», en M.H. Nitecki, ed., *Evolutionary Progress*, University of Chicago Press, Chicago, 1988a, págs. 319-339.

Gould, S.J., «Trends as changes in variance», *J. Paleont.*, 62 (1988b), págs. 319-329.

Gould, S.J., *Wonderful Life*, Norton, Nueva York, 1989.

Gould, S.J., «The evolution of life on earth», *Scientific American*, 272 (1995), págs. 85-91.

Greenfield, P.M., «Language, tools, and the brain: The ontogeny and phylogeny of hierarchically organized sequential behavior», *Behavioral and Brain Sci.*, 14 (1991), págs. 531-595.

Hall, B.K., *Evolutionary Developmental Biology*, Chapman & Hall, Londres, 1992.

Harvey, P.H. y M.D. Pagel, *The Comparative Method in Evolutionary Biology*, Oxford University Press, Oxford, 1991.

Horgan, J., «From complexity to perplexity», *Scientific American*, 272 (1995), págs. 104-109.

Hugues, N.C., «Morphological plasticity and genetic flexibility in a Cambrian trilobite», *Geology*, 19 (1991), págs. 913-916.

Hull, D., «Progress in ideas of progress», en M.H. Nitecki, ed., *Evolu-*

303

tionary Progress, University of Chicago Press, Chicago, 1988, págs. 27-48.

Kauffman, S., *Origins of Order*, Oxford University Press, Oxford, 1993.

Kirschner, M., «Evolution of the cell», en P.R. Grant y H.S. Horn, eds., *Molds, Molecules, and Metazoa*, Princeton University Press, Princeton, 1992, págs. 99-126.

Konner, M., «Universals of behavioral development in relation to brain myelination», en K.R. Gibson y A.C. Petersen, eds., *Brain Maturation and Cognitive Development*, De Gruyter, Nueva York, 1991, págs. 181-224.

Langer, J., «Comparative cognitive development», en K.R. Gibson y T. Ingold, eds., *Tools, Language, and Cognition in Human Evolution*, Cambridge University Press, Cambridge, 1993, págs. 300-313.

Larsen, E., «Tissue strategies as developmental constraints: Implications for animal evolution», *Trends in Ecol. and Evol.*, 7 (1992), págs. 414-417.

Levinton, J.S., *Genetics, Paleontology, and Macroevolution*, Cambridge University Press, Cambridge, 1988.

Mabee, P.M., «Phylogenetic interpretation of ontogenetic change: Sorting out the actual and artefactual in an empirical case study of centrarchid fishes», *Zool. J. Linnean Soc.*, 107 (1993), págs. 175-291.

Maynard-Smith, J., «Evolutionary progress and levels of selection», en M.H. Nitecki, ed., *Evolutionary Progress*, University of Chicago Press, Chicago, 1988, págs. 219-230.

Maynard-Smith, J., R. Burian, S. Kauffman, P. Alberch, J. Campbell, B. Goodwin, R. Lande, D. Raup y L. Wolpert, «Developmental constraints and evolution», *Quart. Rev. Biol.*, 60 (1985), págs. 265-287.

Mayr, E., *Animal Species and Evolution*, Harvard University Press, Cambridge, 1963.

Mayr, E., «Recapitulation reinterpreted: The somatic program», *Quart. Rev. Biol.*, 69 (1995), págs. 223-232.

McKinney, M.L., «Biological evolution of behavior and cognition», en J. Langer y M. Killen, eds., *Piaget, Development and Evolution*, Erlebaum, Hillsdale, Nueva Jersey, en prensa.

McKinney, M.L., «Classifying and analyzing evolutionary trends», en K.J. McNamara, ed., *Evolutionary Trends*, University of Arizona Press, Tucson, 1990, págs. 25-58.

McKinney, M.L. y J.G. Gittleman, «Ontogeny and phylogeny: Tinkering with covariation in life history, behavior, and morphology», en K.J. McNamara, ed., *Evolutionary Change through Heterochrony*, Wiley, Nueva York, 1995, págs. 15-31.

McKitrick, M.C., «Phylogenetic constraints in evolutionary theory: Has it any explanatory power?», *Ann. Rev. Ecol. and Syst.*, 24 (1993), págs. 89-118.

McShea, D.W., «Investigating mechanisms of large-scale evolutionary trends», *Evolution*, 48 (1994), págs. 1747-1763.

Montagu, A., *Growing Young*, McGraw-Hill, Nueva York, 1981.

Morris, S.C., «Ecology in deep time», *Trends in Ecol. and Evol.*, 10 (1995), págs. 290-294.

Morss, J., *The Biologizing of Childhood*, Erlebaum, Hillsdale, Nueva Jersey, 1990.

Nitecki, M.H., ed., *Evolutionary Progress*, University of Chicago Press, Chicago, 1988.

O'Neill, R., D. DeAngelis, J. Wiede y T. Allen, *A Hierarchical Concept of Ecosystems*, Princeton University Press, Princeton, 1986.

Parker, S.T., «Using cladistic analysis of comparative data to reconstruct the evolution of cognitive development in hominids», en E. Martins, ed., *Phylogenies and the Comparative Methods*, Oxford University Press, Oxford, en prensa.

Parker, S.T. y K.R. Gibson, «A developmental model for the evolution of language and intelligence in early hominids», *J. Human Evol.*, 2 (1979), págs. 367-408.

Parker, S.T. y K.R. Gibson, eds., *«Language» and Intelligence in Monkeys and Apes*, Cambridge University Press, Cambridge, 1990.

Raup, D.M., «Stochastic models in evolutionary paleontology», en A. Hallam, ed., *Patterns of Evolution*, Elsevier, Amsterdam, 1977.

Raup, D.M., «Testing the fossil record for evolutionary progress», en M.H. Nitecki, ed., *Evolutionary Progress*, University of Chicago Press, Chicago, 1988, págs. 293-317.

Raup, D.M., *Extinction: Bad Genes or Bad Luck?*, Norton, Nueva York, 1991.

Richards, R., *The Meaning of Evolution*, University of Chicago Press, Chicago, 1992.

Ruse, M., «Evolution and Progress», *Trends in Ecol. and Evol.*, 8 (1993), págs. 55-59.

Sepkoski, J.J., Jr., «Phylogenetic and ecologic patterns in the Phanerozoic history of marine biodiversity», en N. Eldredge, ed., *Systematics, Ecology and the Biodiversity Crisis*, Columbia University Press, Nueva York, 1992, págs. 77-100.

Shea, B.T., «Heterochrony in human evolution: the case for human neoteny», *Yearbook Phys. Anthro.*, 32 (1989), págs. 69-101.

Shubin, N.H., «The phylogeny of development and the origin of homology», en L. Grande y O. Rieppel, eds., *Interpreting the Hie-*

rarchy of Nature, Academic Press, Nueva York, 1994, págs. 201-226.

Smith, H., «Life history and the evolution of human maturation», *Evol. Anthro.*, 1 (1992), págs. 134-142.

Sordino, P., F. Hoeven y D. Duboule, «Hox gene expression in teleost fins and the origin of vertebrate digits», *Nature*, 375 (1995), págs. 678-681.

Stanley, S.M., «An explanation for Cope's Rule», *Evolution*, 27 (1973), págs. 1-26.

Stanley, S.M., «The general correlation between rate of speciation and rate of extinction: Fortuitous causal linkages», en R. Ross y W. Allmon, eds., *Causes of Evolution: A paleontological perspective*, University of Chicago Press, Chicago, 1990, págs. 103-127.

Stearns, S.C., *The Evolution of Life Histories*, Oxford University Press, Oxford, 1992.

Valentine, J.W., «Why no new phyla after the Cambrian? Genome and ecospace hypotheses revisited», *Palaios*, 10 (1995), págs. 190-194.

Valentine, J.W., D.H. Erwin y D. Jablonski, «Developmental evolution of metazoan bodyplans: The fossil evidence», *Developmental biology*, 173 (en prensa).

Valentine, J.W., A. Collins y C.P. Meyer, «Morphological complexity increase in metazoans», *Paleobiology*, 20 (1994), págs. 131-142.

Vermeij, G.J., «Morphological patterns in high intertidal gastropods», *Mar. Biol.*, 20 (1973), págs. 319-346.

Wagner, P.J., «Testing evolutionary constraint hypotheses for early gastropods», *Paleobiology*, 21 (1995), págs. 248-272.

West-Eberhard, M.J., «Behavior and evolution», en P.R. Grant y H.S. Horn, eds., *Molds, Molecules, and Metazoa*, Princeton University Press, Princeton, 1992, págs. 57-76.

Wills, C., *The Runaway Brain*, Basic Books, Nueva York, 1993.

Wills, M.A., D. Briggs y R.A. Fortey, «Disparity as an evolutionary index: A comparison of Cambrian and Recent arthropods», *Paleobiology*, 20 (1994), págs. 93-130.

Wray, G.A., «Rates of evolution in developmental processes», *Amer. Zool.*, 32 (1992), págs. 123-134.

Debate general

Coordinado por Jesus Mosterín

De izquierda a derecha: Ramón Margalef, Jorge Wagensberg, Jesús Mosterín y Jordi Agustí.

Jorge Wagensberg: Comenzaré este debate final centrando el problema desde mi propio punto de vista. No creo que uno tenga que avergonzarse de este deliberado antropocentrismo, todo lo contrario, es imposible autoexcluirse, especialmente cuando se produce conocimiento científico. En primer lugar, observando nuestro entorno y su historia, casi sin necesidad de definir qué es progreso, sólo con una noción intuitiva en mente, y casi sin necesidad de definir qué es existir, yo creo que se puede constatar que el progreso existe, y me remito a algo que hemos repetido aquí más de una vez: entre la primera célula procariota y Shakespeare ha pasado alguna cosa. Lo que inmediatamente se plantea siempre en ciencia es ver si a esa idea intuitiva y más o menos cargada de sentido a través del lenguaje común se le puede dar una definición más rigurosa. Ya sabemos que en la biología moderna la palabra «progreso» ha caído en descrédito, y que si un biólogo la pronuncia se expone a que algún colega le dé un pisotón por debajo de la mesa. Pero yo creo que, una vez constatada la existencia del progreso biológico en este sentido, podemos intentar definir rigurosamente el concepto. Aquí tenemos que echar mano de la lógica, porque cualquier definición no vale. Una definición tiene que ser coherente, no debe contener contradicciones, y ser lo más completa posible, en el sentido de que no deje fuera progresos evidentes que no quedan incluidos dentro de esa propuesta de definición; hay que repasar las efemérides presuntamente progresivas para ver si encajan o no en la definición de acuerdo con el sentido común (que es lo que nunca debe perder un científico).

¿Se puede definir el progreso? Yo creo que sí, y mi propuesta de definición surge de un esquema conceptual matemático muy amplio como es la teoría general de la información, que proporciona una idea inteligible de complejidad que para mí es justo la necesaria, en el sentido de que tenemos un todo, tenemos unas partes, y una interacción entre las partes que genera ese todo, lo cual es ya una idea de complejidad típica de la teoría de la información. No se puede hablar de progreso según esta definición si no tenemos un sistema, un entorno, una partición, una interacción y un instante dado. Dentro de este marco de referencia se puede decir que, cuando se produce un cambio, la nueva situación es más progresiva que la anterior si la nueva situación es más independiente de la incertidumbre del entorno. Como dije en la introducción, propuse esta definición para ver si es buena, y tengo la impresión, tras haber oído lo que he oído, de que efectivamente lo es. Pero también hay que ver si sirve para algo. Estoy muy agradecido al profesor Goodwin porque ha hecho dos intervenciones de las que, creo, se desprende que esta definición puede tener algún sentido. Me hace muchísima ilusión que esta definición no tenga demasiado sentido para un trozo de materia inanimada, con lo cual la idea de progreso se desmarca de la de adaptación. La ilusión de un ser vivo es independizarse de alguna manera y en algún sentido del entorno. Aquí hay, pues, una diferencia importante respecto de la simple adaptación, que es sólo estabilidad. La última intervención del profesor Goodwin me parece especialmente relevante. Nuestro punto de partida son las leyes de la física y de la química, las leyes fundamentales de la naturaleza, pero ahí no reside precisamente la necesidad de independizarse del entorno. La reflexión del profesor Goodwin sobre el aumento de la complejidad del universo es crucial aquí. Es lo que él ha llamado un cuarto principio de la termodinámica. Por un lado tenemos productores de novedades (sistemas disipativos, sistemas no lineales, atractores extraños). Por otro lado, esas variaciones pueden tener como consecuencia un aumento brusco en la incertidumbre del entorno, es decir, una catástrofe. Aplicando la teoría de la información a un sistema definido localmente dentro de un universo con unas condiciones fijadas, podemos ver cómo evoluciona el sistema para adaptarse a esas condiciones. La guinda es la selección natural, el filtro que determina lo que persiste y lo que no, pero no en el sentido fuerte, es decir, que sólo el primero permanece, sino que también permanecen todos los que son compatibles con lo que les rodea. Explorar la posibilidad de que todas estas cosas juntas determinen precisamente lo que se podría considerar un cuarto principio de la naturaleza que estimule de alguna manera la generación de complejidad es, creo, un dominio de investigación apasionante. No es ninguna utopía, porque si, después de cocer todos estos ingredientes juntos, la pura estadística nos indica que la independencia es razonablemente probable, ya tendremos ese cuarto principio. Lo que quiero decir es que tendría que haber estados de los sistemas que tenderán a independizarse.

A modo de resumen, mi opinión es que la pura observación nos dice que el progreso existe, y que hay pistas para encontrar una buena definición teórica y, quién sabe, un nuevo principio. En cualquier caso, la materia viva necesita de principios de esta clase.

Brian Goodwin: Voy a retomar las observaciones de Jorge. Me gustaría recordar la definición de progreso del profesor Hull. El dijo que hay implicada una noción de dirección con el añadido de algún juicio de valor o significación, que informa e incluso da nombre a esa noción de dirección. Lo que hemos estado discutiendo hace un momento es la posibilidad de que la totalidad de la naturaleza, animada o inanimada, exhiba una dirección, que los sistemas tiendan a hacerse más complejos en ciertas condiciones que hay que determinar con precisión. Los físicos están trabajando en este problema. Hay quien piensa que existe una evidencia fiable de un proceso de esta clase y están intentando caracterizarlo. Este esquema se podría aplicar de forma muy rigurosa a la evolución biológica y posiblemente a la no biológica. Biólogos como Stuart Kauffman, del Instituto de Santa Fe, se han embarcado también en el proyecto de dilucidar si existe o no una cuarta ley de la termodinámica. Esto implicaría una noción de dirección, pero para hablar de progreso aún nos falta algo. El progreso implica algún juicio de valor, en otras palabras, aquello que uno quiere contemplar como una mejora. Progreso implica mejorar. Hay diferentes criterios para elegir. Podemos adoptar el criterio de Jorge de que progresar consiste en hacerse más independiente, una visión muy individualista de la evolución que se ajusta a ciertos aspectos de nuestra cultura. Igualmente podríamos afirmar que la *dependencia* es más importante. En ese caso deberíamos inspirarnos en los ecosistemas para aprender a vivir dependientemente en términos de relaciones, y cuanta más dependencia, cuanta más colaboración y participación, mejor. Eso sería entonces progresar. O podríamos concentrarnos en el procesamiento de información, en cuyo caso todo serían artefactos en términos de competencia. También podríamos adoptar la adaptabilidad como criterio de progreso, en cuyo caso los organismos más avanzados serían las bacterias, porque son los más adaptables y cooperativos. Así pues, pienso que uno es dueño de decidir si quiere aplicar estos criterios de progreso a los fenómenos naturales, biológicos y no biológicos, y qué juicio de valor tradicional quiere adoptar. Hay muchas opciones, lo cual quiere decir que no estamos haciendo ciencia objetiva. Esto es distinto de intentar dilucidar si hay o no una dirección que se puede definir rigurosamente. Aquí estamos incluyendo un juicio de valor, lo cual me parece perfectamente lícito e importante, pero, al introducir un valor, se sale de lo que convencionalmente se conoce como dominio objetivo. De hecho esto lo hacemos siempre en nuestra ciencia, pero aquí se trata de precisar de manera explícita qué valor se suma a una cierta direccionalidad y por qué.

Ramón Margalef: A mí me parece que hay dos palabras que han sido el *leitmotiv* de buena parte de nuestra discusión: una es «complejidad» y la otra es «progreso». No sé hasta qué punto se puede tender un puente entre las dos. La complejidad yo la asociaría más bien con la información. El proceso de adquisición de información va ligado al incremento de entropía. Los sistemas vivos son sistemas disipativos y autopoyéticos, y en cada uno de estos sistemas se va acumulando información. Hay un reflejo de la entropía en el sentido de que las cosas pasan de una manera y no de otra, y así quedan fijadas. Esta idea puede que no sea fácil, pero hoy día nuestra familiaridad con los artefactos informáticos nos permite captar mejor algunos de los principios básicos de la información, entre otros el hecho de que el poder de un sistema informativo no es proporcional a su extensión sino a una potencia de la misma, y esto supone una cierta bonificación sobre el tamaño operativo que tiene un sistema, de manera que este sistema puede crecer de alguna manera. Ésta sería una vía de acceso al tema de la información. Pero me he dado cuenta de que para muchos de los presentes la capacidad de este sistema informático es casi equivalente a la idea de progreso, es decir, el sistema más avanzado sería un sistema mayor, más poderoso, el símil de un superordenador. En lugar de hablar de progreso los sistemas naturales se clasifican según su complejidad (progreso sería una seriación de estas complejidades).

Pero, por otra parte, la idea de progreso en este contexto no me gusta, porque está demasiado cargada de connotaciones políticas. Hemos visto antes una escala en la que en la parte superior están los británicos y en la inferior los fueguinos, y esta idea persiste y tiñe de alguna manera las concepciones que podamos tener a este respecto. A mí me parece

313

que esta idea de progreso va muy unida, es inevitable, a la mentalidad humana, pero antes de aplicarla a la naturaleza en su totalidad habría que depurarla de alguna manera. ¿Por qué? Porque la humanidad se distingue básicamente por dos características peculiares. Una es la posibilidad de utilizar ampliamente energías exosomáticas, es decir, energías que no se obtienen del alimento y que comportan una reorganización del entorno e incluso la construcción de lo que Cavalli-Sforza llama «organismos de segundo orden», que incluyen toda clase de artefactos, automóviles, robots, etc., visualizables como incrustaciones en la periferia de los sistemas auto-poyéticos, una especie de granulado del que se hace uso, pero que no forma parte de la organización propia. Por otra parte está la transmisión cultural, la cual aventaja a la selección natural simplemente porque va más deprisa. De manera que los rasgos peculiares de la humanidad son la utilización de energías exosomáticas y la transmisión cultural. La utilización de energías externas no es exclusiva de la humanidad. Los árboles utilizan energía externa, los corales también. Precisamente una de las dificultades de la ecología actual es cómo computar las energías implicadas en el funcionamiento de los organismos. Los ecólogos siempre hemos calculado la energía circulante en el plancton relacionándola con la asimilación de carbono, y lo mismo hacemos con los árboles, pero en un árbol la energía ligada a la evapotranspiración es tan esencial como la asimilación fotosintética, y hay que computarla de alguna manera. Todos los organismos que han conseguido ampliar la entrada de energía biológicamente utilizable incluyendo otras energías periféricas se comportan como dominantes en la naturaleza, desde los estromatolitos, los corales y los árboles hasta la humanidad. El otro aspecto, la transmisión cultural, plantea algunas dificultades de apreciación. Un corolario de la teoría de la evolución, que ya señaló Darwin implícitamente, es que aquellos factores que han determinado un paso evolutivo importante en una especie siguen estando presentes en la competencia

314

ulterior entre los individuos de esa especie. Esto implica que el uso de energía externa y ciertos aspectos relacionados con la transmisión cultural son fundamentales en la competencia inevitable entre los distintos grupos humanos. Sólo por esto, desde el punto de vista de lo que ahora se llama «lenguaje políticamente correcto», habría que suprimir totalmente la palabra progreso. Cuando pienso en estos temas me viene a la memoria aquella expresión que se atribuye a una dama de la alta sociedad inglesa de los tiempos de Darwin y Huxley: «Dios quiera que esto no sea verdad, pero, si lo es, esperemos que la gente no se entere». Y ésta es la dirección que toman algunos aspectos de la ecología que son profundamente incómodos. Me refiero a la ecología de los grandes organismos internacionales e incluso Greenpeace, una ecología hecha para la fracción de la humanidad que está en condiciones de disfrutar de mucha energía externa, y que desde el punto de vista de la transmisión cultural constituye un grupo bastante homogéneo.

Por estas y otras razones a mí no me gusta la palabra progreso, a pesar de que posiblemente la he utilizado algunas veces, incluso de forma inconsciente. Pero ahora existe una presión para tomar conciencia de estas cosas, y creo que no debería emplearse. En su lugar tenemos el concepto de complejidad, que se podría adornar o complementar con lo que hiciera falta para no dejar ningún resquicio por donde pudiera escaparse alguna idea importante.

Jorge Wagensberg: Pero reconocerá que, políticamente, «independizaos los unos de los otros» tendría sentido y es más recomendable que «comeos los unos a los otros», un lema que también podría desprenderse del comportamiento de la materia viva.

Jesús Mosterín: Wittgenstein decía que tenemos que evitar caer en las trampas que nos tiende el lenguaje. La pregunta ¿hay más gente en esta sala? producirá en nosotros un sentimiento de extrañeza. Todo el mundo se preguntará: ¿más gente que dónde? Sólo tiene sentido preguntar si hay más gente en esta sala con relación a otra sala, por ejemplo. A mí me pasa lo mismo cuando oigo hablar de progreso. Pensando en el significado de la palabra progreso, yo distinguiría dos componentes obvios. El primero es una valoración positiva. El segundo es un modelo aritmético, una función monótona creciente del tiempo, es decir, una función cuyo valor va aumentando con el tiempo, o, si preferimos una metáfora geométrica, una dirección en el espacio sobre la cual se avanza, y donde unos van por delante de otros. Naturalmente, si la función fuera única sí se podría hablar de progreso, o de más progreso, pero de hecho hay distintas funciones, y estas funciones no son comparables. Si todos siguiéramos el mismo camino tendría sentido hablar de progreso y de que unos van por delante de los otros, pero si nos movemos en direcciones distintas no tiene ningún sentido preguntarse quién va delante y quién va detrás. En la evolución biológica hay miles de trayectorias distintas, y pienso que es imposible comparar unas direcciones con otras, por lo que no tiene sentido preguntarse si hay progreso o no. Naturalmente, además de una función monótona creciente se requiere un factor de valoración positiva. Cuando decimos que un país está progresando económicamente es porque la función del producto interior bruto o la renta per cápita se está incrementando y porque, al mismo tiempo, consideramos deseable este incremento. No solemos decir que estamos progresando en SIDA, por ejemplo, aunque esté aumentando el número de casos, porque no consideramos deseable este incremento. La noción de progreso, por lo tanto, no es una noción absoluta. Todos, por ejemplo, vamos progresando en edad a medida que nos vamos haciendo viejos. Al mismo tiempo podemos estar progresando económicamente a medida que aumentan nuestros ingresos, pero por otro lado nuestra salud experimenta una regresión.

En cuanto a la definición de Jorge, no he tenido tiempo de estudiarla, pero si definimos el progreso en función de la complejidad, en el sentido de la teoría de la información, sospecho que la idea de la independencia del entorno podría plantear de entrada algunos problemas. Un texto caótico tecleado por un mono borracho tiene más complejidad, en el sentido de Kolmogorov o de Shannon, que uno de Shakespeare o de Cervantes, en cuyos textos el lenguaje introduce una porción mucho mayor de predictibilidad y redundancia. Sin embargo, estoy seguro de que Jorge, que ha mostrado repetidamente ser un gran admirador de Shakespeare, no pensaría que esta clase de texto representa un progreso respecto de los textos de Shakespeare. Lo mismo pasa en la biología y también en la cultura. ¿Existe una noción absoluta de progreso cultural? ¿Se puede comparar una cultura con otra y decir que, en términos absolutos, una cultura como la española o la inglesa o la catalana o la swahili o la taraumara es mejor o peor, más progresiva o regresiva, que otras? Seguramente este tipo de comparaciones sólo tienen sentido en relación a aspectos concretos.

Jorge Wagensberg: ¿Puedo defenderme ya? Para empezar, tu argumento sobre la entropía de Shannon es el de siempre y está fuera de lugar aquí, porque nuestro compromiso científico inicial es simplemente la partición de un sistema y la consideración de las interacciones entre las partes. Tú hablas del valor semántico de la información, pero aquí no es más que el grado de complejidad de una estructura con respecto a la interacción entre sus partes, la semántica no tiene ninguna relevancia. En cuanto a la comparación, está implícita en la misma definición. Tal como he definido el concepto de progreso, la unidad es un sistema en el que hemos definido una partición y que interacciona con el entorno, también con una partición definida, en un momento determinado. Progreso significa entonces la comparación de dos situaciones de esta partición del universo. Eso le permite a uno comparar lo que quiera con la relatividad adecuada, en particular permite comparar momentos diferentes de la historia del sistema, que es lo más coherente, eligiendo los parámetros que uno quiera. Incluso se pueden comparar sistemas distintos. No hay que tener ningún pudor, porque nuestra definición de progreso es absolutamente desapasionada y porque no presupone ninguna direccionalidad. La direccionalidad será, en todo caso, un resultado. Pienso que es un error pretender introducir en la definición la direccionalidad y el juicio de valor. Lo bello de la definición aquí propuesta, basada en la independencia de la incertidumbre del entorno, es que sólo tiene un presupuesto importante: que la materia viva quiere mantenerse. Es una definición conservadora, pues se trata de mantenerse igual con independencia de las condiciones iniciales. Y el grado de independencia es un concepto desapasionado, que se puede definir con los recursos de la mecánica estadística.

Jordi Agustí: Mi punto de vista es distinto. Yo me dedico a estudiar unos materiales concretos y una de las cosas que constato es la existencia de series progresivas y direccionales. Ahora mismo mi definición de progreso es «aumento de la altura de los dientes de los roedores a lo largo del Plioceno». Por supuesto que he leído a Gould, pero el componente ideológico de la palabra «progreso» no me interesa. Si molesta la podemos cambiar por «progresión» o «direccionalidad», pero lo importante para mí es el hecho innegable de que existen sucesiones que muestran una dirección clara. Yo creo que la idea de progreso (o de direccionalidad, o de progresión) es una idea doblemente sugerente. Es sugerente desde el punto de vista metodológico porque, como científicos, se supone que tenemos la obligación de ofrecer hipótesis predictivas. Si, como dice Gould, los procesos evolutivos son en última instancia puramente contingentes, sin nada detrás que permita hacer predicciones, los científicos no tenemos nada que hacer y es mejor que empecemos a buscarnos otro trabajo. Hacemos ciencia cuando se puede decir que después de tal cosa es probable que venga tal otra. El progreso, la direccionalidad, implica que determinados procesos evolutivos no son absolutamente estocásticos, sino que existe una cierta dirección. Quizá podamos incluso hacer predicciones sobre lo que pasaría con un mamífero colocado en una isla, o tras la sustitución de los bosques tropicales por sabanas, etc. Desde un punto de vista puramente metodológico, por lo tanto, la idea de progreso, progresión o direccionalidad (que, como ya he dicho, para mí son intercambiables) me parece sugerente porque responde a nuestra obligación de ofrecer resultados. Pero también es sugerente desde el punto de vista empírico, porque, al menos en mi campo, nos encontramos con procesos direccionales.

La definición de progreso de Jorge me parece muy interesante porque no deja de ser verdad que el máximo progreso en cualquier estructura es persistir, mantenerse, evitar dejar de existir. La definición viene a identificar el progreso con todo aquello que facilita la persistencia, para lo cual se necesita un cierto control del entorno y todo lo demás. Pero habría que preguntarse a qué nivel se plantea la cuestión. ¿Qué es lo que tiene que perpetuarse, los individuos, las especies o los clados? Porque en este último caso serían las bacterias los organismos más progresivos. Si son los individuos, probablemente seamos los estrategas de la k los más progresivos, y no estoy pensando en el hombre, sino, por ejemplo, en los dinosaurios y, más aún, en las secoyas.

En cuanto a la posibilidad de un cuarto principio de la termodinámica, no tengo nada que objetar a la idea de un cambio direccional a escala cosmológica, pero en cualquier caso no estaremos hablando de evolución, porque para que haya evolución hacen falta estructuras variables y heredables, y eso lo tenemos en los sistemas biológicos, pero no en los sistemas físicos.

David Hull: Pienso que desde el principio de la vida en la Tierra ha habido incrementos en montones de cosas. El problema es cómo ir más allá de esta visión impresionista para hacer comparaciones cuantitativas, y para eso se necesitan unidades comparables. Uno podría pensar en los organismos como unidades comparables. Ciertamente el número de organismos ha aumentado. Pero no parece muy correcto comparar, por ejemplo, un alga con una ballena. ¿Por qué no tomamos las especies como unidades, entonces? Se podría comparar el número de especies en momentos diferentes. El problema es que las especies son un invento reciente. La idea de una evolución sin especies puede sonar extraña, pero yo no creo que los organismos hayan estado organizados en cosas como las especies durante la mayor parte de la existencia de la vida en la Tierra. Tal como yo lo veo, el gran problema es encontrar unidades que sean comparables entre sí.

Michael Ruse: De niño yo era cristiano. Ahora soy adulto. Entonces veía las cosas a través de un cristal oscuro, pero ahora veo claro. Al contrario que otros ex cristianos, no siento ninguna animosidad hacia mi cristianismo de juventud. No odio el cristianismo, simplemente no creo que esté en posesión de la verdad. Cuando dejé de ser cristiano decidí que aquello era el fin de la religión para mí. No iba a abandonar el cristianismo para hacerme judío o musulmán, o seguir a algún gurú y dedicarme a la meditación trascendental, y tampoco iba a seguir a algún líder carismático. No creo en lo de ser discípulo de Jesucristo, Margaret Tatcher, Karl Popper, ni siquiera de Charles Darwin. Lo que me preocupa es que pienso que mucha gente, evolucionistas profesionales incluidos, hacen de la evolución una suerte de religión. Con eso no quiero decir que se pongan ropas oscuras, que reserven el sábado por la mañana para reunirse y cantar himnos a Darwin, o que, como aquel hombre de Chicago, recen a la selección natural en vez de rezar a Dios. Simplemente pienso que no hay ninguna evidencia de progreso evolutivo, a menos que sea lo que John Maynard Smith llama «progreso del tipo aburrido». Obviamente, la evolución partió de moléculas muy simples y ahora, con independencia de la definición de complejidad que se tome, tenemos organismos muy complejos. Es una consecuencia inevitable del hecho evolutivo. Otra cuestión más interesante es si hay algún tipo de dinámica evolutiva, interna o externa, que promueva el aumento de complejidad con algunas de las cosas que conlleva (inteligencia, sociabilidad y demás), cosas que por una u otra razón consideramos valiosas. Pienso que la evidencia va justamente en contra de esto. Esta no es mi guerra, pero pienso que otros han suministrado pruebas definitivas en contra de esto. La prueba más clásica la ofreció George Williams hace 20 años en su *Adaptation and Natural Selection*, libro que recomiendo encarecidamente, porque a mi juicio Williams pone en evidencia todas las definiciones de progreso propuestas hasta entonces y muchas de las propuestas desde entonces.

Así pues, hasta donde yo sé no hay progreso. Y para mí lo interesante no es si hay progreso biológico o no lo hay, sino por qué tanta gente, incluidos muchos evolucionistas profesionales, siguen contemplando la evolución como progresiva. Reitero lo que ha dicho en mi intervención: creo que toda esta gente está buscando el sentido de la vida, una meta capital que dé sentido a la existencia. Lo que buscan es una especie de sucedáneo de la religión. Algunos evolucionistas, seamos justos, lo han expresado con mucha franqueza. Julian Huxley, por ejemplo, escribió un libro titulado *Religion without Revelation*. Lo mismo se puede decir de Theodosius Dobzhanski. Y tengo una carta de Ernst Mayr en la que dice así: «He reencontrado el libro de Huxley que leí en los años cuarenta después de perder la ilusión y la fe. Lo encontré profundamente inspirador». Con esto quiero decir que Ernst Mayr es muy franco en este sentido. Edward O. Wilson es otro ejemplo más reciente. Mirad su libro sobre la naturaleza humana. Lo interesante de este libro no es que Wilson pretenda decir algo acerca de los humanos, pues todos los evolucionistas lo pretenden, incluso los que dicen que sólo trabajan con roedores. El caso es que Wilson es muy franco cuando afirma que la teoría evolutiva es un mito. Admite que es verdadera en un cierto nivel, pero para él hay algo más, y ese algo más es el progreso. Para mí la cuestión no es si la evolución es o no progresiva. Es más, yo me atrevería a afirmar que no lo es en ningún sentido significativo, al menos no en ninguno de los sentidos que tenemos en consideración ahora. ¿Existe Dios? Quizá, pero desde luego no el Dios cristiano, y lo mismo digo del progreso evolutivo. Lo interesante, pienso yo, es por qué, a pesar de todo, tantos evolucionistas, incluido el director de este museo, quieren ver algo más, y para mí la respuesta es que mucha gente tiene una profunda necesidad de encontrarle sentido a la vida. Es gente que ha abandonado el cristianismo y ha adoptado la evolución. Por eso no tengo más remedio que simpatizar con esos cristianos que califican la teoría de la evolución de peligrosa. Para ellos sí que lo es, y mucho.

Jorge Wagensberg: Es difícil encontrar dos posturas más enfrentadas que la del profesor Ruse y la mía. Yo he dicho que el progreso es evidente y no entiendo cómo los biólogos niegan incluso la posibilidad de definirlo cuando de hecho se puede hacer, y usted me dice que hay evidencias de lo contrario y no entiende por qué los biólogos siguen pensando en el progreso. Veo difícil iniciar siquiera un diálogo. Pero vayamos a la evidencia. Estará de acuerdo conmigo en que por lo menos se pueden elegir dos situaciones de un sistema dado respecto de un entorno dado y tales que una sea progresiva en relación a la otra. Por ejemplo, un hombre a la intemperie, sin un sistema para aislarse del exterior, en principio debe seguir las fluctuaciones del medio, aunque sólo sea desde el punto de vista de la termodinámica del equilibrio. Si hace frío se helará, si hace calor se asará. Pero ese mismo hombre con una casa para cobijarse ya implica un progreso según la definición que he dado, pues ahora es más independiente del entorno.

Jordi Flos: En primer lugar, aquí se ha dicho que la noción de progreso implica una dirección y un juicio de valor. Yo añadiría que el valor lo da un resultado, y la dirección la da la situación alcanzada. Pienso también que la palabra progreso tiene ciertamente mucho sentido para paleontólogos, antropólogos, arqueólogos e historiadores. Es decir, es algo que, en todo caso, se contempla a toro pasado, mirando hacia atrás desde la posición en que nos encontramos. Creo que ésta es una condición poco menos que necesaria para convertirse en un vehemente defensor de la idea de progreso y su interés en el campo de la ciencia. Veamos cómo se aplica esta idea al hombre, y aquí adopto el punto de vista del profesor Margalef en cuanto al uso de la energía externa y el control o aumento de la eficiencia en la transmisión cultural como los dos factores clave en la diferenciación de grupos humanos, y que de alguna manera podrían marcar el progreso de la humanidad. Admitamos esto, que es un poco la realidad que percibe un ecólogo, pero la pregunta es adónde nos llevará. Hay dos posibilidades: una es que al cabo del tiempo no desaparezcamos ni volvamos atrás, y entonces diremos que nos hemos adaptado y que hemos progresado. La otra posibilidad es que llegue un momento en que la humanidad desaparezca, y entonces las bacterias podrían preguntarse por qué no fuimos lo bastante progresistas para sobrevivir.

Jorge Wagensberg: Nada se opone a que tras una etapa de progreso pueda sobrevenir una catástrofe.

Ricard V. Solé: Antes que nada, me declaro en contra de cualquier intento de introducir la noción de progreso en la evolución biológica. Me parece sintomático que gente como Brian Goodwin esté intentando decir que la idea de progreso implica necesariamente una mejora en algún sentido, mientras que el resto intenta eludir la cuestión. Es sintomático que comencéis hablando de evolución y acabéis hablando de aire acondicionado, y esto es porque no hay buenos ejemplos de progreso en la evolución biológica.

Jorge Wagensberg: ¡Naturalmente que los hay! El equivalente biológico del aire acondicionado es la homeotermia de mamíferos y aves. Un organismo homeotermo es capaz de regular su temperatura y de esta manera se independiza del exterior, lo cual constituye una aplicación directa, perfecta y nítida de nuestra definición.

Ricard V. Solé: De acuerdo, es un ejemplo muy apropiado. Pero en biología el entorno no es sólo un entorno físico, sino que fundamentalmente es un entorno biótico. Cuando algo representa una mejora no necesariamente es siempre en la misma dirección. Podemos, por ejemplo, tener organismos más complejos con poblaciones más reducidas y donde los descendientes tengan mayores garantías de supervivencia, pero también puede haber cambios en la otra dirección. La metáfora de la Reina Roja es una clara ilustración de que mejorar o empeorar no significa nada, sino que uno simplemente se mantiene en el juego. Por ejemplo, hay buenas razones para pensar que la gran diversidad de la selva tropical no se debe tanto a que las especies estén inmejorablemente adaptadas a multitud de nichos ecológicos como al hecho de que el tiempo de extinción característico es enormemente largo. Los virus, otro ejemplo que me parece muy apropiado en cualquier discusión sobre complejidad, son entidades en principio muy simples, pero es difícil negar su preeminencia, así como su prolongada coevolución con nosotros. El ejemplo de los retrovirus es especialmente interesante. Su aparición coincide con el desarrollo de un sistema inmunitario capaz de reconocer agentes con una gran especificidad, y es consecuencia de la capacidad de la célula eucariota de recortar y copiar material genético. Aparecieron porque podían aparecer. Los retrovirus y las entidades que los hicieron posibles son enormemente interdependientes, de manera que aquí tenemos unos sistemas claramente exitosos desde el punto de vista evolutivo y que no son separables del entorno en que se han generado.

Jorge Wagensberg: En la definición de progreso que propongo se considera el sistema junto con su entorno, de manera que ya se tiene en cuenta esto.

Ricard V. Solé: Pero el éxito de un retrovirus no se debe a su independencia, sino a su enorme dependencia del sistema con el que está en permanente interacción. Hay ejemplos ecológicos más generales que demuestran que de hecho hay especies que se mantienen gracias a la interacción biótica con el resto de especies. La eliminación de una de las componentes puede provocar incluso una catástrofe en el sistema, de manera que no tiene sentido hablar de que unas son mejores o peores que otras.

Jorge Wagensberg: Lo que sí tiene sentido es que, como definición de progreso, ésta funciona. Otra cosa muy distinta es qué tiene que ver eso con la constatación de que la complejidad del sistema aumente o disminuya. ¿Qué conclusión sacas tú acerca del retrovirus? ¿Con respecto a qué situaciones comparas el progreso de un virus?

Ricard V. Solé: Lo que quiero decir es que por una parte tenemos un sistema complejo formado por las células eucariotas y el sistema inmunitario (no estamos discutiendo la complejidad del sistema) y por otra parte y simultáneamente se genera algo que no creo que nadie considere progresivo: los propios retrovirus. Y esos retrovirus no son independientes de nosotros ni nosotros de ellos, sino que aparece una nueva complejidad que en casos particulares puede llevar a la eliminación de una especie. Lo que quiero decir es que no se puede separar la entidad de nueva aparición del entorno en el que aparece.

Jorge Wagensberg: Yo interpretaría el SIDA, por ejemplo, como una clarísima regresión de la especie humana. Y no seríamos la primera especie que desaparece por culpa de un virus. La idea de progreso no excluye la regresión, y tampoco tiene que ver con un aumento o una disminución de la complejidad. Esto es lo que la hace altamente no trivial. El progreso parece ir ligado casi siempre a un aumento de la complejidad, pero seguramente hay casos muy concretos, que por algo deben ser extraños, en los que progresar significa simplificarse.

Jordi Agustí: Ya que ha salido a relucir el tema de la endotermia, para mí lo significativo no es que en un momento dado evolucionara la regulación térmica en la línea que condujo a los mamíferos, sino que eso haya ocurrido dos veces en dos líneas completamente distintas, mamíferos y aves (o tres si contamos los pterosaurios). Más significativo que las innovaciones evolutivas que puedan estar en nuestra línea es el hecho de que haya fenómenos recurrentes (endotermia, encefalización, etc.) en líneas a veces completamente separadas. Creo que es ahí donde hay que escarbar en busca de tendencias generales.

Jordi Bascompte: Personalmente no acepto la noción clásica de progreso evolutivo, la cual, como se ha estado repitiendo aquí, se aplica a todo cambio que, primero, es direccional y, segundo, se interpreta como bueno. No creo que este concepto de progreso sea operativo en cuestiones de ciencia. El ejemplo de la endotermia me parece muy adecuado para fijar las ideas. En principio puede parecer que la endotermia es un gran éxito evolutivo. Pero en el desierto la endotermia puede convertirse en un inconveniente, porque los mamíferos endotermos invierten una fracción muy grande de su metabolismo basal en mantener su temperatura, razón por la cual tienen que estar comiendo continuamente. Los animales ectotermos, en cambio, pueden pasar mucho más tiempo sin comer. Lo que quiero decir con esto es que en evolución todo cambio es relativo, nada es mejor en términos absolutos. La idea de un progreso en términos absolutos, por lo tanto, no tiene razón de ser en evolución.

Jordi Agustí: Yo diría que existe una asimetría en la capacidad de ectotermos y endotermos para invadir ambientes. En el desierto abundan las especies endotérmicas, y en cambio en el Ártico apenas hay especies ectotérmicas. No sé si muchas especies ectotérmicas habrían sobrevivido a las glaciaciones del Cuaternario, en cambio las especies endotérmicas ciertamente pueden subsistir en ambientes muy áridos.

Pere Alberch: En teoría evolutiva sí que existe un concepto absoluto (no sirve para nada pero ahí está) que se llama *adaptiveness*, o adaptancia, y que se refiere a la bondad, a la perfección. En realidad la única medida de progreso sería un incremento en *fitness* (adecuación). Esta variable existe, al menos en teoría, y se puede medir. En el ejemplo de los dientes de Agustí, él ve progreso (aunque yo creo que está equivocado) porque las especies con dientes de más superficie tienen un *fitness* superior a las de morfología primitiva. ¿Por qué entonces está interesado en direcciones, tendencias evolutivas y paralelismos? Porque el hecho de que un mismo carácter se haya seleccionado en linajes distintos implicaría que tiene una adaptancia superior. Yo creo que nunca se podrá disociar la noción de progreso de la idea de que la selección es una función temporal que aumenta el *fitness* de un linaje. Pienso que es la única forma posible de cuantificar esto.

Ramón Margalef: ¿Cómo se puede definir este concepto de *fitness*, adecuación o como se quiera llamar? ¿Es a posteriori o a priori?

Pere Alberch: Hemos empezado diciendo que no era cierto que la selección natural incremente la adecuación a lo largo del tiempo, lo cual hace que todo lo que estamos discutiendo aquí sea bastante irrelevante, así que no voy a hablar ahora de la teoría de la selección natural. El modelo de la Reina Roja demuestra que la única razón para hablar de progreso es puramente historicista. El concepto darwinista de selección natural implicaba un progreso a través del tiempo, pero tenemos suficientes datos empíricos para demostrar que éste no es el caso.

Ramón Margalef: Quizás el modelo de la Reina Roja, tal como yo lo veo, no sea del todo adecuado, porque se habla de dejar más descendientes viables, pero en realidad la capacidad de dejar descendientes disminuye hasta el mínimo indispensable para mantener la especie y el exceso de producción se invierte más bien en aumentar el tamaño o las prestaciones orgánicas. A mí me parece que el principio de la Reina Roja fue formulado en un momento de discusión, pero si se analiza correctamente yo creo que más bien gana Alicia y no la Reina Roja.

Pere Alberch: Para mí la definición tradicional de *fitness* no tiene nada que ver con el modelo de la Reina Roja, que era un análisis puramente fenomenológico.

Ramón Margalef: Pero al final siempre sale a relucir el tema de la Reina Roja.

Pere Alberch: Yo creo que es muy importante, porque demuestra que el efecto de la selección natural al cabo del tiempo no implica un aumento de la adaptancia.

Jorge Wagensberg: ¿No se observan líneas progresivas en la naturaleza?

Pere Alberch: Bueno, la incongruencia que aparece cuando se niega el papel de la selección natural es que entonces no se explican las convergencias evolutivas en linajes distintos. Esto es lo que Jordi Agustí defiende. Y aquí, lo quiera uno o no, se asume la operación de la selección natural en un proceso de larga duración. Que sea cierto o no es otra cosa.

Jordi Flos: Yo insisto en que la palabra progreso únicamente tiene sentido en ciencia cuando se examina lo que ha ocurrido en el pasado. La cuestión importante es que cuando se analiza qué ha sucedido uno puede, si encuentra un fósil concreto y sabe o ha comprobado que había una cierta tendencia, hacer determinadas predicciones dentro de lo que es el pasado. Ahora bien, lo cierto es que no sabemos lo que nos espera en el futuro. La definición de progreso que has dado se identifica más bien con la adaptabilidad, pero no da ninguna dirección, ningún juicio de valor. Sí, podemos decir que a partir de ahora le llamaremos progreso a esto, ¿pero qué hacemos entonces con la antigua noción de progreso, la tiramos? Lo que estás definiendo se puede bautizar con otro nombre. Dejemos la palabra progreso en paz, porque ya tiene un uso concreto en ciencia. O bien se emplea dentro de un cierto contexto en el que está muy clara o bien no se usa en absoluto. Yo soy partidario de no usarla, y en todo caso busquemos ese cuarto principio de la termodinámica o démosle otro nombre a eso que has definido, pero dejemos la palabra progreso en paz, porque me parece que hacer uso de ella en este contexto sólo sirve para crear confusión.

Jorge Wagensberg: Las palabras no han pertenecido siempre a la ciencia. Han pertenecido desde que han pertenecido, es decir, desde que han sido definidas, y eso es lo que estoy intentando hacer. En física, como en biología, todos los conceptos proceden de una u otra forma del lenguaje común. Cuando un concepto se eleva a la categoría de científico es porque llega a tener cierto valor descriptivo. Si además resulta ser una magnitud que intervenga en una ley más o menos fundamental, entonces ya es como jugar al póker y encima ganar.

Ramón Margalef: ¿Hay en física algo parecido al concepto de progreso?

Jorge Wagensberg: Aunque no hay nada en contra, no creo. Porque no hay sistemas físicos empeñados en persistir. Ésa es una propiedad de la materia viva. Volviendo a la cuestión del historicismo, la definición de progreso que he dado compara un universo con otro, donde por universo entendemos un conjunto de sistema más entorno. Si comparamos dos estados del sistema en el pasado estaremos haciendo historia, pero también podemos comparar estados simultáneos del sistema, o un sistema en el presente con el mismo sistema en el futuro. Alguien podría decir que esta noción de progreso es ahistórica. ¿Y qué? Tanto mejor.

María José Prieto: Entonces estoy de acuerdo con Flos. Tu definición despoja la palabra progreso de su sentido original, porque el progreso es en sí mismo direccional, y tú dices que no hay dirección.

Jorge Wagensberg: No, lo que digo es que la dirección no está en la definición, y esto para mí es un mérito porque, ya sea a través de la teoría o de la experiencia, la constatación de que existe una direccionalidad tendrá el carácter de ley científica. El mérito de la definición es precisamente la ausencia de dirección. Entonces se puede decir que ha habido una regresión, que no ha habido progreso o que ha habido progreso. Las tres afirmaciones tienen sentido. Si la direccionalidad estuviera incluida, entonces es cuando la definición sería trivial.

Ramón Margalef: Sólo una pregunta. ¿Se podría aplicar la palabra progreso al movimiento uniforme?

330

Jorge Wagensberg: Según nuestra definición no. Supongamos que el sistema es una partícula con movimiento uniforme. Aquí el entorno del sistema es el resto del universo. El estado de independencia de la partícula no puede variar, dependerá de los campos externos. Lo interesante, creo yo, es que la palabra progreso así definida no tiene sentido si sólo hay materia inanimada. El progreso sería una propiedad de algo que intenta independizarse. Una partícula sometida a las ecuaciones de un campo externo nunca sería progresiva.

Ramón Margalef: Decir que algo intenta independizarse quizá no tenga sentido en física, pero tampoco tiene mucho sentido en la práctica biológica corriente.

Ricard V. Solé: Vayamos a un terreno neutral que no es ni la física ni la biología, sino la simulación. Una simulación muy interesante hecha en el Instituto de Santa Fe es el programa *Tierra* de Thomas Ray. Se parte de una especie de «caldo» inicial de pequeños programas autorreplicantes y se les deja evolucionar introduciendo únicamente la posibilidad de errores en la replicación. Lo que se observa es que aparecen entidades mayores, aparecen parásitos e incluso hiperparásitos, aparece el sexo y aparece la cooperación. Se podría decir que ha habido un progreso. Bien, si progreso implica tanto estructuras más complejas como estructuras más simples, si al final lo que me vas a decir es que Shakespeare y un parásito son igual de progresivos, en el sentido de que ambos persisten, hablemos entonces de persistencia y no de progreso. La palabra progreso deja de tener sentido.

Jorge Wagensberg: ¿Por qué deja de tener sentido? La persistencia es, como máximo, un estímulo del progreso, no el progreso en sí mismo.

Ricard V. Solé: Porque, en definitiva, por un lado me estás diciendo que las células eucariotas representan un progreso, y estoy de acuerdo, y por otro lado me estás diciendo que también los virus representan un progreso, de manera que al final tenemos progreso en cualquier dirección.

Jorge Wagensberg: Aquí se trata de construir una teoría científica, sí, pero no independiente de la constatación de lo que hay en la naturaleza. Hay, por ejemplo, una historia en forma de registro fósil. Una cosa es la definición y otra cosa es encontrar leyes que, junto con esa definición, nos permitan hacer predicciones, y en ese caso hay que separar la definición en sí del mérito que pueda tener esa definición. Una cosa es decir que la definición es coherente, es buena, y otra es encontrar leyes que hagan uso de ella. Al lado de las simulaciones está la realidad, y lo que se puede decir de la realidad es que hay tanto aumentos como disminuciones de complejidad que podemos calificar de progresivos según esta definición de progreso. Lo interesante de ese hipotético cuarto principio sería poder constatar si hay una ley que nos permita derivar algo de la evolución de las estructuras de la materia viva. Entonces será altamente relevante el concepto de progreso. Si llegamos a la conclusión de que, digamos, un 80% de formas de vida se han hecho más complejas, un 5% se ha simplificado, otras se han dividido, etc., en virtud de esa observación se podrá utilizar la magnitud, pero no antes. Se trata de definir una variable que tenga sentido, que sea trascendente y que represente bien nuestra noción intuitiva de progreso. Progreso es, por ejemplo, la sexualidad, la movilidad, la reducción del impacto sobre el ambiente. Todo eso es coherente con la noción intuitiva de progreso. En cuanto a si la complejidad aumenta o no, si hay direccionalidad o no la hay, eso es ley, no es definición. Y cuanto más desprovista esté la definición de esas cosas más rica será la interpretación de los resultados que se obtengan con esa variable. Yo creo que el concepto de progreso no sólo tiene sentido, sino que es altamente relevante.

Mercé Dulfort: ¿Entonces hay que considerar la especialización como un progreso en este contexto?

Jorge Wagensberg: La especialización tiene dos vertientes. En general aumenta la eficacia económica y material, pero por otro lado aumenta la fragilidad respecto de la incertidumbre del entorno. El que una especialización lleve a la catástrofe o constituya un progreso depende del balance entre las dos cosas.

Jesús Mosterín: Efectivamente, existe en el lenguaje ordinario una noción de progreso que aplicamos a cosas que se incrementan y que consideramos buenas. Pero, que yo sepa, en ninguna teoría científica, ni física ni biológica, existe una noción de progreso. Aquí se ha aludido unas cuantas veces a un cuarto principio de la termodinámica que no sé cuál es y que me interesaría mucho conocer suponiendo que exista, y lo mismo digo de una supuesta noción científica de progreso. Sabemos que el medio físico terrestre ha ido cambiando constantemente desde que se formó este planeta, y desde que hay seres vivos éstos se han ido adaptando de alguna manera, aunque sólo sea parcialmente, a los cambios del entorno. Para eso está la noción de adaptación, la cual, aunque tiene sus problemas, es razonablemente clara. Lo que yo me preguntaría es qué se gana en teoría evolutiva, en cosmología o en cualquier otro ámbito introduciendo una noción llamada de progreso. Si la noción es clara, está definida con precisión, tiene aplicación universal y es intuitiva, y si además conduce a la formulación de nuevas leyes, nuevos principios, nuevas fórmulas explicativas o predictivas, pues bienvenida sea. Pero si resulta que la noción parece bastante confusa de entrada, que no hay dos personas que estén de acuerdo sobre ella, y tampoco está claro que conduzca a ninguna predicción, explicación o ley, usándose únicamente de manera un tanto (con perdón) mágica en referencia a una supuesta cuarta ley de la termodinámica que tampoco se formula, entonces todo el asunto parece bastante dudoso en principio. No digo que sea imposible, y hasta puede que algún día una definición en la línea de lo que proponía Jorge llegue a ser lo bastante precisa y llegue a estar lo bastante bien articulada con otras nociones para ser útil, pero en este momento y de manera ingenua me parece que no está nada clara la utilidad de introducir una noción de progreso en el lenguaje técnico de la biología evolutiva. Más bien creo que sería una especie de incrustación extraña que no permitiría aumentar nuestros conocimientos y sí introduciría muchísima discusión y confusión en este campo.

Jorge Wagensberg: Esta bronca se la merecería cualquier científico que intente definir algo. Si la definición no le sale bien, pues habrá que castigarle.

Jesús Mosterín: Y si le sale bien habrá que darle un premio.

Indice onomástico

Los números en cursiva remiten a las intervenciones de la persona en cuestión en los debates de los demás ponentes.

Aguilar, N.M., 118
Agustí, J., *60*, *62*, 111, *187*, *190*, 203, *230*, 233-265, 239, *318-319*, *326*, *327*, *329*
Alberch, P., *131*, *132*, 158, 161, 193-231, 206, 211, 217, 230, *327*, *328*
Almond, G., 69
Appel, T., 74, 206
Arbib, M., 69
Arthur, W., 279
Avogadro, Amadeo, 49
Ayala, F.J., 119, 120, 121, 200, 201, 229

Balcuns, A., 159
Barrett, P.H., 78
Barrow, J.D., 94
Basalla, G., 197, 219
Bascompte, J., *58*, *59*, *190*, *228*, *229*, *259*, *326*
Bateson, W., 157
Beatty, J., 86
Belousov, B.P., 164, 223
Benton, M.J., 115
Berger, S., 148
Bergson, H., 84, 210, 211
Blitz, D., 218
Bogin, B., 296, 297

Boltzmann, L., 39
Bonner, J.T., 249, 272, 274, 275, 276, 278, 298, 299
Bowler, P., 69, 70
Bowring, S.A., 119
Briere, C., 142, 143
Brooks, D.R., 274, 298
Burkhardt, R.W., 72
Bury, J.B., 69, 73, 76, 113

Cabanis, 73
Cadevall, M., *55*
Cain, J.A., 88
Carroll, S.B., 283
Casinos, A., *132*, *165*, *166*
Casti, J.L., 276, 297
Cavalli-Sforza, L., 314
Cervantes, 317
Cisne, J., 275, 290, 293
Coleman, W., 74
Collins, H., 128
Comper, W.D., 161
Condorcet, 73
Conway Morris, S., 269
Corsi, P., 207
Cott, H., 85
Couder, Y., 150, 153, 154, 155
Crook, P., 83
Crosby, G.M., 159

Crusafont, M., 246
Cuvier, Georges, 74, 75, 76, 206, 207, 235
Chaline, J., 239, 241
Christie, Agatha, 112

Darlington, R.B., 302
Darwin, Charles, 17, 70, 72, 73, 76, 77, 78, 79, 80, 81, 82, 83, 85, 87, 88, 103, 131, 157, 179, 196, 209, 211, 212, 213, 286, 294, 314, 320
Daudin, H., 73
Davidson, E.H., 283, 284
Davies, P., 224, 225
Dawkins, R., 94, 103
Dennett, D.C., 271, 298
Depew, D.J., 207, 212
Dobzhansky, T., 85, 86, 87, 88, 89, 90, 94, 104, 240, 242, 245, 246, 321
Donald, M., 300
Douady, S., 150, 153, 154, 155
Dudley, R., 118
Dulfort, M., *333*

Ekstig, B., 297
Eldredge, N., 242, 243
Erwin, D.H., 280, 281, 285
Fahlbusch, V., 239
Fallon, J.F., 159
Fibonacci, Leonardo, 152, 153, 154, 155
Finlay, B.L., 302
Fisher, R.A., 104, 212
Flos, J., 198, *323*, *329*
Fong, D.W., 288
Foote, M., 281, 282, 293
Futuyma, D.J., 244, 278

Gans, C., 118
García Leal, A., *261*, *264*
Geoffroy St. Hilaire, E., 157, 206, 207
German, R.Z., 116, 215
Ghiselin, M., 213, 270
Gibbs, J.W., 22
Gibson, K.R., 295, 296, 297
Gilinsky, N.L., 116, 215
Gittleman, J.L., 121, 283
Goldschmidt, R., 216
Goodwin, B., *60*, *61*, *133*, 137-167, 140, 142, 161, *224*, 226, *228*, 310, *311-313*,
Gould, S.J., 17, 18, 19, 20, 45, 47, 71, 90, 92, 94, 105, 111, 113, 116, 126, 198, 203, 204, 209, 215, 235, 237, 238, 242, 243, 244, 247, 249, 250, 253, 259, 269, 270, 273, 279, 289, 290, 291, 293, 299, 318
Graham, J.B., 118
Green, P.B., 149
Greenfield, P.M., 297
Grotzinger, J.P., 119

Haeckel, Ernst, 201, 202, 209, 224, 273
Haldane, J.B.S, 85, 89
Hall, B.K., 279, 280, 283, 284, 285, 287
Hamilton, W.D., 104
Harrison, L.G., 144
Harvey, P.H., 283
Hawking, S., 226
Hennig, W., 117
Hesse, M., 69
Hoffman, A., 244
Horgan, J., 274

Hugues, N.C., 282
Huineng, C., 119
Hull, D., *101*, 107-136, 196,
    201, 204, 270, 271, *319-320*
Huxley, Julian, 19, 84, 85, 86,
    87, 88, 89, 90, 94, 211, 245,
    321
Huxley, T. H., 82, 84, 211, 286

Ingold, T., 297

Jablonski, D., 190
Jacob, F., 195
Jarvik, E., 160
Jesucristo, 86, 320
Jordanova, L.J., 73

Kaever, M.J., 148
Kane, T.C., 208
Kant, Immanuel, 209
Kauffman, E.G., 248
Kauffman, S., 275, 285, 312
Kaufman, A.J., 119
Kerr, R.A., 117
Kimura, M., 19
Kirschner, M., 283, 284
Knoll, A.H., 218
Kolmogorov, A.N., 17, 27, 317
Konner, M., 297
Kronecker, L., 32
Kuhn, T.S., 95, 133, 134, 172

Lamarck, Jean Baptiste de, 71,
    72, 73, 74, 75, 76, 77, 95,
    207, 211, 212, 219
Langer, J., 296
Larsen, E., 280, 285, 286
Laurin, B., 239
Lee, M.S.Y., 203, 204, 217

Leibniz, G.W., 103, 113, 207
Levinton, J.S., 279, 280, 285
Lewontin, R.C., 86, 113
Lovejoy, A.O., 72, 196, 205
Lutero, Martín, 76
Lyell, Charles, 207

Mabee, P.M., 287, 288
Maienschein, J., 82
Mainzer, K., 210
Marchetti, C., 297
Margalef, R., 169-186, 178,
    182, 253, 255, *263*, *313-315*,
    323, *327, 328*, *330*, *331*
Margulis, Lynn, 23, 250
Martin, L.D., 239
Maynard Smith, J., 122, 200,
    201, 213, 273, 276, 280, 320
Mayr, Ernst, 88, 89, 104, 242,
    288, 321
McKinney, M.L., 209, 267-302,
    273, 278, 279, 280, 281, 283,
    285, 288, 289, 290, 292, 295
McNamara, K.J., 209, 278,
    279, 280, 281, 285, 288
McNeil, M., 69
McShea, D.W., 203, 229, 273,
    289, 290, 291
Mendel, Gregor, 84
Montagu, A., 294
Morss, J., 294
Mosterín, J., *102, 103, 105,
    226, 227*, 228, *262, 263*, *315-
    317*, *333, 334*
Murray, J.D., 143

Napoleón, 39
Newman, S.A., 161
Newton, Isaac, 17, 103, 209

337

Nitecki, M., 71, 196, 200, 269
Nyhardt, L.K., 82

O'Neill, R., 274, 276
Odell, G.M., 143
Ospovat, D., 77
Oster, G.F., 143, 158, 161
Outram, D., 74
Owen, R., 157

Pagel, M.D., 283
Paley, William, 210
Parker, J., 102
Parker, S.T., 295, 297
Patten, B.C., 185
Patterson, C., 117
Pautou, M.P., 159
Pimm, S.L., 121
Pinch, T., 128
Piqueras, M., *57*
Pittenger, M, 83
Popper, K., 95, 195, 320
Porter, R., 69
Prieto, M.J., *263, 330*
Prigogine, I., 225
Provine, W., 112

Rainger, R., 93
Rasskin, D., *62, 63*
Raup, D.M., 111, 116, 117,
    122, 126, 215, 247, 270, 291,
    292
Ray, T., 331
Richards, R.J., 69, 74, 83, 209,
    212, 273
Richardson, R.C., 208
Rudwick, M.J.S., 199
Ruse, M., 55, 67-105, 70, 82,
    83, 89, 113, 128, *134*, 197,

201, 217, 219, 270, 275, 289,
    320-322
Russell, G.L., 121
Russett, C.E., 83

Sacristán, A., *64, 166, 260*
Salk, J., 218
Salo, J., 177
Saylor, B.Z., 119
Schmalhausen, 216
Sepkoski, J.J., 116, 117, 248,
    280
Severtzov, 216
Shakespeare, 17, 227, 230, 265,
    309, 317, 331
Shannon, C.E., 27, 29, 31, 32,
    39, 52, 317
Shea, B.T., 295, 297
Shixing, Z., 119
Shrödinger, E., 183
Shubin, N.H., 158, 287
Signor, P.W., 115, 116
Simpson, G.G., 88, 89, 95, 236,
    237, 242
Smith, A.B., 117
Smith, H., 297
Sober, E., 122
Solé, R.V., *323, 324, 325, 331*
Solé, V., *265*
Sordino, P., 284
Spencer, Herbert, 83, 219, 245
Stanley, S.M., 215, 237, 243,
    276, 289
Stearns, S.C., 283
Stebbins, G.L., 200, 201, 246
Szathmáry, E., 200, 201, 213

Tachtajan, 216
Tatcher, Margaret, 320

Tax, S., 89
Teilhard de Chardin, P., 86, 210, 211, 245, 246
Thoday, J.M., 18
Thomas, R.D.K., 45
Tipler, F.J., 94
Turgot, 73

Urbanek, A., 216

Valentine, J.W., 249, 250, 251, 275, 276, 283, 284, 285, 286
Vermeij, G.J., 276
Vianey-Liaud, M., 239
Voltaire, 113
Volterra, V., 186
Vrba, E.S., 45, 237, 243
Wagar, W., 87, 95, 113
Wagensberg, J., 15-65, 104, *132*, *164*, *166*, *167*, 182, *187*, *189*, *190*, *223*, *225*, *227*, *260*, *261*, *264*, *265*, *309-311*, *315*, *317*, *322*, *323*, *324*, *325*, *326*, *328*, *329*, *330*, *331*, *332*, *333-34*

Wagner, P.J., 282, 293
Walton, R., 101
Weber, B.H., 207, 212
Wedgwood, J., 79
West-Eberhard, M.J., 278
Whitehead, A.N., 189, 195
Wiley, E.O., 274, 298
Wilson, E.O., 89, 91, 92, 95, 96, 321
Williams, G.C., 45, 125, 321
Wills, C., 300
Wills, M.A., 282, 285
Winsor, M.P., 93
Wittgenstein, L., 315
Wray, G.A., 280, 287
Wright, S., 103

Yablokov, 216

Zabothinski, A.M., 164, 223